皮书系列

皮书系列

广视角·全方位·多品种

皮书系列

皮书系列

皮书系列

皮书系列

皮书系列为“十二五”国家重点图书出版规划项目

皮书系列

皮书系列

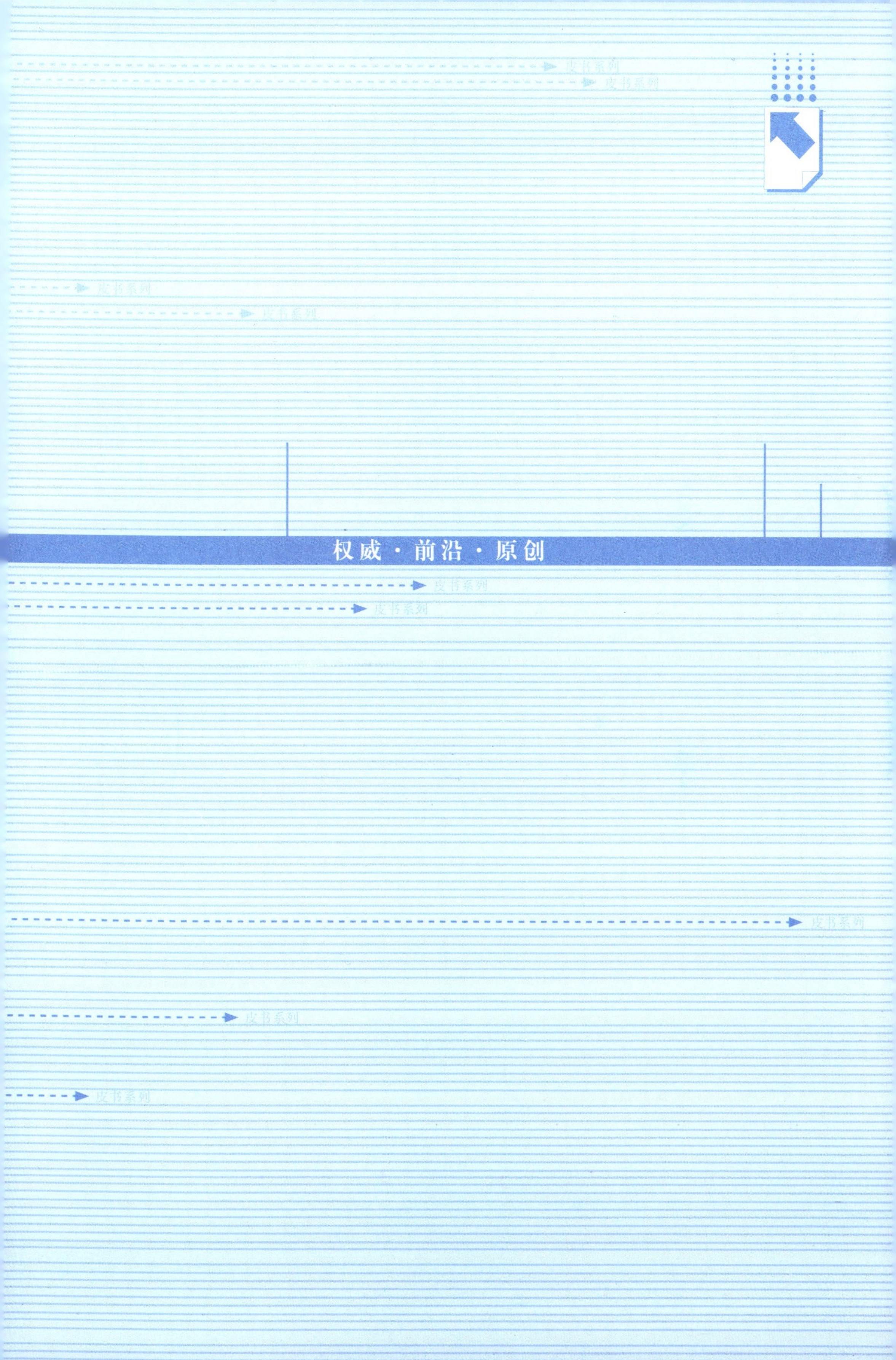

皮书系列
皮书系列
皮书系列
皮书系列
权威·前沿·原创
皮书系列
皮书系列
皮书系列
皮书系列
皮书系列

总　编／潘世伟

上海资源环境发展报告（2012）

ANNUAL REPORT ON RESOURCES AND ENVIRONMENT OF SHANGHAI (2012)

河口城市生态环境安全

名誉主编／张仲礼
主　　编／周冯琦

社会科学文献出版社
SOCIAL SCIENCES ACADEMIC PRESS (CHINA)

图书在版编目(CIP)数据

上海资源环境发展报告. 2012，河口城市生态环境安全/周冯琦主编.
—北京：社会科学文献出版社，2012.1
（上海蓝皮书）
ISBN 978-7-5097-2978-6

Ⅰ.①上… Ⅱ.①周… Ⅲ.①环境保护-研究报告-上海市-2012
②自然资源-研究报告-上海市-2012 Ⅳ.①X372.51

中国版本图书馆 CIP 数据核字（2011）第 261324 号

上海蓝皮书
上海资源环境发展报告（2012）
——河口城市生态环境安全

名誉主编／张仲礼
主　　编／周冯琦

出 版 人／谢寿光
出 版 者／社会科学文献出版社
地　　址／北京市西城区北三环中路甲 29 号院 3 号楼华龙大厦
邮政编码／100029

责任部门／皮书出版中心（010）59367127　　责任编辑／高振华　姚冬梅
电子信箱／pishubu@ssap.cn　　责任校对／杜若佳
项目统筹／姚冬梅　　责任印制／岳　阳
总 经 销／社会科学文献出版社发行部（010）59367081　59367089
读者服务／读者服务中心（010）59367028

印　　装／北京季蜂印刷有限公司
开　　本／787mm×1092mm　1/16　　印　　张／20.75
版　　次／2012 年 1 月第 1 版　　字　　数／352 千字
印　　次／2012 年 1 月第 1 次印刷
书　　号／ISBN 978-7-5097-2978-6
定　　价／59.00 元

本项目研究得到世界自然基金会的支持

上海蓝皮书编委会

上海资源环境蓝皮书编委会

主要编撰者简介

张仲礼　上海市生态经济学会名誉会长。曾任上海社会科学院院长、上海社会科学联合会副主席、中国国际交流协会上海分会副会长、上海市生态经济学会会长等职。第六届至第九届全国人民代表大会代表。1952年获美国社会科学研究理事会奖金。1982年获美国卢斯基金会中国学者奖。2008年获“亚洲研究杰出贡献奖”。2009年荣获首届上海市学术贡献奖。

周冯琦　上海社会科学院生态经济与可持续发展研究中心主任、博士生导师、部门经济研究所研究员、上海市生态经济学会副会长兼秘书长。主持国家社科基金重点项目“主要国家新能源战略及我国新能源产业发展制度研究”。《上海可持续发展研究报告》主编。

摘要

面对全球性的环境和气候变化危机，河口城市显得异常脆弱。但是，在中国，河口城市的生态环境安全问题尚未得到足够的重视。作为特大型河口城市的上海，极高的人口密度、长期二三并举的产业结构，使生态环境问题更加集中和突出，出现了生态系统脆弱且生态环境安全保障体系不完善以及城市人口增加导致的大量社会问题和诸多环境问题。因此，迫切需要对上海生态环境安全状况作出科学的评估，发现生态环境问题的成因，加强生态环境安全方面的建设。《上海资源环境发展报告（2012）》正是在这样的背景下，针对上海市的生态环境安全展开讨论。主体内容按总报告加分报告的形式分别论述。

总报告利用状态—压力—响应模型构建了河口城市生态环境安全评价指标体系，进而对上海 2003～2010 年的城市生态环境安全状况做了评估，得出了评估结论，并对评估结果进行了详细分析。最后，针对评估结果，对如何提升上海环境安全提出了若干建议。

分报告由四部分构成，包括综合篇、专题篇、管理篇和案例篇。

综合篇，研究了上海经济社会发展和城市扩张所带来的城市环境负荷的变化，并在此基础上从宏观层面对上海的生态足迹和水足迹做了评估。

专题篇，对影响河口城市生态环境安全的几个重点领域做了专题研究，分别是上海水环境安全与河道治理、浦东新区农村河道水质调查与治理、上海防洪防汛体系建设与挑战、黄浦江上游饮用水源地保护机制、上海海岸带开发利用与保护、上海生活垃圾资源化、减量化、无害化处理等。

管理篇，在专题研究的基础上，分别从利益相关方参与生态环境管理以及流域综合管理两个专题视角研究如何保障河口城市生态环境安全。

案例篇，以珠江河口治理以及香港的参与、世界河口城市适应气候变化的战略为例，并将二者做了比较研究。

Abstract

Estuary cities are especially vulnerable to global environmental and climate crisises. But, in China, even no enough attention has been paid to ecological and environmental security of estuary cities. As a giant estuary metropolis, high population density and large-scale manufacturing industry bring about heavy ecological and environmental burdens to Shanghai, whose ecosystem is quite vulnerable and eco-security isn't adequately ensured. Therefore, it is urgently necessary to scientifically and objectively to assess Shanghai's ecological and environmental security to find the causes and cures to its eco-challenges. It is in such a context that "Shanghai Blue Book of Resources and Environment (2012)" is compiled, whose general report and sub-reports deal with the city's ecological and environmental problems in several aspects.

The general report of "Shanghai Blue Book of Resources and Environment (2012)" creates an indicators system for ecological and environmental security of estuary cities based on the Pressure-State-Response Model, and then assesses Shanghai of 2003 ~ 2010 with this system. And the conclusions of the assessment lead to detailed analyses and suggestions.

Sub-reports are classified into four categories: Comprehensive Reports, Special Topics, Management Practices and Successful Stories.

Comprehensive Reports study the change of environmental burdens caused by Shanghai's economic development and urban expansion, based on which the city's ecological footprint and water footprint are assessed on the macro level.

Special Topics focus on some key issues of ecological and environmental security of the estuary city: Shanghai's water environment security and river management, water quality investigation and improvement in rural Pudong, construction and challenges of Shanghai's anti-flood institutions and mechanisms, institutions and mechanisms to protect water source in the upper reaches of the Huangpu River, development and protection of Shanghai's coastal areas, and reducing, reusing, recycling and safely disposing Shanghai's household waste.

Based on Special Topics, Management Practices deal with the issues of shareholders' participation in ecological and environmental management, and coordinated efforts across the river basin.

Successful Stories conduct case studies on estuary management institutions and mechanisms of the Pearl River with the participation of Hong Kong, and international experience from estuary cities to meet climate challenges. Thereafter, comparative analysis is made between the two cases.

序

河口城市有着特殊的生态脆弱性，同时受到来自海洋的威胁、来自上游的干扰和来自自身经济发展的压力。在这方面，上海具有一定的典型性。因此，如何保障河口城市的生态环境安全，是迫切需要研究的一个重大课题。

近年来，全球变暖有进一步加剧的趋势，由此会使海洋环境发生显著的变化，导致河口城市面临的海洋灾害风险增加。1978～2007 年，上海沿海海平面上升了 115 毫米，高于全国沿海海平面平均上升幅度 90 毫米。相对于 2010 年，2030 年上海相对海平面将上升 120 毫米，到 2050 年将上升 250 毫米。除非采取积极的应对措施，到 2050 年，上海很可能遭受海水入侵，未来若干年咸潮入侵频率将呈现明显增加趋势。由于气候带的北移，西北太平洋上台风的主导路径呈现较显著的向西、向北飘移趋势，将使登陆或影响上海的台风增多。而且，随着洋山深水港、东海大桥、临港新城等相继建成，上海的经济重心正逐渐从陆域向东南沿海转移，使本市的经济、社会、人口更易受到海洋灾害的冲击。

河口城市还容易受到上游水文变化和水体污染的干扰。就上海而言，由气候变化导致的干旱，会使长江上游来水减少，海水会相应地上溯形成咸潮。2011 年 5 月，由于湘鄂皖赣一带持续干旱，长江口水量减至正常年份的一半左右，导致海水倒灌入长江，形成罕见的夏季咸潮。此外，尽管上海在水环境治理方面做了大量工作，但是对控制太湖流域上游的来水污染却是无能为力。太湖流域上游的苏南和浙北是我国人口最为密集、经济最为发达的地区之一，相应的，各种工业、农业和生活污染较重。自 20 世纪 90 年代中期至 2010 年，太湖流域上游来水中氨氮、总磷、总氮、五日生化需氧量等指标总体呈上升趋势，明显影响上海境内黄浦江上游水源地的水质。

而且，许多河口城市因为其优越的区位成为产业和人口的集聚地，给当地生态环境带来了巨大压力。在历史上，上海的苏州河就像伦敦的泰晤士河一样，由于不堪承受城区内的工业污染而变成一条臭河浜。虽然近年来上海采取了一系列

环境治理措施，成效卓著，但是持续的经济和人口增长，给本市资源环境带来了相当重的负荷。到2020年，上海常住人口很有可能达到3000万，由此产生的原水需求将达到2100万~2200万立方米/日。但是，“十二五”期间青草沙、东风西沙水库全部建成后，上海四大水源地的极限原水供应能力为2000万~2100万立方米/日，本市原水供应能力显得捉襟见肘。从更为综合性的指标来看，2000~2010年间，上海人均生态足迹年均增长3.08%，人均生态赤字年均增长3.35%。再加上人口的大量涌入，本市生态足迹总量的增长速度更高，2000~2010年间年均增长6.84%。

河口城市的生态脆弱性是由多重因素造成的，保障河口城市的生态环境安全自然也要采取“软硬兼施，内外兼修”的多样化措施。不管是治理水环境，还是防台抗洪，都不能单纯依靠工程性手段，而要更加注重制度完善和生态修复等非工程性手段。在水污染治理方面，除了要加大投入、采用先进技术、建设更多污水处理厂外，更要借助一系列经济和法律手段，促使工厂减少污染物排放，激励农民削减面源污染，推广应用中水回用设施……在抵御台风、洪水等灾害方面，除了建设堤坝、泵站、排水管道外，更要通过恢复湿地、疏通河网等来完善自然界自身的生态调节功能。

由于深受河流上游环境的影响，加上自有生态承载力往往难以满足产业、人口集聚带来的资源需求，河口城市解决自身的生态环境问题，需要和上游行政区域建立良好的合作关系。上海要改善水环境，就需要与环太湖的苏浙两省或者各城市合作，甚至要和长江中游的省份合作。未来十年，上海的原水供应很可能陷入捉襟见肘的境地。正如香港在供水方面必须和广东合作一样，上海要保障供水安全，也需要学会与周边省份合作。以世博会为契机，沪苏浙开展了长三角区域大气污染联防联控等一系列环保合作，希望未来在水污染治理等其他环境事务领域深化这种协作。

保障河口城市的生态环境安全是一个紧迫而复杂的问题，亟须动员大量人才来展开研究。上海社会科学院生态经济与可持续发展研究中心（即上海市生态经济学会秘书处）积累了多年研究经验，围绕生态足迹、“两型”社会、生态文明、能源安全、低碳经济、低碳城市、世博后城市可持续发展等，出版了多部有一定影响力的研究报告。此次，生态经济研究中心全体研究人员，就这一专题开展了广泛而深入的调查研究，并积极与外单位专家合作，写就了这本以河口城市的生态环境安全为主题的研究报告。

从水环境治理到水源地保护，从防洪工程到湿地修复，从水污染问题到固废等其他环境问题，再到综合性的资源环境压力评价，本报告涵盖了河口城市生态环境治理的主要方面，立足于翔实的信息，解析上海生态环境安全面临的形势，提出了若干对策和建议，希望能为政界、学界等不同领域的读者提供有用的参考。

张仲礼

原上海社会科学院院长

上海市生态经济学会名誉会长

上海资源环境蓝皮书名誉主编

2011 年岁末于上海

目 录

ⅠB Ⅰ 总报告

ⅠB Ⅱ 综合篇

ⅠB Ⅲ 专题篇

BⅣ　管理篇

BⅤ　案例篇

BⅥ　附录

CONTENTS

Ⓑ Ⅰ General Report

Ⓑ Ⅱ Comprehensive Reports

Ⓑ Ⅲ Special Topics

总 报 告

General Report

B.1 全球气候变化背景下的河口城市生态环境安全

周冯琦　袁瑞娟　雍 怡 *

随着人口的增长和社会经济的发展，人类活动对环境的压力不断增大，人地矛盾加剧。尽管世界各国在生态环境建设上已取得不小成就，但并未能从根本上扭转环境逆向演化的趋势；由环境退化和生态破坏及其所引发的环境灾害和生态灾难没有得到减缓，全球变暖、海平面上升、臭氧层空洞的出现与迅速扩大，及生物多样性的锐减等全球性的关系到人类自身安全的生态问题，一次次向人类敲响警钟。保持全球及区域性的生态环境安全和经济的可持续发展等已成为国际社会和人类的普遍共识。面对全球性的环境和气候变化危机，河口显得异常脆弱，但诊断这种脆弱性并提出解决方案长期以来并未取得满意的进展，在国内，河口城市的生态环境问题甚至尚未受到足够的重视。

* 周冯琦，上海社会科学院研究员，博士；袁瑞娟，浙江理工大学讲师，博士；雍怡，世界自然基金会高级项目官员，博士。

长江三角洲是人口最多、经济最繁荣的地区之一，濒江临海，是典型的河口区域。作为特大型河口城市的上海，极高的人口密度、长期二三产业并举的产业结构，使其生态环境问题更加集中和突出。城市的快速发展和区域生态环境退化对上海生态环境造成了较大压力，城市内大气复合污染、水资源短缺和水环境污染并存，出现了生态系统脆弱且生态环境安全保障体系不完善以及城市人口增加导致的大量社会问题和诸多环境问题，因此迫切需要对上海生态环境安全状况作出科学、客观的评估，发现生态环境问题的成因，加强生态环境安全方面的建设。

一　河口城市的生态环境安全

2011 年日本关东地震所引发的海洋核污染、上海康桥工业园区铅污染所导致的儿童血铅超标、长江流域旱涝急转等重大环境事件表明河口城市的生态环境问题突出、复杂；而且随着海洋资源的开发以及沿海城市的快速发展，加之全球气候变化所引发的极端气候事件，在今后的 20～30 年内，生态环境问题的突出性和复杂性会长期存在。

（一）从重大环境事件看河口城市的生态环境安全

河口三角洲是文明的源头和经济的热点。全世界超过 60% 的人口和 2/3 人口超过 160 万的大中型城市聚集在距离海岸线 100 公里之内的河口海岸地区①。这里是利用和保护、发展和安全等诸多问题最集中、矛盾最突出的地区。上海、纽约、伦敦、温哥华、鹿特丹……世界上大多数区域发展中心都坐落于河口海岸地区，全球前 15 大城市中，有 11 个位于沿海或河口地区。它们引领着区域的社会经济发展，同时也站在应对全球气候变化的风口浪尖，面临着极端气候和自然灾害频发、海平面上升、水资源短缺、环境管理难度加大、生物多样性退化等共同的威胁，尤其需要重新审视地球生态系统的承载力，反思自身的发展模式，寻求“Growing with Nature（与自然共成长）”的解决方案。

上海是一个典型的河口城市，位于长江口与东海的交汇点，淡水和咸水、陆

---

① Pernetta J. C，Milliman J. D，“Global change：land-ocean interactions in the coastal zone（LOICZ）：Implementation plan.” *The International Geosphere-Biosphere Programme*（1990）：1－12.

地和海洋、城市和野趣、人和自然、人类社会的发展和自然系统的保护都聚集于此，在此交会融合。上海也是一座建立在湿地上的城市，超过70%的陆域是近1800年来上游来沙的沉积形成的湿地。至今，上海的市域仍有3197平方公里是湿地（含3054平方公里河口、近海及海岸湿地）。河口独特的生态系统的区位条件也孕育了丰富的多样性的生物，在此栖息或过境的生物包括400多种鸟类、250多种鱼类、200多种底栖动物和150多种水生生物。

2011年3月，日本东北外海发生9.0级地震，并引发强烈海啸。日本东北地域太平洋沿岸及北海道东部海啸高度最高达40.5米。地震造成超过15000人死亡、至少5000人失踪、70多万栋房屋遭受破坏，大范围停水、停电并终止燃气供应。灾情对日本东北三县造成“毁灭性打击”，日本人口最稠密的东京都会区也受到明显影响。此后，又发生福岛核电站火情和核泄漏等次生灾害，其影响难以估计。而由日本关东地震所引发的海洋核污染，也曾引起上海居民对海产品污染、核污染飘移可能导致的蔬菜、食用盐的安全忧虑，甚至一度出现了“盐慌”。另外，日本核辐射危机也引发了人们对核电工业的隐忧。

2011年5~6月，长江中下游出现了历史上罕见的旱涝急转，这次“旱涝急转”涉及整个流域范围，几天内几个省从流域性大旱急转大涝。在旱情发生的同时，河口也遭遇了近十年来最严重的盐水入侵，明显影响了上海市的供水安全，此外长江口出现大量海蜇，说明河口的盐度变化使之更适宜海洋物种，大量海洋物种进入河口的同时，很多依赖河口淡水或咸淡水生境的物种受到威胁。它们沿河口上溯，进入人类干扰更多的区域。旱涝急转之后，强降雨引起河水陡涨，城市积水难以及时外排，水环境污染加剧。

2011年9月，上海康桥工业园区铅污染导致儿童血铅超标。这一事件，引起了环境保护部和上海市政府的高度重视，上海市环保局等相关部门组织有关专家进行了深入调查，迅速采取措施，并作出对涉嫌超标企业停产整顿，对铅蓄电池行业进行排查的决定。虽然上海市政府对上海康桥“血铅”事件的善后处理相当到位和及时，但是，“血铅污染事件”仍刺痛着社会的神经。此次事故背后所反映的问题仍值得深思。

反思这一系列重大环境事件及其影响，可以发现河口城市既面临着与一般内陆城市相似的由自身的快速发展所带来的局部生态环境问题，同时更受到来自海洋以及流域的生态环境风险的影响。提升河口城市的生态环境安全必须在关注城市经济社会发展所来的生态环境影响的同时，关注来自流域和海洋的生态环境风险。

（二）全球气候变化背景下的极端气候事件和河口城市生态环境风险

近年来，全球气候变化成为世界关注的焦点，以极端气候事件为代表的气候事件给人类社会的安全带来巨大的影响，其中，位于河口海岸的城市受到的影响最为显著。

2005年8月，飓风卡特里娜袭击美国中南部。路易斯安那、密西西比等州受灾，超过1000人遇难，200多万人受到停电、停水的影响，整个灾害的直接经济损失高达1500亿~2000亿美元，当年下半年美国GDP下降0.5%~1%。重灾区新奥尔良市（密西西比河河口城市）百万人流离失所，90%的城市建筑受损，至今灾后重建的工作尚未全部完成。

2010年7~8月，巴基斯坦西北部遭遇81年以来最严重的洪灾，超过1/4的国土受灾，造成约1600人死亡，65万栋房屋被毁，150万人无家可归，超过55万公顷农田被毁，2000万人受灾，1200万人受到粮食短缺的影响，直接经济损失可能达95亿美元。

2011年1月，洪水侵袭澳大利亚昆士兰州州府布里斯班市，出口、基建和旅游业损失严重。产量占全球市场一半的昆士兰州的炼焦煤业成为重灾区，全球市场的炼焦煤供应大减1400万吨，次季价格上涨30%。洪灾令澳大利亚2011年初国内生产总值减少130亿澳元，相当于澳大利亚GDP的1%，并且还将对经济、旅游、农业和矿业产生更长远的影响。

新奥尔良市在灾后全面评估灾害成因，发现气象预测的偏差和城市应急响应的机制缺陷是整个城市在过去30多年开发建设中留下的灾害隐患。新奥尔良市位于密西西比河口，多年来为了发展航运、疏浚航道，原本应该自然形成滩涂湿地的密西西比河上游来沙被直接排入深海，原先自然的河口滩涂湿地不断退化，这一段的密西西比河几乎成为一条被人工护堤支撑的海上悬河，整个密西西比河口在近800年经济高速发展的历史中逐年萎缩，最后变成一个鸟足状河口（Bird foot delta）；此外，新奥尔良市在20世纪70年代开挖运河以缩短弯曲的密西西比河口的出海航程，这条人工运河在2005年飓风来袭时因溃堤，成为将洪水引入城市中心区的“灾难高速公路”，带给整个城市毁灭性的打击（见图1）。

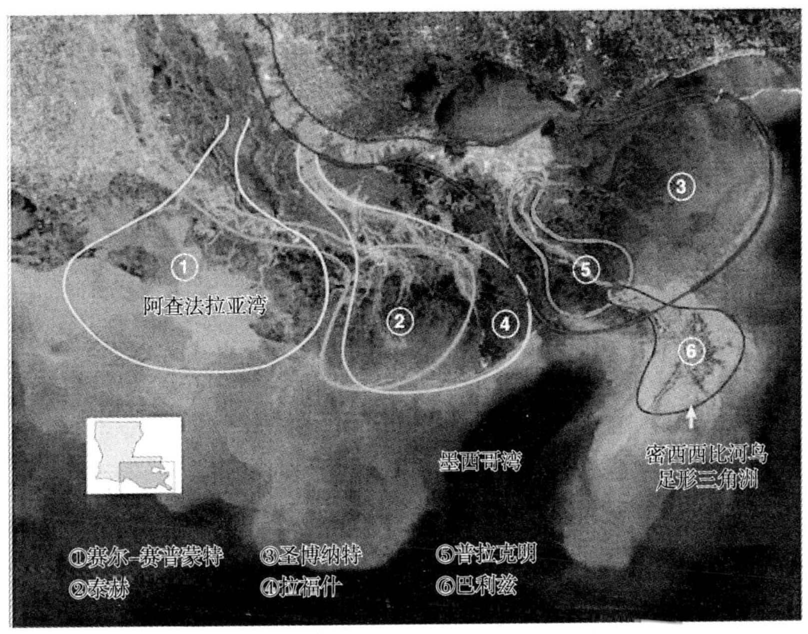

图 1　密西西比三角洲的形态变化

资料来源：John A. Lopez, New Orleans：Report：A City Built on a River, A City to be Sustained by a River Lake Pontchartrain Basin Foundation，2011。

河口特殊的地理区位决定了河口海岸地区将成为迎接气候变化挑战的第一线。暴雨、风暴潮、干旱、酷热、冰冻灾害等，河口城市都将与之正面交锋。在气候变化背景下，上海地区的极端气候事件有增加的趋势：上海近 50 年降水灾害概率为 21.1%，比前 50 年上升了 5.3 个百分点；极端最高气温从 20 世纪 70 年代末期开始上升，尤其是在 2003 年出现了 39.6℃的极端高温。气温、降水和气流的变化增加了风暴潮产生的可能性，同时风暴潮造成的损失也随之加大。

综上所述，极端气候事件引起的特大自然灾害并非仅仅发生在经济落后缺乏防灾应灾措施的国家，极端气候也不再是一个小概率的偶然事件。更值得反思的是，无论美国、日本还是澳大利亚的受灾地区，都有着多年防灾减灾的经验和先进配套的基础设施，但自然的破坏力量显然超过了人类本以为万无一失的预期。单单依靠抵御百年、千年一遇自然灾害的工程性的硬质堤防是不够的。失去了自然河口和滩涂湿地的缓冲和庇护，人类可能在灾害来临时付出千百万倍的财产甚至生命的损失。

（三）河口城市上海的生态环境风险

上海作为一座典型的坐落于大河河口的特大城市，在全球气候变化的大背景之下，面临着和世界其他河口和滨海城市共同的威胁和挑战。

1. 上海生态环境的脆弱性和敏感性

当生态环境的退化超过了在现有社会经济和技术水平下能长期维持目前人类利用和发展的水平，称为脆弱生态环境。也就是在保持和增大人类利用环境的程度和规模的条件下，可以通过经济、技术改革和调整，也可以靠外来资源和向外输出来缓解环境退化和资源耗竭。徐明等对上海气候变化脆弱性的综合研究认为，上海的一级脆弱区的面积为447.66平方公里，主要分布在崇明东滩、东平国家森林公园、佘山国家森林公园、受长江口南支影响的湿地、淀山湖一带的淀泖洼地、黄浦江上游水源地保护区、黄浦江及沿岸缓冲区。二级脆弱区面积为1849.07平方公里，主要分布在崇明岛北部、崇明岛主要水系（南横引河）、横沙和长兴两岛、南汇口、杭州湾沿海滩涂湿地以及上海的主要水系。三级脆弱区面积为1660.11平方公里，主要分布在崇明岛南带、宝山区、浦东新区及闵行区、上海市中心区和金山区西部。四级/五级脆弱区面积为2383.65平方公里，主要分布在嘉定区、奉贤区东部，南汇区、金山区东南部，青浦区北部和奉贤区西部和南汇区南部（见图2）。

鄢忠纯等对上海的生态环境敏感性和生态服务功能重要性作了综合评价，评价结果认为黄浦江水源保护生态功能区是生态敏感性最强的区域，而长兴岛功能区的生态敏感性最弱（鄢忠纯等，2007）。水源问题是上海生存和发展的重大限制因素，水源保护尤为重要。

生态环境敏感性是指在自然状况下生态系统某一生态过程潜在的活动强度，用于表明其对人类活动反应的敏感程度，说明产生生态失衡与生态环境问题的可能性大小。采用地理信息系统（GIS）技术，做出各单项影响因子的敏感性空间分布图，再按一定的规则进行叠加综合，得到某一生态问题的综合敏感性分布图，进行敏感性等级评价和分区。敏感性分为5级，即极敏感、高度敏感、中度敏感、低度敏感、不敏感。曹建军等选取影响上海市生态环境的5个敏感性因子（河流湖泊、文物古迹及森林公园、地质灾害、土壤污染和土地利用），利用层次分析法（AHP）确定敏感性因子权重，结合GIS空间分析技术，研究了上海城市生态敏感性的空间分布（曹建军等，2010）。曹建军等的研究结果认为，研究

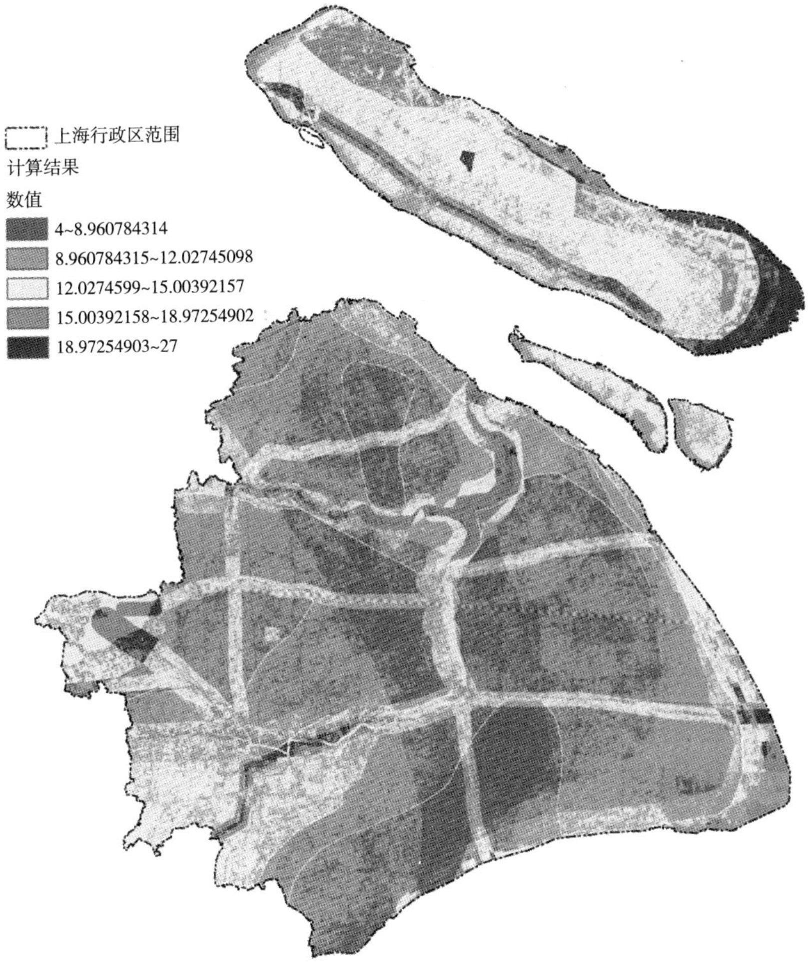

上海行政区范围
计算结果
数值
4~8.960784314
8.960784315~12.02745098
12.0274599~15.00392157
15.00392158~18.97254902
18.97254903~27

图 2　上海气候变化脆弱性综合区划结果

区生态敏感性总体较高，总的分布规律为中心城区低、郊区区县高。高度和中度敏感区占研究区总面积的 56. 99%，主要分布在崇明县三岛以及城市南部、西北部和西南部，为面积较大的湖泊、水塘和河流、生态建设及农用地；低度敏感区仅占研究区总面积的 5. 94%，主要是沿江、沿海的滩涂地以及城市中大面积的绿地；不敏感区占研究区总面积的 37. 07%，主要为中心城区的居民、商业、工业等建设用地（见图 3）①。

① 曹建军等：《GIS 支持下上海城市生态敏感性分析》，《应用生态学报》2010 年第 7 期。

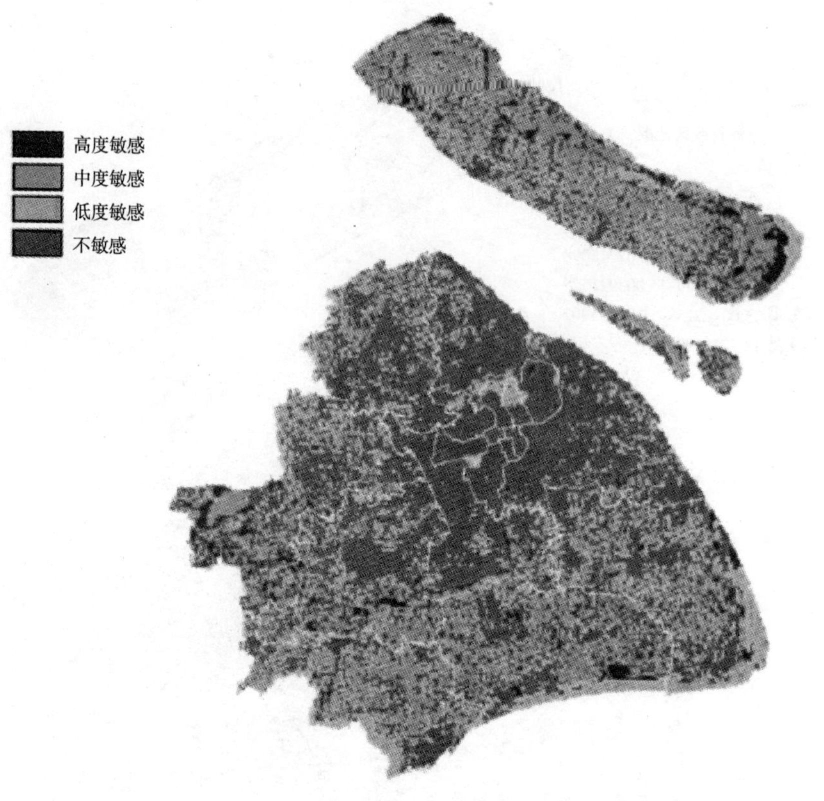

图 3　上海市综合生态敏感性空间分布

从以上对全球气候变化背景下上海生态环境的敏感性和脆弱性研究结果来看，上海生态环境的敏感性总体较高，生态系统较为脆弱，其中敏感性和脆弱性较高的区域为崇明东滩、淀山湖洼地、黄浦江上游水源保护功能区等较大的湖泊、河流、滩涂等生态建设用地。

2. 上海海平面上升与地面沉降的双重影响

中国国土资源部监测与分析结果表明：近 30 年，上海沿海的年代际海平面呈明显上升趋势。自 2001 年以来，上海沿海的海平面总体处于历史高位，2001～2010 年的平均海平面比 1991～2000 年的平均海平面高约 14 毫米，比 1981～1990 年的平均海平面高约 47 毫米（见图 4）①。

① 中国国土资源部：《2010 年中国海平面公报》。

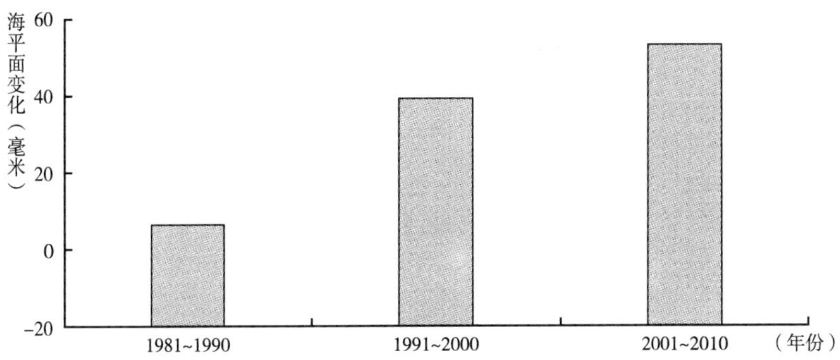

图4　上海沿海年代际海平面变化

在全球气候变暖、海平面上升的背景下，上海持续受到咸潮入侵和海岸侵蚀等海洋灾害的影响。2004～2006年，上海市崇明岛东岸侵蚀长度达8.14千米，最大侵蚀宽度67米；另外，咸潮频繁入侵，对城市供水造成影响，地下水和土壤盐渍加重，严重危害了上海的水资源环境和生态环境。2007年2月下旬发生了近10年来最严重的咸潮，水库取水口盐度最高超过国家标准5倍多[①]，对城市居民生活和工农业生产造成了影响。

海平面上升加剧了风暴潮、海岸侵蚀、海水入侵、土壤盐渍化及咸潮等海洋灾害，并不同程度地影响了沿海地区的城市防洪排涝系统。

在海平面上升的同时，由于近千年来长江带来的泥沙所形成的软土层结构，虽然上海市政府对曾经造成上海地面沉降的地下水过度开采已经采取了有效的“控沉”措施，年均地面沉降量已控制在10毫米以内，但不断拔地而起的高层建筑和地铁施工，是影响上海地面沉降的另一个原因，建筑和地铁施工造成的“不均匀沉降”仍然困扰着上海，加剧了海平面上升的环境风险，同时也对城市地铁和建筑的安全带来潜在的安全隐患。

3. 海洋生态环境污染和生态系统健康

国家海洋局2009年东海区海域水质等级监测结果显示，长江口是中国沿海海域污染最严重的区域，其超标污染物主要为无机氮、活性磷酸盐，近岸海域超标污染物还包括铅和汞。2010年，上海所在的东海近岸海域水质极差，为重度污染。Ⅰ、Ⅱ类海水占30.6%，较上年下降14.6个百分点；Ⅲ类海水占

---

① 中国国土资源部：《2007年中国海平面公报》。

18.9%，上升11.5个百分点；Ⅳ类和劣Ⅳ类海水占50.5%，上升3.1个百分点。主要污染物仍为无机氮和活性磷酸盐。东海近海海域是我国四大近海海域中环境质量最差的地区①。

长江口为河流与海洋相互作用的区域，是许多重要海洋经济生物的产卵场、索饵场和栖息地。2010年，监测的典型河口生态系统均呈亚健康状态，与2009年相比其健康状况基本保持稳定（见图5）。

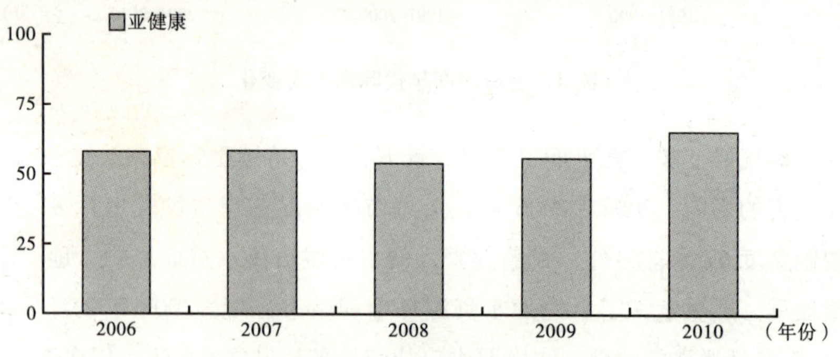

图5　长江口生态系统健康状况

资料来源：中国国家海洋局《2010年中国海洋质量公报》。

夏季长江口外海域中下层水体出现面积约2330平方公里的低氧区。监测的河口生态系统浮游植物密度基本处于正常变动范围之内，浮游动物及鱼卵仔鱼密度总体偏低，底栖动物生物量偏低，经济物种的丰度略有下降。与2009年相比，浮游生物和底栖生物优势种类变化不大，生物多样性指数波动较小②。

4. 经济社会发展以及城市扩张导致环境负荷的结构性变化

经过四轮三年环保计划的滚动实施，上海传统环境污染物基本得到控制，但高速发展的城市化进程和区域经济一体化使上海面临越来越复杂的区域化复合型污染的问题，突出表现为区域性颗粒物污染、臭氧污染和硝酸型酸雨三大复合型大气污染问题。如传统污染物二氧化硫、二氧化氮、总悬浮颗粒物得到改善，但细颗粒物（$PM_{2.5}$）、氮氧化物、氟化物、铅等还不为公众广泛关注的污染物则未有改善甚至污染程度还在加深。臭氧污染问题非常突出，“十一五”期间臭氧年

① 中国国家海洋局：《2010年中国海洋环境质量公报》。

② 中国国家海洋局：《2010年中国海洋环境质量公报》。

均浓度呈上升趋势。2010 年上海臭氧浓度最高值是国家环境空气质量二级标准限值的 1.5 倍。以灰霾为代表的细颗粒污染形势依然严峻，近年来上海两个灰霾试点的平均浓度都超过国家《环境空气质量标准（GB3095－2011）》（征求意见稿）参考标准限值（0.035 毫克/立方米）34.3% 和 25.7%①。在细颗粒物方面，自从 1997 年美国率先将细颗粒物列为检测空气质量的一个重要标准，国际上主要发达国家均已制定相关标准。而在我国，细颗粒物还未进入空气质量指数统计中。但在 2011 年，细颗粒物污染引起了各方的关注，环境保护部正在着手研究把臭氧和细颗粒物也纳入监管之列。特别是在初夏时节和冬春时节的区域性影响较大。初夏时节，长三角地区秸秆焚烧对上海及周边区域大气细颗粒污染贡献显著，经常引发区域性的大范围霾污染；冬春时节，受内陆污染、北方沙尘和本市不利气象条件等综合影响，区域性雾霾和浮尘影响突出。

二　上海生态环境安全的评价

河口是人口高度聚集、经济社会活动频繁的地区。城市的未来发展还需要更多的空间和资源，这种需求和所处城市生态复合系统的承载力能否匹配，是否会造成资源的耗竭，能否引起对自然系统不可逆转的伤害，需要得到全面的科学评估。

目前，对生态环境安全的评价和研究主要集中在国家和区域尺度上，而对城市尺度生态环境安全的研究较少，对河口城市生态环境安全的研究就更少。但城市生态环境安全是一个国家或区域生态环境安全的基础和核心，河口城市是经济高度繁荣、人口密集的区域，河口城市的生态环境安全更是国家和区域生态环境安全的重要核心和基础。

上海作为特大型河口城市，极高的人口密度、长期二三产业并举的产业结构，使其生态环境问题更加集中和突出。城市的快速发展和区域生态环境退化对上海生态环境造成了较大压力，城市内大气复合污染、水资源短缺和水环境污染并存，出现了生态系统脆弱且生态环境安全保障体系不完善以及城市人口增加导致的大量社会问题和诸多环境问题，因此迫切需要对上海生态环境安全状况作出科学、客观的评估，发现生态环境问题的成因，加强生态环境安全方面的建设。

---

① 上海市环境保护局：《上海市环境质量报告书（2006～2010 年）》，第 81 页。

（一）生态环境安全的内涵

生态环境安全的研究起源于20世纪50~70年代，并在80年代得到了发展，90年代得到了学术界的广泛关注和重视，环境污染问题的出现而带来的环境破坏性推动了环境安全研究的进展以及政府对环境安全的关注和重视。任何国家、地区的环境问题都直接与其经济发展紧密相伴，在任何国家和地区的历史发展演进过程中，环境问题从来没有消失过。曲格平认为，生态环境安全包括两层含义：一是防止由于生态环境退化对经济基础构成威胁，主要指环境质量状况低劣和自然资源的减少和退化削弱了经济可持续发展的支撑能力；二是防止由于环境破坏和自然资源短缺而引发人民群众的不满，特别是环境难民的大量产生，从而导致国家的动荡（曲格平，2002）。文传浩等的研究认为，生态环境安全是人类社会赖以生存的自然和社会环境免于环境问题的危险和威胁，其环境系统的结构、功能和自我恢复能力处于可承受和可恢复的安全度，即人类的经济、社会、文化活动对环境的压力不足以超出环境容量（或称为环境承载力），从而在此容量内进行各种活动（文传浩等，2008）。杨永华等的研究认为，生态环境安全是指人类生存和发展所处的生态环境无退化，资源足以持续利用，即生存环境处于不受破坏和威胁状态，自然生态系统能够维系经济可持续发展的状态（杨永华，2010）。但是由于生态环境安全内涵的丰富和复杂性，以及人们对生态环境安全的研究尚不够深入，因而一直也未能形成统一并普遍接受的定义。

比较研究国内外学术界对生态环境安全的研究的定义，我们认为生态环境安全主要包括两层含义：一是生态系统自身是否安全；二是生态系统对于人类是否安全。生态环境安全的本质可以认为是围绕人类社会的可持续发展目的，促进经济、社会和生态三者之间和谐统一。影响安全的因素主要有生态环境、公共政策和公众素质。从生态环境安全的内涵来看，生态环境安全具有整体性、累积性、长期性、空间地域性、相对性等特点，生态环境安全是动态的。

（二）生态环境安全评价方法和模型

联合国前任秘书长安南于2001~2005年发起组织了一个新千年全球生态系统评估研究，在世界范围首次开展了生态系统与人类福祉关系的现状与发展趋势、情景分析以及响应机制的系统研究。该研究报告指出，自然生态系统为人类提供生态

服务，人类生产生活活动对自然生态系统产生胁迫，同时生态系统在人类胁迫超过它的承载能力以后，往往以灾难的形式，对人类行为做出反馈和响应，人类又通过各种有意识的活动保育、恢复和建设生态系统，维系天人关系的持续发展。

1. 生态环境安全评价方法

生态环境安全评价是对生态系统完整性以及对各种风险下维持其健康的可持续能力的识别与判断研究。具体是指当生态环境或自然资源受到一个或多个威胁因素影响后，对其生态环境安全性及由此产生的不利的生态环境安全后果出现的可能性进行评估，以实现在维持生态环境安全的基础上为国家的经济、社会发展战略提供科学依据。它具有高层次性、系统性、综合性、区域性等特征。

目前国内外生态环境安全评价的模型框架主要有经济合作发展组织提出的PSR模型（Pressure—State—Response，压力—状态—响应，1994）和DSR模型（Drivingforce—State—Response，驱动力—状态—响应，1996）、Corvlan和他的同事提出的DPSEEA模型（Driving force—Pressure—State—Exposure—Effect—Action，驱动力—压力—状态—暴露—影响—响应，1996）、欧洲环境署（EEA）提出的DPSIR模型（Driving force—Pressure—State—Impact—Response，驱动力—压力—状态—影响—响应，1998）、加拿大生态经济学家William及Wackemagel于20世纪90年代初提出的生态足迹法（EFAA）等。PSR及其他在此基础上演变的模型均不同程度地考虑了人类活动对环境的压力，自然资源的质和量的变化，以及人们对这些变化的响应，即采取的减少、预防和缓解自然环境不理想变化的措施。而生态足迹法是目前广泛用来测量人类对自然界的影响，衡量人类现在究竟消耗了多少资源，还剩多少资源可以用于延续人类发展的一种度量可持续发展程度的方法。生态足迹与生态承载力的比值可以用来表征生态环境安全程度。

2. 河口城市生态环境安全评价模型

生态环境安全是一个非常复杂的问题，现有的经济指标、社会指标和生态指标都无法单独对河口城市的生态环境安全加以表征、度量和评价。经济合作与发展组织（OECD）与联合国环境规划署（UNEP）于20世纪80年代末提出了状态—压力—响应（P—S—R）模型来定量测度生态环境安全。压力—状态—响应模型从社会经济与自然环境的有机统一的观点出发，表征了人与自然这个生态系统中各因素间的因果关系，更精确地反映了生态环境安全系统中自然、经济、社会及法制等因素之间的关系，为生态环境安全指标的构建提供了一种逻辑基础。在 PSR 模型框架内，生态环境安全问题可以由三个不同但又相互联系的指标类型来表达。其中压力指标反映人类活动给生态环境造成的压力与负荷，状态指标反映环境质量、自然资源与生态系统状况，响应指标反映人类面临环境问题时采取的对策和措施（曹伟，2011）。但是该指标体系只是给生态环境安全评价提供了一个全面的分析框架，不同生态系统有自己的独特之处，因此研究者对具体指标的选取要根据自己的研究需要而定。从我国目前学术界对生态环境安全评价指标体系构造来看，大多是以该模型为基础建立的多层次评价指标体系，不同之处在于指标层所选择的要素，而要素的选择对生态环境安全评价至关重要，选择的要素过多，可能影响评价的可行性；选择的要素过少，可能影响评价的全面性和准确性。

一般来讲，生态环境安全指标体系的构建和指标选取依据科学性、整体性、可操作性以及实用性原则。所谓的科学性原则，即能客观和真实地反映系统的环境压力、状态和响应，能较好地度量生态环境安全的状况。整体性原则，即在体现科学性的同时，要考虑指标体系的整体性；在考虑压力、状态和响应之间因果关系的同时，也充分考虑各指标和子系统之间的关系，力求完整。可操作性原则，即所选指标必须概念清楚、意义明确，而且必须容易理解和操作，同时必须有可靠的数据来源。

本报告从生态环境安全的内涵出发，按照科学性、整体性、可操作性以及实用性原则，借鉴国内外研究机构专家有关生态环境安全评价的方法，结合上海地处长江口、濒临东海的独特区位特点，重点考虑上海的资源环境系统，构建了四个层次的河口城市生态环境安全评价指标体系：第一层次是目标层，即上海生态环境安全综合指数，综合度量上海市生态环境安全的总体水平。第二层次是准则层，包括系统压力、系统状态、系统响应三个子系统，反映上海生态环境安全水平的因果关系，包含系统压力、系统状态和系统响应三个具有因果关系的方面。第三层次是评价要素层，即各项目层包含的主要要素，系统压力来自人口压力、资源压力、环境压力和社会经济压力；系统状态包含资源状态和环境状态；系统响应包含经济响应、环境响应和人文基础响应。第四层次是指标层，即各评价因素由哪些具体指标组成，是评价体系的最基本层面，由可直接度量的指标构成，反映要素层的各要素。选取了 43 个指标，其中系统压力指标 21 个，系统状态指标 10 个，系统响应指标 12 个。具体指标体系见表 1。

表 1　河口城市生态环境安全评价指标体系

目标层	项目层	要素层	指标层
生态环境安全综合指数	系统压力	人口压力	人口密度(人/平方公里) 城市化率(%)
		资源压力	市区人均居住面积(平方米) 人均耕地面积(平方米) 人均道路面积(平方米) 用水量/水资源总量的比重(%) 人均用电量(千瓦时)
		环境压力	工业废水排放量(亿吨) 生活及其他污水排放量(万吨) 长江携带入海污染物(吨) 超标排污口比重(%) 二氧化硫年日均值(毫克/立方米) 二氧化氮年日均值(毫克/立方米) 工业废气排放总量(亿吨) 单位面积农药量(吨/公顷) 单位面积化肥量(吨/公顷)
		社会经济压力	人均 GDP(元) 万人拥有公共车辆(辆) 港口货物吞吐量(万吨) 万人轨道交通里程(公里) 人均工业增加值(元)
	系统状态	资源状态	森林覆盖率(%) 城市绿化覆盖率(%) 公共绿地面积(平方米/人) 年降水量(毫米)
		环境状态	空气质量优良率(%) 苏州河水质综合标识指数 长江口水质综合标识指数 劣五类水河长比重(%) 噪声平均等效声级(dB(A)) 平均期望寿命(年)
	系统响应	经济响应能力	第三产业占 GDP 比重(%) 环境保护投资占 GDP 比重(%) 城市基础设施投资占 GDP 的比重(%) 研究与试验发展经费占 GDP 比重(%)
		环境响应能力	废水达标排放率(%) 工业废气二氧化硫去除量(万吨) 三废综合利用产品产值(亿元)
		人文基础响应能力	万人拥有大学生数(人) 万人拥有医生数(人) 高等学校科技活动人员数(人) 科技经费支出占财政支出的比重(%) 教育支出占 GDP 比重(%)

从所建立的指标体系来看，影响城市生态环境安全的经济和社会方面的指标较多，这也是基于在城市生态系统中，人的经济社会行为对城市生态系统健康状况具有决定性的影响，人为因素是反映城市生态环境安全水平最重要的因素。另外，本报告基于从反映人类活动与自然生态系统功能之间的关系视角来研究城市生态环境安全，出发点在于找出城市生态环境安全存在的问题，从而有针对性地调整经济生产等相关活动，达到人、自然、社会之间的和谐。此外，在指标的选取过程中特别考虑了河口城市地理区位的特点，在设计系统压力中的环境压力和社会经济压力的指标层时，加入了长江携带入海污染物量、陆源入海超标排污口比重、港口货物吞吐量等指标；在环境状态指标中加入了长江口水质标识指数等指标。

（三）上海市生态环境安全评价

1. 权重及评价标准确定

在建立指标体系的基础上，确定指标权重是生态环境安全评价的重要一环。指标权重表示各指标之间的相对重要性，评价指标权重的分配直接影响到综合评价的结果。一般而言，根据原始数据的来源情况不同，确定指标权重的方法也有差异。确定指标权重的方法分为主观赋权法和客观赋权法两类。主观赋权法大多采用层次分析法（AHP）或者是层次分析法（AHP）加专家咨询法（Delphi），这些方法都需要向专家咨询以确定各指标的重要性和权重，是主观性很强的方法。熵权法是一种客观赋值法，是根据各项观测值所提供的信息量的大小来确定指标权重。本报告采用熵权法确定各指标权重和子系统权重。影响生态环境安全综合指数的指标中，有些存在正向影响，指标值越大，表征生态环境安全程度越高；有些存在负向影响，指标值越大，表征生态环境越不安全。因此，在数据标准化处理的过程中，对于正向指标的标准化处理使用指标值与最小值的差值进行标准化；而对负向指标的标准化处理采用最大值与指标值的差值进行标准化，因此进行标准化处理后所有指标的标准化值越大表征生态环境安全程度越高，进而根据权重加权得出的生态环境安全综合指数越高，表征生态环境安全程度相对越高。

从理论上来讲，生态环境安全综合评价指数应有一定的阈值或标准值，由此评判生态环境安全的程度和等级。但由于城市生态环境安全评价综合指数的构成指标选取极其复杂，各项指标的标准值或阈值尚无公认的标准，加之城市生态环境安全综合评价指标体系的构建和指标选取也尚未形成公认的体系和指标，使得

确定城市生态环境安全综合评价指数的标准或阈值极其困难，因此本报告采用对上海历年来城市生态环境安全综合指数纵向比较的方法来评判上海生态环境安全状况的相对变化和趋势，以此为基础分析上海生态环境安全保护工作所取得的成效以及尚需解决的问题，并对存在的问题加以研究，提出相应地解决思路和建议。

2. 评价结果分析

根据熵权法的计算步骤，结合数据可得性，报告对 2003～2010 年的相关数据进行标准化处理，计算得出各子系统及指标的权重；根据权重系数，依据所选择指标的标准化值，对上海生态环境安全综合指数进行测算。

第一，生态环境安全情况总体趋好，但有所波动。从图 6 可以清楚地看到，2003～2010 年上海市生态环境安全状况有了很大的好转，生态环境安全综合指数从 2003 年的不到 0.4 上升到 2009 年的 0.6 以上。上海市生态环境安全综合指数的变化部分和上海 2010 年世博会的举办有关。举办世博会，上海的环境必须达到一定的要求，由联合国环境规划署（UNEP）对其环境状况进行评估，因此上海市在 2006～2009 年间为了改善环境状况做了大量的工作。通过将污染较重的企业迁移至边远郊区、对市内河流进行污染治理等措施，使这段时间内资源环境压力降低，生态环境质量明显提高，资源环境状态得到改善；同时由于加大了环境基础设施投资、环境治理力度，经济发展水平也有大幅度提高，从而系统响应指数提高很快。

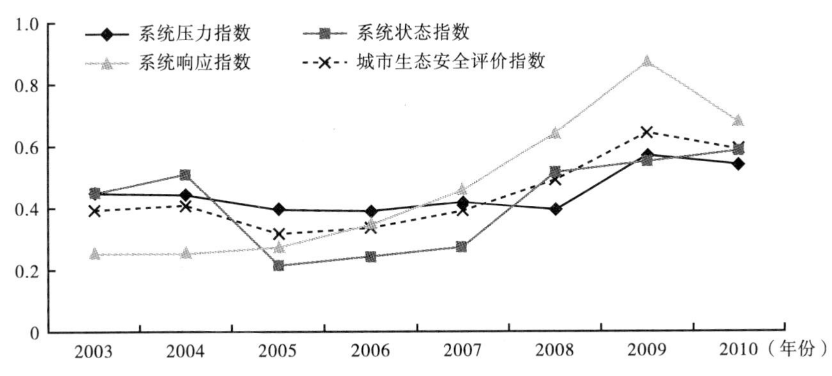

图 6　上海市生态环境安全综合指数和子系统指数变化

第二，资源消耗、环境污染是近年来影响上海生态环境安全的非常重要因素。从熵权法计算的权重结果（见表 2）来看，影响河口城市生态环境安全综合

表2 上海生态环境安全评价指标体系权重

目标层	项目层	要素层	指标层权重	指标权重
城市生态环境安全综合指数	系统压力 0.46974	人口压力 0.10928	人口密度 0.36148	0.018556
			城市化率 0.63852	0.032777
		资源压力 0.22043	市区人均居住面积 0.14138	0.014639
			人均耕地面积 0.28638	0.029654
			人均道路面积 0.11458	0.011864
			用水量/水资源总量的比重 0.18796	0.019462
			人均用电量 0.26971	0.027927
		环境压力 0.46118	工业废水排放量 0.07525	0.016303
			生活及其他污水排放量 0.08336	0.018058
			长江携带入海污染物量 0.05598	0.012127
			陆源入海超标排污口比重 0.19266	0.041736
			二氧化硫年日均值 0.14588	0.031603
			二氧化氮年日均值 0.11987	0.025968
			工业废气排放总量 0.05338	0.011564
			单位面积农药量 0.12848	0.027834
			单位面积化肥量 0.14514	0.031441
		社会经济压力 0.20911	人均 GDP0.18867	0.018533
			万人拥有公共车辆 0.12818	0.012591
			港口货物吞吐量 0.16643	0.016348
			人均轨道交通里程 0.32381	0.031808
			人均工业增加值 0.19290	0.018949
	系统状态 0.25900	资源状态 0.50091	森林覆盖率 0.64473	0.083644
			城市绿化覆盖率 0.10802	0.014014
			人均公共绿地面积 0.11537	0.014968
			年降水量 0.13187	0.017109
		环境状态 0.49909	空气质量优良率 0.09708	0.012549
			苏州河水质综合标识指数 0.12008	0.015522
			长江口水质综合标识指数 0.22597	0.029209
			劣Ⅴ类水河长占评价河长比重 0.20330	0.026279
			昼间时段噪声平均等效声级 0.19578	0.025307
			平均期望寿命 0.15779	0.020397
	资源状态 0.50091	经济响应 0.38861	第三产业占 GDP 比重 0.33887	0.035722
			环境保护投资占 GDP 比重 0.23168	0.024423
			城市基础设施投资占 GDP 的比重 0.27448	0.028934
			研究与试验发展经费占 GDP 比重 0.15497	0.016337
		环境响应 0.27493	废水达标排放率 0.14420	0.010754
			工业废气二氧化硫去除量 0.60647	0.045229
			三废综合利用产品产值 0.24933	0.018595
		人文基础 0.33646	万人拥有大学生数 0.13208	0.012055
			万人拥有医生数 0.17151	0.015653
			高等学校科技活动人员数 0.25371	0.023156
			科技经费支出占财政支出的比重 0.17086	0.015594
			教育支出占 GDP 比重 0.27184	0.024811

指数的系统压力、系统状态、系统响应的权重系数分别为0.469、0.259、0.272，在一定程度上反映出系统压力对城市生态环境安全的较强影响；而系统压力中来自于环境的压力权重约为46%，来自资源的压力权重约为22%，反映出环境压力是近年来影响上海生态环境安全的非常重要的因素。而环境压力层中，陆源入海超标排污口比重、单位面积化肥量、单位面积农药量、二氧化硫、二氧化氮日均值等均是影响环境压力的重要因素。

在三个子系统指数中（见表3），系统压力指数增加幅度较小，说明随着人口的增多，生态系统压力仍然很大，系统压力改善主要表现在2009年。系统状态指数变化波动也比较大，而且指数值比较小，系统状态改善幅度不大，而且出现系统状态在2005～2007年系统状态指数较低，2008年之后系统状态指数逐步升高。系统响应指数增加得最多，表明近年来上海很重视生态环境安全并采取诸多措施，如调整产业结构，逐步向以服务经济为主的产业结构转变；增加环保投资，加大环境工程治理力度，有效地减少了工业废水、工业废气排放量，降低工业生产的环境负荷；加大技术研发投资，提升产业能级，提升了城市生态环境安全。

表3　城市生态环境安全综合指数和准则层评价指数

子系统评价指数	2003年	2004年	2005年	2006年	2007年	2008年	2009年	2010年
系统压力指数	0.44509	0.44235	0.39020	0.38373	0.41533	0.39095	0.56617	0.53778
系统状态指数	0.44381	0.50811	0.21075	0.24253	0.26969	0.51420	0.54522	0.58205
系统响应指数	0.25459	0.25411	0.27347	0.34174	0.45730	0.64114	0.86904	0.67552
城市生态环境安全综合评价指数	0.39308	0.40832	0.31206	0.33577	0.38899	0.49074	0.64290	0.58661

造成系统压力变化的各因素中，人口压力持续增大，人口压力评价指数逐年下降，2010年是人口压力最大的年份，人口是影响生态环境安全改善的重要阻碍因素。资源压力也越来越大，影响生态环境安全的改善，随着社会经济的发展，社会经济压力在持续改善中，环境压力也有所改善。系统状态变化的各因素中，资源状态和环境状态都在改善，但是资源状态改善较为缓慢，环境状态改善则较为迅速，说明上海的发展受到资源的约束更为强烈。系统响应的各因素中，环境响应提高得最快，经济响应提高较快但有所反复，人文基础能力稳步提升（见表4）。

第三，上海生态环境压力的主要来源。影响上海生态环境安全的因素中，系统压力是最根本的原因。虽然环境压力和经济社会压力有所好转，但是人口压力

表4　要素层评价指数

子系统评价指数	2003 年	2004 年	2005 年	2006 年	2007 年	2008 年	2009 年	2010 年
人口压力	1.00000	0.75232	0.52646	0.40307	0.27956	0.18836	0.09621	0.00000
资源压力	0.55609	0.60961	0.54429	0.50032	0.49719	0.38912	0.44162	0.34742
环境压力	0.31678	0.34960	0.29245	0.31371	0.36619	0.37838	0.72525	0.66366
社会经济压力	0.32108	0.30858	0.37213	0.40516	0.50835	0.52646	0.59222	0.74186
资源状态	0.41028	0.75353	0.19380	0.17118	0.23499	0.33335	0.33321	0.42817
环境状态	0.47746	0.26180	0.22777	0.31413	0.30452	0.69571	0.75799	0.73650
经济响应能力	0.26927	0.16798	0.30823	0.26760	0.40660	0.60626	0.94549	0.46905
环境响应能力	0.00000	0.23968	0.19694	0.26966	0.39443	0.72734	0.94414	0.98057
人文基础能力	0.44566	0.36539	0.29586	0.48627	0.56723	0.61100	0.71938	0.66472

持续增加，资源压力也越来越大。从具体指标来看，使生态环境安全向不良方向发展的重要原因在于以下 10 个指标：人口密度、城市化率、人均耕地面积、人均用电量、生活及其他污水排放量、长江携带入海污染物量、工业废气排放总量、单位面积农药量、万人拥有公共车辆、人均工业增加值。可以将这些指标所反映的因素归结为以下几个方面：一是上海的产业结构调整难题。重化工业在国民经济中仍占据重要的位置，其中钢铁、石化行业的规模大，造成资源消耗多、废气废水排放量大，是资源环境压力大的重要原因。二是城市快速发展所带来的问题。人口密度、城市化率、人均耕地面积、万人拥有公共车辆这些因素都和城市快速发展密切相关，随着城市快速发展，城市化率提升，城市扩张，人均耕地面积在逐步缩减，城市人口郊区化，城市汽车拥有量逐年递升，资源环境压力随之增大。三是随着经济发展水平的提高，人们生活方式改变，上海生活垃圾及污水排放量大量增加、人均用电量持续提高，这是资源环境压力大的另一重要原因。四是农村面源污染问题。单位面积农药量仍徘徊在 0.03 吨/公顷，单位面积化肥使用量仍在 1.98 吨/公顷，农村面源污染问题对上海生态环境的压力贡献不小。五是流域上游对河口生态环境的影响。长江携带入海污染物量仍呈逐年上升趋势，2008 年由于金融危机影响，比 2007 年略有下降，2010 年近 1150 万吨，一定程度反映出长江流域上游对长江口生态环境的影响和压力在进一步增加。劣Ⅴ类水河长占评价河长比重从 2008 年开始有所下降，这与上海开展的万河整治活动成效密切相关。但劣Ⅴ类河长占比仍在 30% 以上，一方面反映上海境内河道污染、河道水环境状况仍有待提升，另一方面也在一定程度上反映太湖流域来水水质不高的影响。

三 提升上海生态环境安全的若干建议

无论是海平面上升、地面沉降，还是降水变化造成了流域径流的时空变化对可利用水资源的影响，抑或是城市经济社会的快速发展所带来的环境负荷变化，都直接影响到河口城市的生态环境安全。这些问题既需要我们在城市发展转型的大框架大视角之下，从防洪防汛、供水系统、应急防灾系统等角度重新思考城市的基础设施建设是否有足够的应对未来气候变化的能力，也需要我们重新审视城市的生态环境安全格局是否能提供必要的净化、缓冲和疏导的功能。同时也还需要我们从流域的视角来考量流域的发展与环境保护的综合管理。

（一）发展转型，降低环境负荷

近年来，上海自身发展所带来的局部生态环境问题出现了结构性的变化，传统的环境污染物已得到控制，工程减排的空间已相当有限，但是上海生态环境负荷总体仍在增加，出现新的复合型的污染，潜在生态环境风险依然存在。因此上海必须主动寻求转型发展，立足于升级优势产业、创新发展节能环保产业，推进产业结构转型；立足于再开发棕色地带、分散工业向园区集中，构筑园区循环经济产业链，推进产业空间转型；立足于鼓励农村合作组织，发展集约生态农业，实现农业现代化转型。通过产业升级和结构转型，提升产业技术水平和管理水平，从源头上减少环境污染，降低环境负荷。

从上文中对上海市生态环境安全评价的结果分析中可以看出，环境压力是影响上海生态环境安全的重要因素，本书分报告专题研究了上海经济发展所带来的环境负荷的变化。从专题研究报告的结果来看，随着上海经济社会的发展，上海的总体环境负荷仍不断加大。上海在传统污染物的治理方面投入较大，取得较好成效，但上海环境污染物的构成出现了明显的结构性变化，像二氧化硫、化学需氧量等传统污染物已经基本得到控制，但一些新出现的、新进入人们研究视野的污染物，如氮氧化物、臭氧、细颗粒物、挥发性有机物、重金属等污染程度呈明显上升趋势。而且环境负荷加大所引起的社会矛盾和健康问题突出。有鉴于此，上海未来几年，必须主动实施转型发展。

从资源和能源的角度，应根据河口自身的自然地理条件，因地制宜地调整能

源结构，发展成熟的清洁能源技术，削减不可再生能源的需求。从转变生活方式角度，加强节能环保宣传，鼓励全民生活方式向低碳、节能、绿色的方向转化。

从经济结构升级的角度，应结合上海现有的产业基础和国际国内市场的需求，首先加快经济结构的战略性调整，积极发展节能环保、现代服务业等绿色产业，为转型发展提供产业支撑；其次对上海现有优势工业改良升级，提升产业技术水平，向产业链两端延伸，实现制造服务化、服务集成化，主动为上下游企业提供技术集成服务，不是简单地将原有产业整体转移，而应是技术和服务的整体输出；再次，加快工业企业布局结构的调整，使分散的工业企业加快向工业园区集中，实施工业园区化、园区生态化，主动构筑园区循环经济产业链，提高集约治理程度，降低治理成本；最后，加快工业的信息化发展，在工业企业广泛应用数字信息技术，实现制造精准化、管理智能化，提高生产、管理的效率和水平。

从城市空间发展的角度，应建设紧凑型城市，用足城市存量空间，减少盲目扩张；加强对现有社区的重建，重新开发废弃、污染工业用地，以节约基础设施和公共服务成本；城市建设应相对集中、密集组团，生活和就业单位尽量拉近距离，减少基础设施、房屋建设和使用成本。其有利于保护农用地、减少环境污染、繁荣城市经济以及提高居民的生活质量。

从农业发展转型的角度，鼓励发展农村合作组织，发展集约生态农业，提高农药使用效率，减少单位面积农药施用量。中国单位面积化学农药的平均用量比发达国家高2.5~5倍，每年遭受残留农药污染的作物面积超过10亿亩。

通过以上方法，减少整个城市对不可再生资源的依赖，降低城市发展的环境负荷和生态足迹。

（二）关注气候变化影响，提升城市气候适应能力

城市产生了至少全球40%的温室气体排放；同时，由于会聚了大部分人口和经济活动，已经面临了城市热岛和空气质量的严峻挑战，其地理位置又通常是海滨或主要河流沿线，所以城市对气候变化影响的适应能力非常脆弱。而这一点，早期的气候变化研究中都未曾给予足够重视①。

---

① Diana Recklin, "ARC3 - First UCCRN Assessment Report on Climate Change and Cities Important Findings." *2nd World Congress on Cities and Adaptation to Climate Change: Resilient Cities 2011.*

气候变化所引起的热浪、沿海风暴潮、洪涝等极端天气大大增加了城市基础设施及生命线的运营风险；河口也是人口极度密集的区域，即使暂时不考虑居民健康风险，如果相关问题不能有效应对，其危害程度和恢复所需的时间可能远远超过人类活动范围和强度较低的区域。气候变化的影响已经成为危及河口城市安全的一个重要因素。

随着气候变化的影响日益显著，气象学记录的数字一再被打破，气候因子的规划性被打破，不确定性不断增加，普通人的生活也感受到了气候变化的影响。与此同时，降雨等气候模式以及水温、气温的变化等因素也造成栖息地的退化，鸟类、水生生物等生物学行为的改变都提醒人们，仅仅通过减排来缓解未来气候持续变化的趋势是不够的，必须采取行动去积极应对已经发生的气候变化所带来的影响。气候变化适应成为城市应对气候行动的新主题。

美国洛克菲勒基金会支持成立了气候弹性亚洲城市网络，在构筑城市气候弹性，推动适应与减缓相结合的气候对策领域，很多国际项目和研究机构致力于为决策制定提供工具包，而气候弹性亚洲城市网络的工作有一定的代表性（见表5）。

上海未来的气候战略，应是减缓与适应相结合的综合战略，而适应战略至少应包括以下几个领域：第一，开展脆弱性评估并建立预警信息系统；第二，在城市的空间规划和建筑方面，战略性地考虑灾害管理因素，保障公众健康；第三，关注城市能源系统的气候安全性；第四，城市供水、排水、蓄水以及流域的综合管理；第五，在森林、公园、绿地、湖泊的保护方面，加强适应性考虑。

（三）滩涂湿地开发与保护并重，构筑生态屏障

全球气候变化的影响既是机遇，也是挑战，它警示人们需要重新审视原本占尽天时地利人和的河口海岸地区，如何在新的形势下探索新的发展之路。在高度城市化的河口三角洲地区，自然保护工作的开展与社会经济的发展常常难以平衡，集中体现在土地利用、自然资源、能源消耗、城市格局等问题上。随着洋山深水港、东海大桥、临港新城等相继建成，上海的经济重心正逐渐从陆域向东南沿海转移，使上海的经济、社会、人口更易受到海洋灾害的冲击。

表 5 城市气候弹性适应性措施

影响类型 / 对策方法	城区洪水风险	滨海洪水风险	乡郊旱涝风险	城区过热
脆弱性评估	网络信息工具;气候诊断与建模预测;降水调蓄;内涝潜力分析	气候诊断与建模预测	网络信息工具;气候诊断与建模预测	气候诊断与建模预测
信息与支持服务	洪灾预警系统;防洪预案;保险服务	高潮位监控和报警系统;保险服务	洪灾预警系统;防洪预案;保险服务	热浪警报系统;热浪行动方案;劳动保障系统;信息公开和公众教育
空间规划	移动式供水设施;降水调蓄;法律限制;区域灾害管理;整合的气候政策	移动式供水设施;法律限制;区域灾害管理;整合的气候政策	制定相关法律限制;区域灾害管理;整合的气候政策	制定相关法律限制;区域灾害管理;整合的气候政策;有气候意识的规划
建筑	制定相关法律限制;蓝色屋顶[①];漂浮式房屋	制定相关法律限制;漂浮式房屋	制定相关法律限制;蓝色屋顶;双层窗户	制定相关法律限制;屋顶绿化;蓝色屋顶;空调系统
能源系统	能源供应系统的安全性;湖泊能源[②]	能源供应系统的安全性;	湖泊能源;能源供应系统的安全性	湖泊能源;能源供应系统的安全性
水管理	集水区/流域管理;水平衡的稳定;河流水网恢复;泛洪区保护;排水调度;泻湖渠道;液压防洪墙;芦苇系统重建;储水;降水调蓄;	泻湖渠道;液压防洪墙;自然防护系统重建;[③]	集水区/流域管理;水平衡的稳定;排水调度;自然排水系统恢复;	
生态系统管理	森林管理;水保护技术;公园优化计划[④];自然保护区的适应项目	自然保护区的适应项目	森林管理;公园优化计划;自然保护区的适应项目;湖泊增氧[⑤]	自然保护区的适应项目;湖泊增氧
交通	适应性交通体系	适应性交通体系	适应性交通体系	适应性交通体系;绿色铁路;交通限制[⑥]
公众健康	移动式供水设施;防洪预案	移动式供水设施	防洪预案	热浪警报系统;热浪行动计划

注:①蓝色屋顶(Blue Roof),在绿色建设中指雨水收集与再利用。

②湖泊能源(Lake Energy),一种增大河床面积防洪的采砂技术,也能通过热泵技术利用湖水能量。

③自然防护系统重建(Reconstruction of Shelves),指通过培育芦苇丛的生长构筑自然防护系统,避免或缓解滨海洪灾风险。

④公园适应性计划(Adapting Parks)指重新评估现有公园绿地系统的布局和结构,对易受干旱、暴雨等气候变化影响的功能区进行重新布局或转移。

⑤湖泊增氧(Oxygenerating of Lakes),通过增加湖泊水的含氧量减少对鱼类和饮用水安全的风险。

⑥交通限制(Traffic Limitation),在气候变化适应领域的交通限制策略主要指当城市出现过热、臭氧浓度过高、气溶胶浓度过高等情况时采取交通限行策略的做法。

资料来源:http://www.amica-climate.net/online_tool.html。

1. 滩涂湿地对保护河口城市生态环境的重要意义

在全球气候变化的背景下，河口城市的滩涂湿地相当于自然为城市构建的一道生态屏障，可能在洪水、风暴潮等极端气候事件正面打击河口城市时有效地缓冲外来的破坏力和冲击力。2011 年日本海啸发生后，日本空港技术研究所对日本各沿海城市的堤防标准进行重新评估，在综合考量极端风暴潮、地面沉降、海平面上升等问题的影响后发现，大阪地区原本 400 年一遇的设计标准实际上只能应对 60 年一遇的极端潮位。高松地区 200 年一遇的设计标高，实际上仅仅达到 10 年一遇的标准①。世界上已经发生在河口和沿海地区的自然灾害告诉我们，再高、再坚固的人工的、硬质的堤坝都不是万无一失的，我们要做的，恰恰是反思之前一味想战胜自然、操纵自然的狭隘发展观念，更多地尊重自然的需求，寻求自然的能力，给水，给自然，留出空间，依仗自然的能力来保障人类的安全。

虽然上海滩涂湿地及其生物多样性的价值得到了各界的认识，并已经开展了滩涂湿地野生动物相关的保护工作，但对野生动物的保护仅仅是第一步。滩涂湿地的价值绝不仅限于对野生动物的庇护，它也是沿岸城市抵御风暴潮、海啸等极端气候事件自然屏障，对整个城市的生态环境安全肩负着重要的责任。上海市“十二五”规划纲要明确指出：“保护海洋生态和滩涂湿地，科学开发利用滩涂资源，实施湿地动态保护，实现湿地保有量动态平衡。”但何为动态保护？显然仅仅满足围垦和利用土地在面积上对等是远远不够的。问题的难点在于如何合理利用仍处在增长状态的滩涂资源为城市的未来发展储备土地，同时又能保证河口自然生态系统所需的最小有效生境面积和系统结构，并将滩涂湿地纳入整个城市生态安全格局中，全面认识其土地资源之外的保障城市安全，缓冲灾害影响，庇护野生动植物，支持农业、渔业发展等生态服务功能。

2. 南汇东滩湿地的保护以及临港新城的开发

近年来，中国北部沿海地区突发性重大污染事件频发，不仅严重地损害了海洋生态系统，对海洋渔业资源造成毁灭性打击，还对临海开发、近海地区的城市及其居民的安全带来极大的影响，并埋下深远的安全隐患。这些问题也警示我们

---

① Hiroyasu kawai, “Report: Recent Research on Extreme Tidal Levels and Coastal Waves along the Coastal Area of Japan.” Port and Airport Research Institute (PARI). JAPAN. 2011.

必须重新审视现有的河口城市的总体规划和布局，再评估现有的城市安全和应急体系。一味接近海岸线，向大海索取的发展思路需要反思，留给自然的空间，不仅还自然以生机，敬畏自然的人也将得到自然的守护。

南汇东滩是目前上海市域内面积超过100平方公里，但尚未被作为自然保护区进行保护的大规模湿地，也因此受到人类活动和开发的最大威胁。随着城市的发展和对土地资源的需求，滩涂湿地的圈围成为上海市获得新的土地资源的主要方向。自20世纪90年代，就开始了对南汇东滩湿地的围垦。1994年率先在原南汇的芦潮港开始实施，1995年从浦东机场南缘开始，至1998年围堤合拢，再通过筑堤、吹沙等一系列工程措施，先后圈围面积约150平方公里。因以浦东机场和洋山深水港为核心的上海国际航运中心的发展，临港新城应运而生。这是一个建在一块年龄不超过10岁的新的滩涂湿地上的新的城市中心。

与崇明东滩、九段沙等河口沙洲型湿地不同，南汇东滩是典型的沿岸线滩涂湿地，参照国际上其他河口特大城市的发展经验，在河口城市的外围保留一定宽度的滩涂湿地作为自然缓冲予以动态保护，可以作为城市生态安全体系的重要补充。因此，南汇东滩湿地，在其自然属性之外，还肩负着保护城市及其居民生态安全的重任。

对于建在滩涂湿地上的新的城市中心——临港新城的开发，我们建议：

第一，优化城市空间布局的合理性，提高土地资源的利用率。参照国际上新城发展的经验，临港新城必须丰富其土地利用的属性，加强各种社会服务功能的建设，建设多功能复合的城市社区，减少日常通勤所造成的碳排放，推广节能技术和低碳生活方式，实现临港人的就近生活和工作，减少与上海市中心之间的日常通勤，与此同时，临港的发展还应兼顾与周边农村社区之间的互动，推动高品质社区农业的发展，加强食品等产品的就近供给率。在产业低碳、建筑低碳之外实现交通低碳、物流低碳。

第二，建议在现有规划修编和详规制定中，应重点考虑明确绿化率、湿地率等具体生态指标的实现途径和区域分布，充分利用现有的湿地资源，实现自然保护和城市发展的共赢。切实营造一个以生态系统为基础的人与自然和谐、城市和自然融合的临港新城。

第三，在滨海滩涂区域实施“整体动态保护”和“分区管理”兼顾的理念。

建议在上海东南沿海保留一条以自然湿地为基础的自然缓冲带，依据滩涂淤涨的趋势动态调整缓冲带的功能分区和保护开发策略。参照上海市总体规划中关于环城林带的设计标准，以及近年来在日本、美国等地发生的极端灾害事件的沿海受灾范围，我们建议上海市东南沿海应在动态保护的原则下有效管理至少150平方公里滩涂湿地，并保证沿岸线平均宽度2000米，最小宽度1000米（沿大堤内外各500米）的空间指标。形成自然和工程手段相结合、与自然共生的解决方案。通过实施滩涂湿地的动态保护，既可确保河口城市新生土地资源的储备和供给，又能提供公共教育、休闲旅游、生物多样性恢复、应对极端气候和自然灾害、适应气候变化影响等丰富的生态服务功能，建立立足于河口海岸独特区位的生态城市、和谐城市的典范。

3. 河口城市滩涂湿地需加强制度保护

上海拥有超过3000平方公里的湿地，其中超过100公顷的就有27块，包括两个国际重要湿地（Ramsar site）、两个国家级自然保护区，湿地资源极其丰富。但是，在城市高度发展的背景下，湿地资源一直受到人类活动和城市开发的强烈干扰，频繁遭受围垦、污染等问题的影响。

湿地与森林、海洋一起并列为全球的三大生态系统，而且是水陆相互作用而形成的独特的复合生态系统，在过滤空气、调节气候、降解污染、涵养水体、保护城市安全等方面发挥作用，有“地球之肾”的美称。但是，对湿地的保护，一直未能从法律法规的角度给予制度上的充分保障。

与湿地并称为全球三大生态系统之一的森林，在上海得到有效的保护，得益于制度的保障。早在1987年1月，上海市第八届人民代表大会常务委员会第二十五次会议上就审议通过了《上海市植树造林绿化管理条例》。实施20年后，于2007年被《上海市绿地条例》所取代。

能够被划为国家或省市级自然保护区而受到法律保护的湿地面积毕竟有限，在上海还有大量不具备成为自然保护区，但同样具有保护价值的湿地，近年来频繁遭遇被侵占和破坏的问题，并且因为缺乏相关的制度保障而无法得到有效的处理。由于上游来水来沙的变化，上海的部分滩涂湿地出现了退化的现象。在崇明东滩，有农民私自在保护区的湿地上开展小生产活动；在江湾湿地，外来人员搭起的窝棚、私自开挖的自留地随处可见；在青浦淀山湖水源地，农业面源污染的问题仍未禁绝。所有这些问题都威胁到上海市的湿地资源能否健康地发挥其应有的生态功能。为此，制定保护湿地的地方性法规，尽快颁布《上海市湿地保护条例》，刻不容缓。

（四）加强流域综合管理与合作，共享生态环境安全

河口位于流域的末端，水、泥沙、水生生物顺流而下汇入大海，而人类所需的物资货品又从这里溯流而上输送到流域的每个角落。由于河口的特殊区位条件，河口的水质、水量、生物多样性和地形地貌都深受整个流域资源开发和利用方式的影响。因此，来自整个流域的影响及河口地区自身的发展压力使得河口生态系统备显脆弱，河口城市的生态安全很大程度上依赖于整个流域的健康。

就上海而言，由气候变化导致的干旱，会使长江上游来水减少，海水会相应地上溯形成咸潮。2011 年 5 月，由于湘鄂皖赣一带持续干旱，长江口水量减至正常年份的一半左右，导致海水倒灌入长江，形成罕见的夏季咸潮。此外，尽管上海在水环境治理方面做了大量工作，但是对控制太湖流域上游的来水污染却是无能为力。太湖流域上游的苏南和浙北是我国人口最为密集、经济最为发达的地区之一，相应的，各种工业、农业和生活污染较重。上海市作为流域下游区域，辖区黄浦江水系是太湖流域最具代表性的平原河网水系，湖荡棋布，河网纵横，自 20 世纪 90 年代中期至 2010 年，太湖流域上游来水中氨氮、总磷、总氮、五日生化需氧量等指标总体呈上升趋势。受上游来水水质影响，黄浦江水环境恶化趋势明显，迫使用水集中的上海不得不大量开采地下水，而大规模开采地下水又引起地下水水位漏斗和地面沉降等一系列环境地质问题。

尽管长江流域综合管理、太湖流域综合管理经过多年的实践和探索，取得了一定的成绩，但我们也要看到，随着社会经济的不断发展，流域的保护面临新的挑战。一方面，在“扩内需、调结构”等一系列重大政策引导下，各种政策利好和资源的汇入使整个流域都迎来了新的发展机遇。另一方面，经济社会发展对资源环境的压力持续增大，流域内各种开发和建设工程对生态环境产生的直接和潜在影响未得到充分认识。全球气候变化背景下流域水资源的时空分布变化和极端气候事件频发等问题，也使得流域的生态环境保护工作面临着史无前例的压力。作为河口城市，上海必须借助流域综合管理，平衡好长江流域、太湖流域保护和发展的关系，在保证社会经济持续稳定发展的同时解决面临的资源环境危机，以求整个流域未来持续健康地繁荣和发展，共享生态环境安全。

从世界各国流域综合管理的探索和实践经验总结来看，跨行政区域的流域综合管理协调机构发挥着重要的作用，因此，建议分别针对太湖流域和长江流域在现有协调机构的基础上，提升现有协调机构的协调能级，不仅是跨行政区域的协调机构，同时也是跨部门的协调机构；提升流域综合管理机构的协调能力，并鼓励利益相关方参与管理，包括流域所经地区的政府、企业和各种社会组织等。

另外，创新流域上下游之间的生态补偿机制。上海合作交流办承担了大量的对长江上游地区的对口援助和支持，而这些对口援助和支持，不仅支持了当地的生产发展，而且同步支持当地的环境基础设施配套建设。这实际上也是一种流域上下游之间的生态补偿方式，它兼顾了上下游的经济效益和生态环境效益。

参考文献

王祥荣、王原：《全球气候变化与河口城市脆弱性评价——以上海为例》，科学出版社，2010。

曹伟：《城市生态安全绪论》，华中科技大学出版社，2011。

陈昕等：《基于熵值法的青岛市资源节约综合评价研究》，《经济研究导刊》2010 年第 9 期。

韩晨霞等：《石家庄市生态安全动态变化趋势及预警机制研究》，《地域研究与开发》2010 年第 5 期。

曲格平：《关注生态安全之二：影响中国生态安全的若干问题》，《环境保护》2002 年第 7 期。

文传浩等：《流域环境变迁与生态安全预警理论与实践》，科学出版社，2008。

徐明等：《长江流域气候变化脆弱性与适应性研究》，中国水利水电出版社，2009。

杨志、赵冬至、林元烧：《基于 PSR 模型的河口生态安全评价指标体系研究》，《海洋环境科学》2011 年第 1 期。

鄢忠纯等：《上海市生态环境功能区划综合评价结果》，《环境科学与技术》2007 年第 1 期。

综 合 篇

Comprehensive Reports

B.2 经济发展与上海的生态环境负荷

陈 宁*

摘 要：本研究从两个视角考察上海的生态环境负荷，一是污染物排放总量，二是污染物排放对环境产生的结果——环境质量水平。对上海 1991 ~ 2010 年二十年的经济、社会及环境数据考察的结果显示，上海市“三废”排放总量仍处于上升趋势，“三废”排放与人均 GDP、第二产业增加值、常住人口总量、能源消耗总量之间都呈现显著的正相关关系。上海经过四轮三年环保计划的滚动实施，总悬浮颗粒物、二氧化硫、化学需氧量等传统污染物已经基本得到控制，但一些新出现的、新进入人们研究视野的污染物，如酸雨、臭氧、细颗粒物等污染程度还呈上升趋势。“十二五”期间，在完成国家约束性指标即化学需氧量、氨氮、二氧化硫和氮氧化物的基础上，增加对体现上海环境特点的总磷和挥发性有机物总量控制，改善以氮、磷污染为主要特征的水环境质量。

关键词：生态环境负荷 人均 GDP 人口 能耗

* 陈宁，上海社会科学院生态经济与可持续发展研究中心助理研究员，博士。

一　上海生态环境负荷的历史与现状

本研究从对地区生态环境负荷的界定入手，以环境污染物排放及其对地区环境质量造成的影响作为考察生态环境负荷的主要指标。梳理和总结了自1991～2010年二十年来上海三废排放量，大气环境质量、水环境质量、土壤环境质量及河口水环境质量的变动趋势。从而为综合判断上海生态环境负荷提供基础数据。

（一）生态环境负荷的概念界定

在现有研究中，由于学科领域的不同，对“生态环境负荷”这一概念的理解也存在一定的差异，因而研究的具体内容和方法都有所不同。刘江龙等认为，生态环境负荷本义是指对某一具体材料而言，在其生产过程中耗用的资源和能源的多少，以及其向环境排放的废弃物（气态、固态和液态之和）多少的综合值（刘江龙等，1998）。基于这一定义，不少学者利用材料学、化学等自然科学知识从技术层面对工业企业的生态环境负荷进行了测算或评价。从技术层面对生态环境负荷的测算研究众多且集中在生产工艺的选择、设计和最优化方面，这可以为有环保社会责任感的工业企业的生产决策提供科学依据。但是这种微观化研究却缺乏对宏观经济生态环境负荷状况的把握，较难生成宏观经济政策。

基于对技术层面确切定义的理解，将经济发展造成的资源消耗和环境污染的全部或一部分视作生态环境负荷，因此在不同的研究中，生态环境负荷的具体指标可能是不同的，既可以是“三废”排放量，也可以是主要污染物的排放量，抑或是其他相关指标，这根据研究的具体内容而定。很多学者更加侧重从环境污染方面进行生态环境负荷测算或评价研究，且大部分是结合经济因素来考察经济增长与环境污染之间的关系。

本研究着眼于扩展的生态环境负荷定义。特定地区的生态环境负荷的含义是该地区一定时间内，经济、社会发展过程中向外界自然环境中所排放的各类污染物及对生态环境所造成的影响。

（二）上海生态环境负荷的演变

本文从两个视角考察上海的生态环境负荷，一是污染物排放总量，二是污染物排放对环境造成的后果——环境质量水平。

1. 污染物排放

本文从废气排放总量及结构、废水排放总量及结构、固废产生总量及结构三方面考察上海污染物排放情况。

（1）废气。2010 年，上海废气排放总量 1.37 万亿标立方米，同比增长 27.62%。2010 年废气排放总量的增长幅度是自 1991 年以来最高的。其中，工业废气排放 1.3 万亿标立方米，占废气总量的 95%；生活及其他类型废气排放 698 亿标立方米，占废气总排放量的不足 5%。自 1991 年以来，上海废气排放总量基本呈现单边上升的状况。“八五”、“九五”期间增长较为平缓，“十五”、“十一五”期间，涨幅较高（见图 1）。

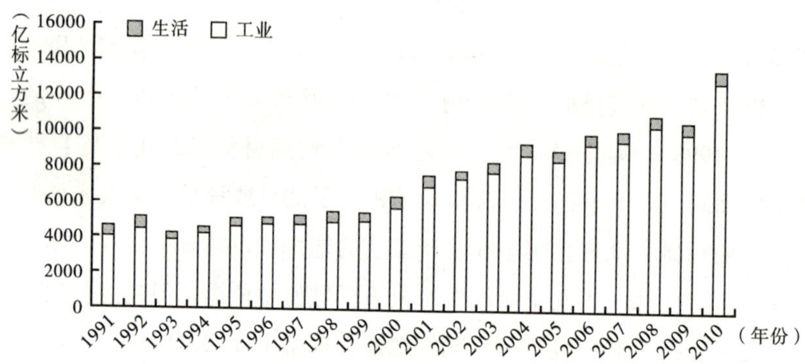

图 1　1991～2010 年上海废气排放结构

资料来源：历年《上海市统计年鉴》。

废气中的烟尘排放历年来基本上是单边下降的趋势，“十一五”期间基本稳定在 5% 左右的下降幅度。其中，工业烟尘排放量的下降幅度非常显著，而生活烟尘的排放量却在不断增加。到 2010 年，生活烟尘的排放量占烟尘总排放量的比重已经提高到 60%，比 1991 年增加了 1 倍（见图 2）。

废气中二氧化硫排放量在“十一五”期间有显著下降，二氧化硫削减的主要贡献来自工业二氧化硫减排。表明“十一五”期间大规模的脱硫设备改造取得了显著成果。而生活及其他类型的二氧化硫排放则基本没有变化（见图 3）。

（2）废水排放。2010 年上海全市废水排放量 24.82 亿吨，“十一五”期间逐年递增，相比 1991 年增长 26.76%。自 1991 年以来，上海市废水排放量呈现波

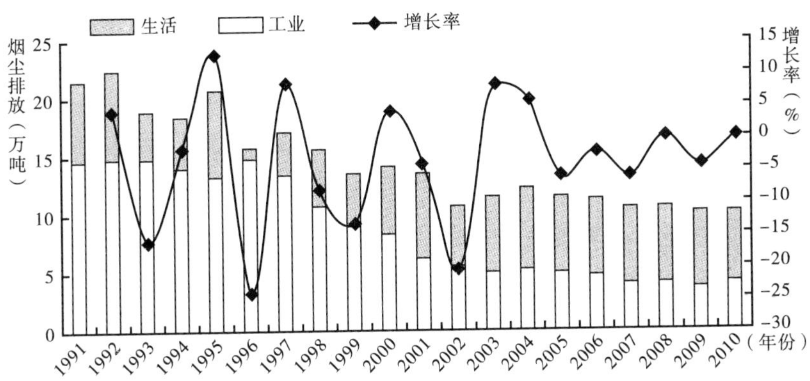

图 2　1991～2010 年上海烟尘排放结构及增长率

资料来源：历年《上海市统计年鉴》。

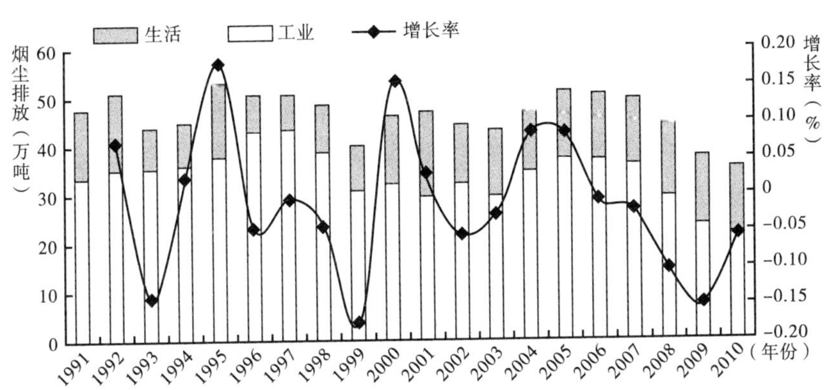

图 3　1991～2010 年上海二氧化硫排放量结构及增长率

资料来源：历年《上海市统计年鉴》。

动变化趋势，在 1996 年达到 22.85 亿吨的历史高位，然后在“十五”期间逐渐下降。“十一五”期间，废水排放量又迅速攀升（见图 4）。

从废水排放量的结构来看，工业废水排放得到了有效的控制，自 1991 年以来每年都有下降的趋势能够得到确认。2010 年，全市工业废水排放量为 1991 年的 1/3。而生活废水的排放较无规律，但“十一五”期间表现为递增的趋势。2010 年全市生活废水排放量为 1991 年的 3.34 倍。2010 年生活污水排放量为工业污水排放量的近 6 倍。

由于上海加大了环保投入和环境综合整治力度，上海废水中主要污染物，如

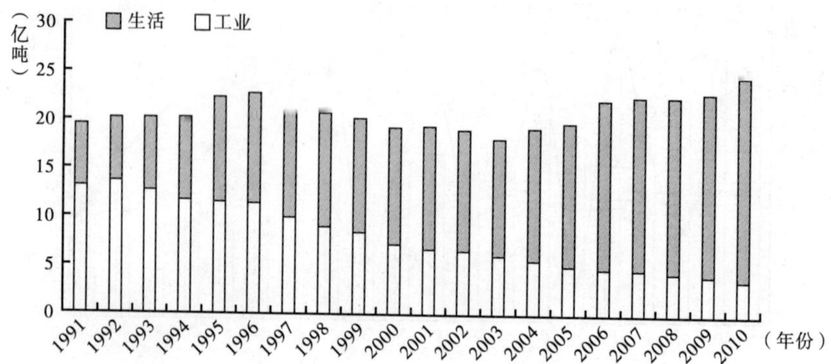

图 4　2000～2010 年上海工业及生活废水排放量

资料来源：历年《上海市统计年鉴》。

化学需氧量的排放不断下降，“十一五”期间均为负增长。尤其是工业废水化学需氧量大幅削减，2010 年工业废水化学需氧量排放仅为 1996 年的 17.76%。生活污水化学需氧量也在下降，但下降程度不明显。2010 年生活污水化学需氧量为工业废水化学需氧量的 9.18 倍（见图 5）。

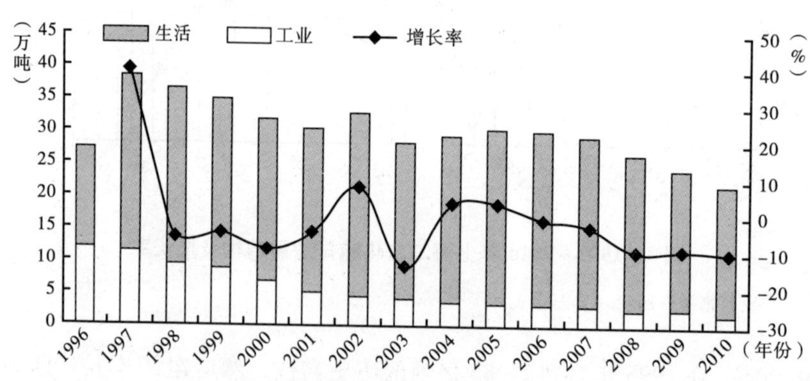

图 5　1996～2010 年化学需氧量结构及增长率

资料来源：历年《上海市统计年鉴》。

总体来看，上海工业点源污染得到了较好的控制，对水环境的污染贡献逐渐下降；而生活及其他广泛的面源污染有所增加，已成为目前水环境污染的主要来源。

（3）固废产生量。2010 年，上海固废产生量 3338.36 万吨，同比增长 6.84%。其中工业固废 2448.36 万吨，建筑及生活垃圾 890 万吨。从长期趋势来

看，自1991～2010年，全市固废产生量基本保持逐年上升的态势。从固废内部结构来看，工业固废和建筑及生活垃圾基本是同步增长，2010年工业固废排放量是1991年的2.25倍，建筑及生活垃圾是1991年的2.26倍。工业固废与建筑及生活垃圾的比值基本保持在2.75左右（见图6）。

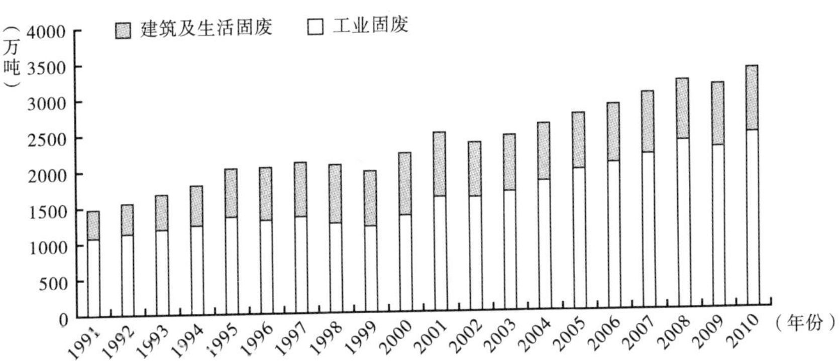

图6　1991～2010年工业及生活固体废物产生量及增长率

资料来源：历年《上海市统计年鉴》。

2. 环境质量

本文主要从大气环境质量、水环境质量、土壤环境质量、河口水环境质量四个方面考察上海生态环境负荷。

（1）大气环境质量。根据国家环保总局（今环境保护部）的要求，自2000年6月1日起，上海市环境空气质量日报和预报指标体系进行了调整。指标体系由原来的二氧化硫、氮氧化物和总悬浮颗粒物调整为二氧化硫、二氧化氮和可吸入颗粒物。因此在大气环境质量的分析中，本文截取2002～2010年间的数据。“十五”、“十一五”期间，除2002年外，上海市环境空气质量优良率在85%～92.1%，且呈显著上升趋势（见图7）。2010年，上海市环境空气质量为优良的天数有336天，空气质量优良率为92.1%。一级天数139天，均达到历史最高水平。

2010年首要污染物为可吸入颗粒物的有352天，占总数的96.4%；首要污染物为二氧化氮的有9天，占总数的2.5%；首要污染物为二氧化硫的有3天，占总数的0.8%；可吸入颗粒物和二氧化氮同为首要污染物的有1天，占总数的0.3%。

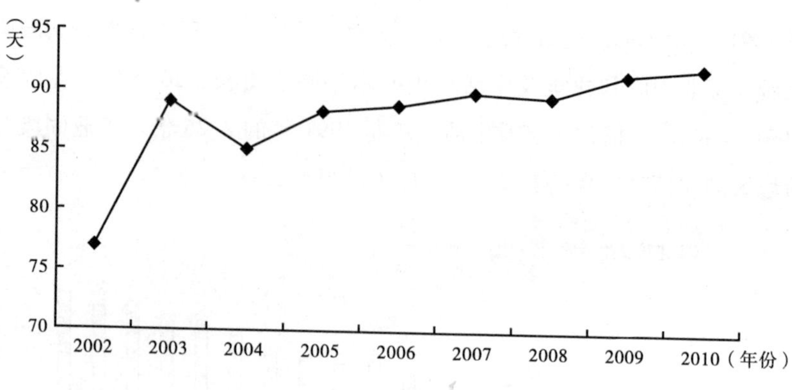

图7　2002～2010年上海空气优良率走势

资料来源：《上海市环境状况公告（2003～2011）》。

2002～2010年间，全市可吸入颗粒物浓度呈显著下降趋势，从2002年的0.108毫克/立方米下降到2010年的0.079毫克/立方米，降幅为26.9%。但可吸入颗粒物仍为常规污染物中的首要污染物。体现全市煤烟型污染特征的二氧化硫浓度指标在经历了2005～2007年的高峰值后，显著滑落。2010年二氧化硫浓度为0.029毫克/立方米，降幅为32.6%。表征氧化型石油类污染的二氧化氮污染水平也基本上呈现下降趋势。"十一五"期间，上海市二氧化氮平均浓度为0.054毫克/立方米，较"十五"期间下降10.0%（见图8）。

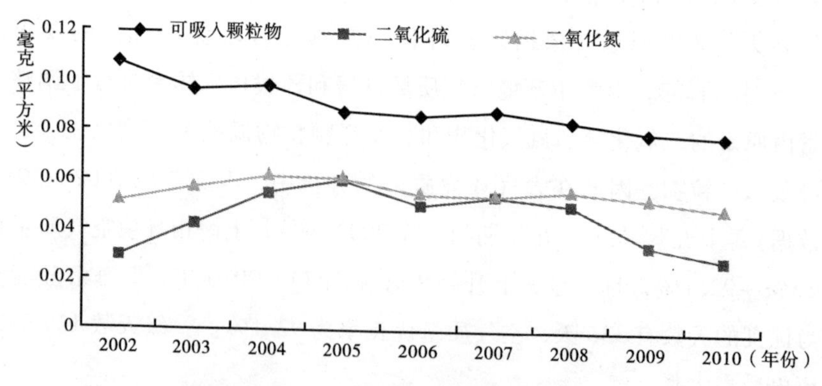

图8　2002～2010年上海主要空气污染物浓度

资料来源：《上海市环境状况公告（2003～2011）》。

尽管上海常规污染物指标呈现改善趋势，但高速发展的城市化进程和区域经济一体化使上海面临越来越复杂的区域化大气复合型污染的问题，突出表现为区

域性颗粒物污染、臭氧污染和酸雨三大复合型大气污染问题。初夏时节，长三角地区秸秆焚烧对上海及周边区域大气细颗粒污染贡献显著，经常引发区域性的大范围霾污染；冬春时节，受内陆污染、北方沙尘和本市不利气象条件等综合影响，区域性雾霾和浮尘影响突出。

从长期趋势看，自2003年以来，上海市酸雨频率开始急剧上升。“十一五”期间，上海酸雨频率平均为72.2%，较“十五”期间上升50.2个百分点，上升幅度达2倍多。全市酸雨pH值不断下降，“十一五”期间，酸雨pH值的平均值为4.6，较“十五”期间下降11.2%，各年度酸雨pH值均低于酸雨pH值5.6的界限（见图9）。降水中铵和硝酸根所占比例显著上升，上海的酸雨类型正向硫酸和硝酸混合型酸雨转变。

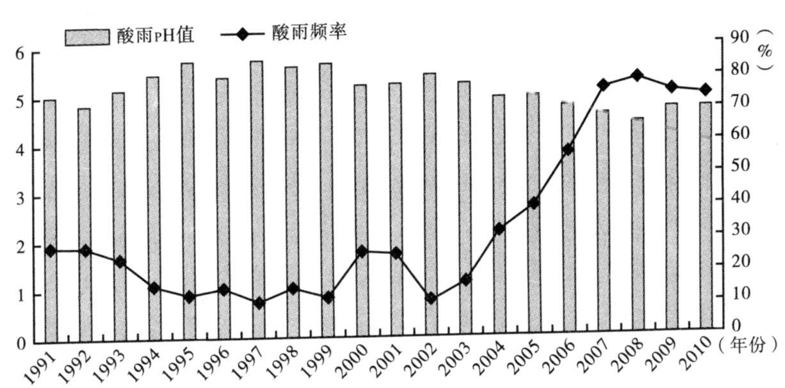

图9 1991~2010年上海酸雨pH值和酸雨频率走势

资料来源：《上海市环境状况公告（2003~2011）》。

上海市空气污染区域分布总体呈西北高、东南低、工业区污染突出的态势。“十一五”期间，上海市区（县）平均空气质量指数（API）优良率达到90.0%，其中金山区空气质量指数优良率最高，达93.9%；而宝山区最低，仅86.6%。[①]

上海市可吸入颗粒物和二氧化硫浓度区域分布总体呈西北高、东南低的态势。相对高值区主要集中在西北部和西部的宝山区、嘉定区、青浦区和闵行区，由西北向东南方向逐渐递减。二氧化氮浓度分布特征呈中心城区向周边区域递减的趋势，但相对高值地区出现在宝山区的吴淞工业区。

① 上海市环境保护局：《上海市环境质量报告书（2006~2010年）》，第209页。

（2）水环境质量。根据上海市水环境功能区划和相应的水质控制标准，黄浦江淀峰和松浦大桥2个断面水质控制标准为Ⅱ类水，临江断面水质控制标准为Ⅲ类水，南市水厂、杨浦大桥和吴淞口3个断面水质控制标准为Ⅳ类水。上海市水环境质量考核涉及徐汇、长宁、普陀、闸北、虹口、杨浦、宝山、闵行、浦东、嘉定、金山、松江、奉贤、青浦、崇明等15个区（县）的41条河道计58个断面。2010年，上海市水质综合污染指数（选择溶解氧、高锰酸盐指数、五日生化需氧量、氨氮、总磷5项主要污染物，采用Ⅲ类水标准计算得出）在0.43~4.18之间，平均水质综合污染指数为2.03，总体水质与2009年基本持平。

图10做出黄浦江高锰酸钾指数、氨氮、总磷、化学需氧量四种主要污染物浓度的走势。从图10可见，1991~2010年二十年间，黄浦江仅化学需氧量浓度指标呈现显著改善趋势；高锰酸钾指数、氨氮指标有所改善，但改善程度不明显；总磷浓度开始逐渐上升。

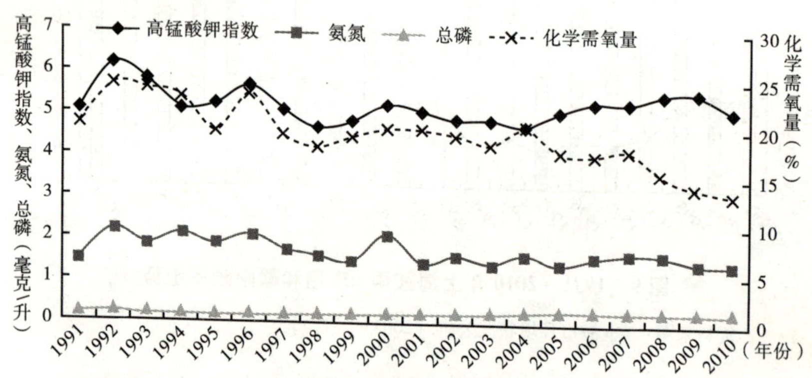

图10　1991~2010年黄浦江主要污染物污染浓度

资料来源：《上海市环境质量报告书》（1991~1995、1996~2000、2001~2005、2006~2010）。

与黄浦江水质类似，上海市主要水体如苏州河、淀山湖等主要水体水质有所改善，但地表水以氮磷为主的富营养化污染特征凸显。2010年，黄浦江、苏州河、长江口3条河流19个断面中劣于Ⅴ类断面的占36.8%，氨氮和总磷超标断面比例分别为78.9%和100%。郊区主要河道好于市区主要河道，市区、郊区14条代表性河道37个断面中，劣于Ⅴ类断面的比例为62.2%，氨氮和总磷超标断

面比例分别为73%和35.1%。①

(3) 土壤环境质量。“十一五”期间，上海市郊部分农田土壤未达到一级标准，但均能满足二级标准。全市农业土壤平均综合污染指数为0.951，较“十五”期间的0.853有所上升。全市清洁和尚未清洁土壤所占比例为73.11%，较“十五”期间的85.53%有所下降。

上海郊区农田土壤中重金属、长效残留有机氯农药平均含量均能满足国家土壤质量标准及上海市安全卫生优质农产品产地环境标准。与“十五”相比，农田土壤中铬、汞、铜、铅的平均含量呈上升趋势（见表1）。

表1 上海市土壤环境中主要污染物含量的变化趋势

单位：%

	C	Zn	Cu	Pb	Cr	Hg	As	BHC	DDT
“十一五”同比增长	-11.11	-14.80	27.98	17.17	39.07	29.41	-3.47	-8.33	5.88

资料来源：《上海市环境质量报告书（2006~2010年）》。

(4) 河口水环境。2010年，上海所在的东海近岸海域水质极差，为重度污染。Ⅰ、Ⅱ类海水占30.6%，较上年下降14.6个百分点；Ⅲ类海水占18.9%，上升11.5个百分点；Ⅳ类和劣Ⅳ类海水占50.5%，上升3.1个百分点。主要污染指标为无机氮和活性磷酸盐。东海近海海域是我国四大近海海域中环境质量最差的地区。

从河流入海的主要污染物排放量来看，长江携带入海的污染物占全国主要河流入海污染物的比重非常高。2010年，经由全国66条主要河流入海的污染物量分别为：化学需氧量（CODCr）1653万吨，氨氮（以氮计）60.7万吨，总磷（以磷计）29.2万吨，石油类8.5万吨，重金属4.2万吨（其中铜4159吨、铅2812吨、锌34318吨、镉191吨、汞77吨），砷4226吨。其中，长江径流量比2009年增大25%，所携带的CODCr、氨氮和总磷等污染物入海量分别增加59%、290%和26%。长江入海化学需氧量占全国66条主要河流入海的65.24%，氨氮排放量占全国的66.74%，总磷、石油类、重金属、砷的排放量占全国的比重分别是73.43%、61.93%、73.96%和62.38%（见表2）。

---

① 上海市环境保护局：《上海市环境质量报告书（2006~2010年）》，第209~210页。

表 2　2010 年全国主要监测河流入海污染物总量

单位：吨

河流名称	化学需氧量	氨氮	总磷	石油类	重金属	砷
长　江	10783668	405098	214411	52638	31064	2636
钱塘江	992427	30115	11453	2445	801	38
珠　江	632016	45007	21801	14045	2934	926
闽　江	614807	19674	4658	1341	725	95
黄　河	549032	12492	1587	5849	692	30
椒　江	205377	6502	665	412	227	14
甬　江	121345	9150	889	706	69	3
南流江	111779	814	2695	406	184	12
小清河	113367	252	128	500	655	5
防城江	91677	479	—	96	51	4
钦　江	45045	1531	2565	121	116	3
敖　江	42453	342	246	206	51	0.7
射阳河	40106	1490	183	—	128	5
大风江	37546	744	1160	111	75	2
深圳河	34215	4192	371	60	60	1
木兰溪	21153	2176	1561	29	228	5
晋　江	15320	736	331	114	84	2
双台子河	13444	415	2128	217	72	12
霍童溪	12010	147	34	31	41	3
龙　江	8050	1117	242	9.1	22	0.2
大沽河	5413	116	19	33	7.6	0.3
碧流河	1228	9	1	2	0.1	0.1
小　计	14491478	542598	267128	79371	38287	3797
比上年增加(%)	33	155	38	54	28	7

资料来源：《2010 年中国海洋环境质量状况公报》。

二　上海生态环境负荷变化的影响因素

本文用上海市历年人均 GDP、历年工业增加值、历年常住人口总量、历年能耗总量等四项主要指标作为解释变量，选取上海历年废气、废水及其主要污染物排放量等环境指标反应上海生态环境负荷的变化。这几项指标在 1991 ~ 2010 年有一致的、稳定的、可获取的数据来源。

（一）经济因素

经济因素是影响环境质量水平的一个重要因素，经济和环境之间存在着密切的联系。从长期来看，经济总量及其增长对环境的影响并不是线性的。描述环境污染与经济发展之间的关系通常采用由美国环境学家 Grossman 和 Krueger 于 1991 年提出的环境库兹涅茨曲线模型。它假定一个国家的污染水平会随着经济发展和国民收入的增加而上升，当经济发展到一定程度时，随着收入的上升污染水平又会下降。如果用横轴表示经济增长（GDP、GNP 或其人均量等），纵轴表示污染水平（“三废”排放量等），那么污染水平与经济增长之间的关系曲线呈“倒 U 形”，即环境库兹涅茨曲线（EKC）。

经济增长和污染水平之间的关系变化的内在逻辑是，与经济增长相伴随的投资、生产和其他经济活动的增加，所产生的三废排放量也会相应增加。但经济增长到一定程度，全社会对环境保护的重视程度开始提高，投入到环境治理基础设施及环保服务方面的费用会不断增加，从而令环境质量开始恢复。经济增长与环境污染出现负相关关系。

自浦东开发开放后，上海经过了 20 余年高速的发展，2010 年 GDP 已经达到 1.72 万亿元。环保投资超过 500 亿元。自 2000 年以来，上海投入到环境保护领域的资金基本维持在 GDP 总值的 3% 左右（见图 11）。

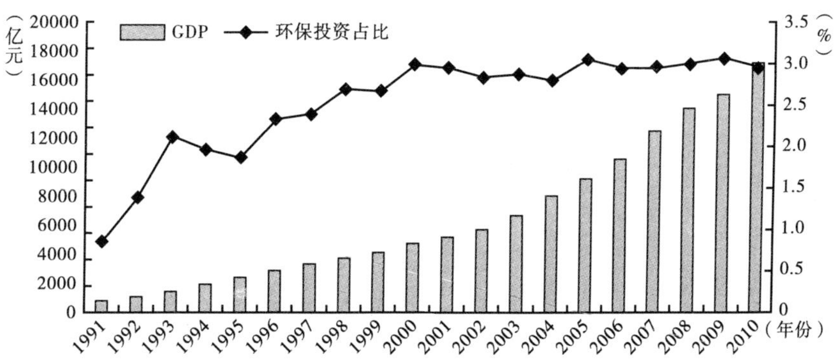

图 11　1991～2010 年上海 GDP 及环保投资占 GDP 比重

资料来源：《2011 年上海市统计年鉴》。

1. 人均 GDP

2010 年上海人均 GDP 超过 1 万美元，达到中等收入国家水平，基本具备了环境库兹涅茨曲线假设所需的经济增长过程条件。此处选择人均 GDP 指标作为首要经济变量，选择废气排放总量、废水排放总量、固废排放总量三大类排放总量，主要大气污染物总悬浮颗粒物浓度、二氧化硫浓度，主要水污染物化学需氧量浓度、氨氮浓度、总磷浓度这 8 个主要环境指标。人均 GDP 与各环境指标的相关系数见表 3。

表 3　人均 GDP 与主要环境指标的相关系数

大　类	细分类别	相关系数
三　废	废　气	0.9694
	废　水	0.5317
	固　废	0.9865
大气污染物	总悬浮颗粒物	-0.7987
	二氧化硫	-0.0495
水污染物	化学需氧量	-0.8686
	氨　氮	-0.5152
	总　磷	0.8349

资料来源：根据《上海市统计年鉴》、《上海市环境状况公告》数据整理。

可见，人均 GDP 与固废总排放量、废气总排放量、总磷浓度三个环境指标呈现显著正相关关系。与总悬浮颗粒物浓度、化学需氧量浓度呈较强的负相关关系。下面做出人均 GDP 与各环境指标拟合的散点图（见图 12）。

从图 13 可知，上海人均 GDP 与固废排放量、废气排放量是线性正相关关系，拟合度非常高，R^2 分别为 0.973 和 0.939。表明现阶段上海的经济增长与三废排放量还未脱钩，生态环境负荷较重。人均 GDP 与废水排放量呈现 4 次曲线关系，拟合度为 0.792；但从“十一五”期间的废水总排放量的走势来看，废水排放量与人均 GDP 之间还是存在较为明显的正相关关系。

环境质量方面，上海人均 GDP 与化学需氧量浓度、总悬浮颗粒物浓度基本是呈现线性负相关关系，拟合度较高，R^2 分别为 0.754 和 0.637。可见随着上海环保投入加大，三年环保计划的滚动实施，在传统污染物的控制上取得了明显成效。而人均 GDP 与二氧化硫浓度呈现 3 次曲线关系，拟合度为 0.895。通过“十一五”期间脱硫设备改造等措施的实施，二氧化硫浓度已经进入环境库兹涅茨曲线倒 U 形曲线的右侧，出现拐点。虽然从图形上看，人均 GDP 与总磷浓度也

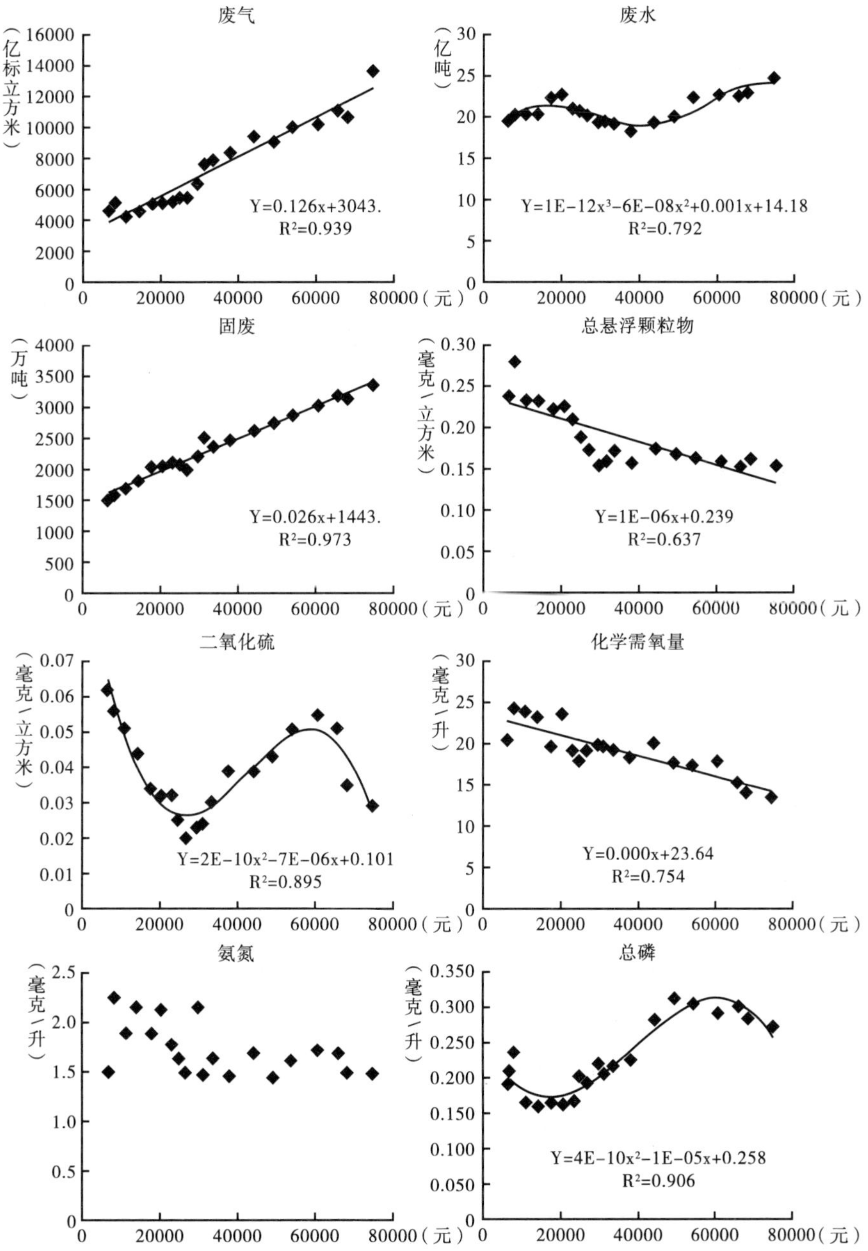

废气

（亿标立方米）

0 2000 4000 6000 8000 10000 12000 14000 16000

0 20000 40000 60000 80000（元）

Y=0.126x+3043.
R²=0.939

废水

（亿吨）

0 5 10 15 20 25 30

0 20000 40000 60000 80000（元）

Y=1E-12x³-6E-08x²+0.001x+14.18
R²=0.792

固废

（万吨）

0 500 1000 1500 2000 2500 3000 3500 4000

0 20000 40000 60000 80000（元）

Y=0.026x+1443.
R²=0.973

总悬浮颗粒物

（毫克/立方米）

0 0.05 0.10 0.15 0.20 0.25 0.30

0 20000 40000 60000 80000（元）

Y=1E-06x+0.239
R²=0.637

二氧化硫

（毫克/立方米）

0 0.01 0.02 0.03 0.04 0.05 0.06 0.07

0 20000 40000 60000 80000（元）

Y=2E-10x²-7E-06x+0.101
R²=0.895

化学需氧量

（毫克/升）

0 5 10 15 20 25 30

0 20000 40000 60000 80000（元）

Y=0.000x+23.64
R²=0.754

氨氮

（毫克/升）

0 0.5 1.0 1.5 2.0 2.5

0 20000 40000 60000 80000（元）

总磷

（毫克/升）

0 0.050 0.100 0.150 0.200 0.250 0.300 0.350

0 20000 40000 60000 80000（元）

Y=4E-10x²-1E-05x+0.258
R²=0.906

图 12　上海人均 GDP 与各环境指标拟合曲线

资料来源：根据《上海市统计年鉴》、《上海市环境状况公告》数据整理。

是3次曲线关系，但总磷浓度下降的幅度非常小，还很难确认总磷浓度已经出现拐点。人均GDP与氨氮浓度关系不显著，表明目前的环保设施和环保举措还不能有效地遏制氨氮浓度，氨氮浓度的走势较为混乱，年度差异较大。

2. 第二产业增加值

除经济总量外，产业结构变动是重要的结构变量。尤其是长期以来，上海产业结构以第二产业为主，而第二产业一直被认为是主要的污染源。因此，本文选择第二产业增加值为经济结构变量，考察其与工业污染物排放之间的关系。

在大气污染领域，分别做出上海第二产业增加值与工业废气排放量、工业烟尘排放量、工业二氧化硫排放量的散点图。可以发现，第二产业增加值与工业废气排放总量之间呈现较显著的线性正相关关系；与工业烟尘排放量之间呈现3次曲线关系，基本可以认为第二产业增加值与工业烟尘排放已经实现环境库兹涅茨曲线倒U形曲线的右侧，工业烟尘排放已经出现拐点；第二产业增加值与工业二氧化硫排放量呈现一定的负相关关系，“十一五”期间工业二氧化硫的下降幅度非常大（见图13）。

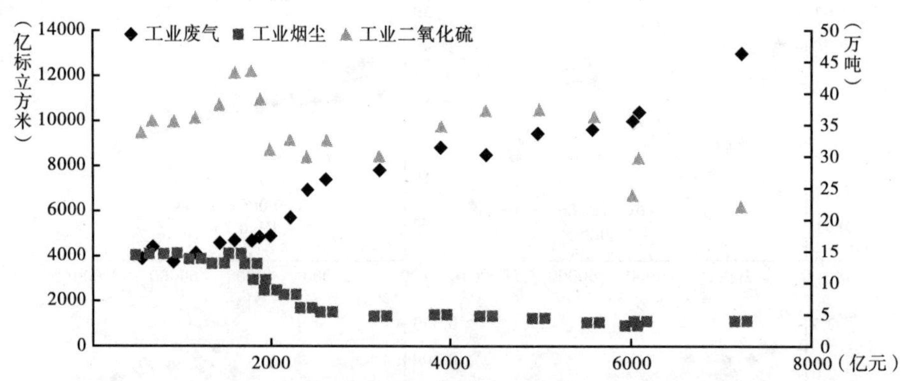

图13 上海第二产业增加值与工业废气及主要污染物排放量的关系

资料来源：根据《上海市统计年鉴》、《上海市环境状况公告》数据整理。

考察第二产业增加值与工业废水排放量以及工业化学需氧量排放量的关系，发现，第二产业的发展与工业废水、化学需氧量的排放两个环境变量均已进入环境库兹涅茨倒U形曲线的右侧（见图14）。

第二产业增加值与工业固废排放量未能脱钩，还呈现显著的线性正相关关系（见图15）。

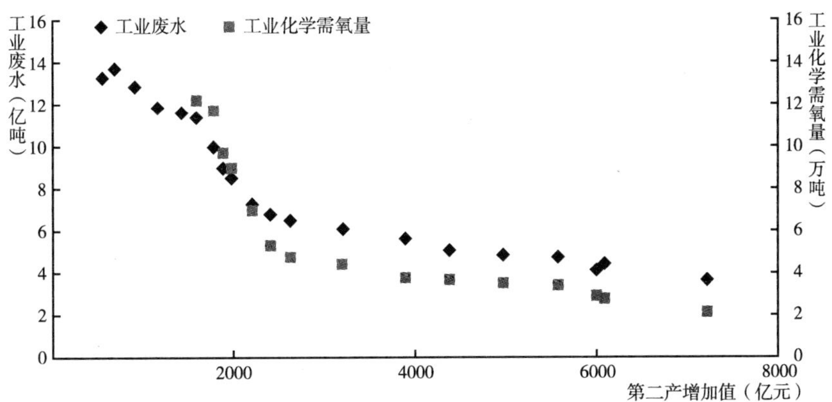

图 14　上海第二产业增加值与工业废水及主要污染物排放量的关系

资料来源：根据《上海市统计年鉴》、《上海市环境状况公告》数据整理。

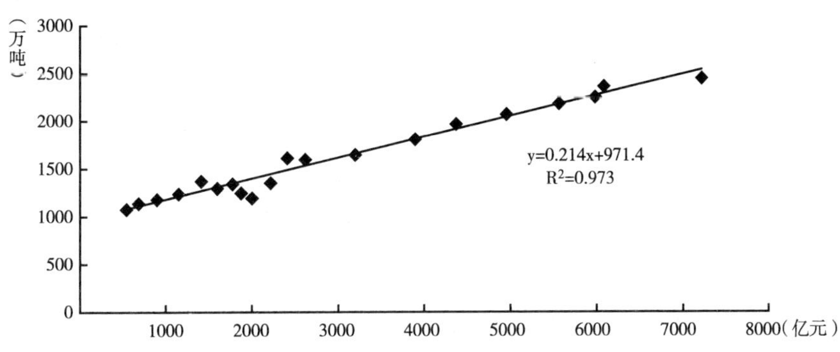

图 15　上海第二产业增加值与工业固废排放量的关系

资料来源：根据《上海市统计年鉴》、《上海市环境状况公告》数据整理。

（二）人口因素

如前文所述，“十一五”期间，生活及其他广泛的面源污染对环境污染的贡献不断增加，已经成为主要的污染源。而其中，人口经济增长与能源消费及环境影响之间具有密切关系。人口作为生产、消费的主体，与经济增长、能源消费及环境影响密切相关，特别是以人口的数量对环境影响最大。① 因此本文选择常住

① 王桂新、刘旖芸：《上海人口经济增长及其对环境影响的相关性分析》，《亚热带资源与环境学报》2006 年第 9 期。

人口数量作为解释变量，考察常住人口数量与生活废气、生活废水、生活固废及主要污染物的关系（见图16、17、18）。

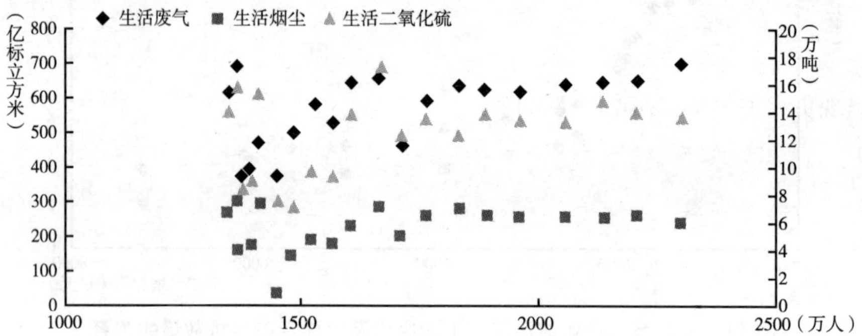

图16 上海常住人口数量与生活废气排放量的关系

资料来源：根据《上海市统计年鉴》、《上海市环境状况公告》数据整理。

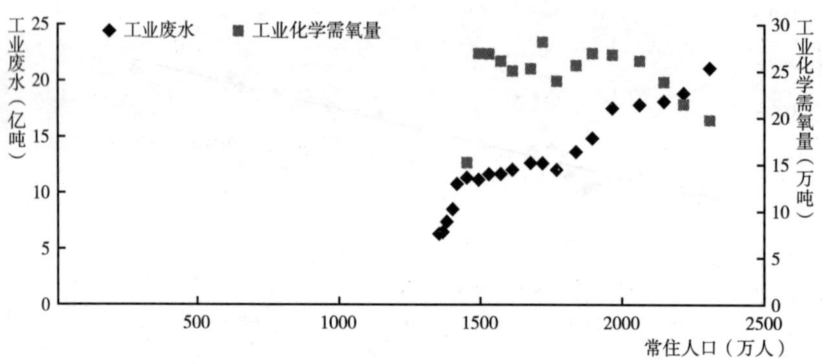

图17 上海常住人口数量与生活废水排放量的关系

资料来源：根据《上海市统计年鉴》、《上海市环境状况公告》数据整理。

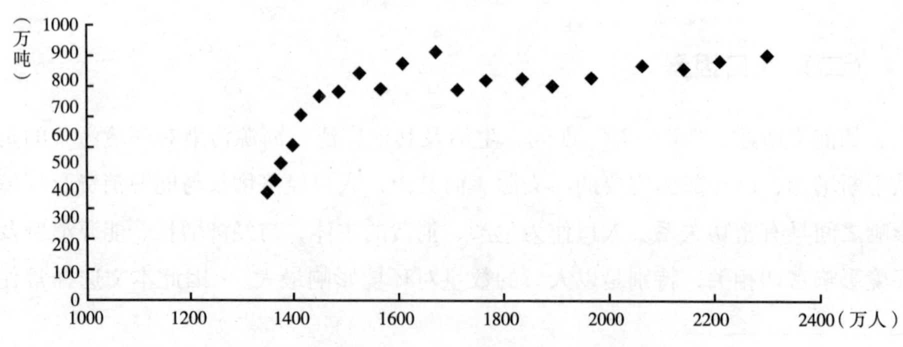

图18 上海常住人口数量与生活固废的关系

资料来源：根据《上海市统计年鉴》、《上海市环境状况公告》数据整理。

常住人口数量与生活废气、生活二氧化硫指标的关系不显著，而生活烟尘在“十一五”未有增加，但是否出现拐点还不能确认。

在生活废水方面，常住人口数量与生活废水排放量是显著的线性正相关关系，拟合度非常高。常住人口数量与生活化学需氧量指标在“十一五”期间已经呈现负相关关系，拐点已经出现。

上海常住人口数量与生活固废之间仍是正相关关系，但“十五”、“十一五”期间，生活固废的增长速度已经趋缓。

（三）能源因素

上海市能源消费对空气环境质量造成一定的影响，尤其是近 20 年来，上海空气环境特征表现出从煤烟型污染向煤烟型与石油型并重的混合污染转变。空气污染类型的转变受能源消耗的影响很大。因此，本文选择能源消耗总量指标作为影响环境的能源因素。

图 19、图 20 分别做出上海能源消耗总量与废气排放总量，总悬浮颗粒物、二氧化硫浓度的关系。从中可见，上海能源消耗总量与废气排放总量指标呈现显著的线性正相关关系，相关系数达到 97. 34%。

而考察上海能源消耗总量与总悬浮颗粒物浓度、二氧化硫浓度的关系，发现能耗与总悬浮颗粒物浓度呈现负相关关系，二氧化硫浓度在“十一五”初期出现拐点。

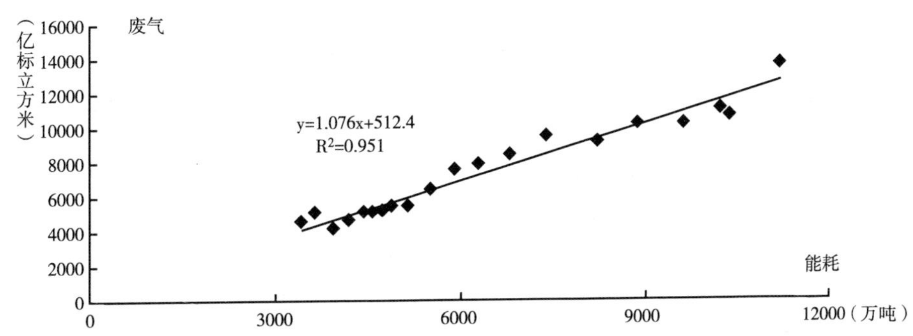

图 19　1991～2010 年上海能耗总量与废气排放总量的关系

资料来源：《上海市能源统计年鉴（2011）》、历年《上海市统计年鉴》。

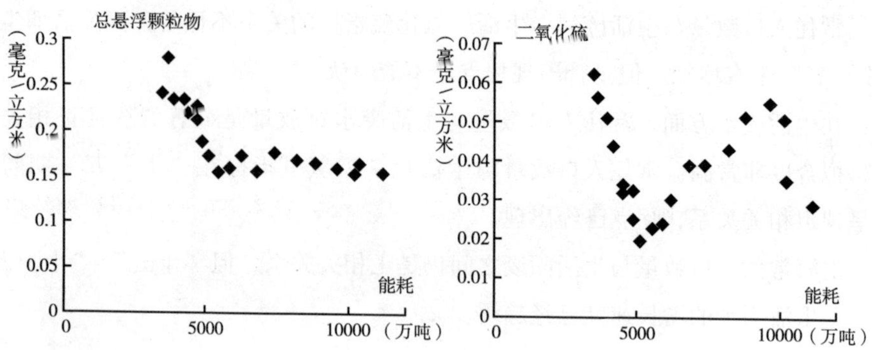

图 20　1991～2010 年上海能耗总量与总悬浮颗粒、二氧化硫浓度的关系

资料来源：《上海市能源统计年鉴（2011）》、历年《上海市统计年鉴》。

（四）政策因素

研究中发现，主要环境污染物浓度的下降对上海市环保行动计划以及各类环保政策的出台具有较强的依赖性。

1. 火电机组脱硫建设，二氧化硫浓度明显下降

“十五”以来，通过连续滚动实施环保三年行动计划，累计完成 1412.4 万千瓦燃煤机组脱硫设施建设，关停了 178.4 万千瓦中小燃煤机组，对近 6000 台燃煤设施实施清洁能源替代，减少用煤量超过 380 万吨，创建 682 平方公里基本无燃煤区，淘汰 3000 余家“两高一低”企业。[①] 通过以上种种措施的坚决执行，二氧化硫浓度全市平均值从 2006 年的 0.051 毫克/立方米降低至 2010 年的 0.029 毫克/立方米，降幅达到 43.1%。

2. 控制区创建工作的推行，使粗颗粒物污染得到改观

1986～1992 年，国家环境保护委员会颁布《城市烟尘控制区管理办法》，上海市颁布了《上海市烟尘排放管理办法》，上海基本无黑烟区逐步发展为上海第一期烟尘控制区的建设，并创建了“烟尘排放达标街道”。1993 年 1 月起，上海市开始建设烟尘控制区二期工程，1994 年 5 月完成并通过了二期工程的市级验收。“十五”期间，市环保局通过颁布《上海市扬尘污染防治管理办法》和《关

① 上海市环境保护局：《上海市环境质量报告书（2006～2010 年）》，第 79 页。

于贯彻〈上海市扬尘污染防治管理办法〉的实施意见》，编制扬尘防治技术规范和扬尘污染防治规划和实施计划，规范了扬尘污染防治技术。到2010年底，上海市外环线以外全面建成烟尘控制区，共创建扬尘控制区728平方公里。在上海市城市经济快速发展的过程中，降尘量从1991年17.23吨/（平方公里·月）下降至2010年的7.0吨/（平方公里·月），减少59.37%；可吸入颗粒物浓度下降至0.079毫克/立方米。上海大气污染中的粗颗粒物得到了明显改观。

3. 重点工业区环境综合整治

对吴淞工业区、桃浦工业区等重点工业区进行环境综合整治。在吴淞工业区淘汰了17家污染严重的企业和40条污染严重的生产线，建成了工业区集中供热网，区内47家企业全部进入集中供热网络，替代或拔除42台中小型燃煤锅炉，23台锅炉开展脱硫改造，完成了44条道路、26座码头、33户堆场的扬尘整治。监测结果表明，吴淞工业区各项污染物排放量均得到较大幅度削减，特别是对吴淞工业区环境质量影响最大的烟粉尘和二氧化硫排放量分别削减了66.8%和54.7%，区域环境质量逐步改善。

4. 机动车污染控制

2003年3月1日起对新车提前实施了国家第二阶段机动车排放标准（等效于欧Ⅱ排放标准）。第四轮环保三年行动计划中提前对新车实施国家第四阶段机动车排放标准（“国Ⅳ”标准），并对高污染车辆进一步实施限行和淘汰政策。“十一五”期间，完成10500多辆公交车和45000多辆出租车更新，对517座加油站、197辆油罐车、13座油库实施油气回收。

三　上海生态环境负荷的展望

在考察了上海生态环境负荷走势和影响因素的基础上，本部分提出对上海生态环境负荷未来的发展趋势，并为上海降低生态环境负荷提出部分对策建议。

（一）上海生态环境负荷的发展趋势

1. 生态环境负荷总体仍然增加

如前文所述，上海市“三废”排放总量仍处于上升趋势，“三废”排放与主要解释变量之间都呈现显著的正相关关系，表明未来随着经济增长、常住人口的增加，“三废”排放量还将继续攀升。另外，全市主要的点源、面源污染排放强度仍然居高不下。如：上海作为一个高度工业化和城市化的国际级城市，工业污染排放、机动车尾气排放、建筑工地及各类无组织源排放强度仍然无法短期内有效控制；能源消费量不断增加，电厂、工业、机动车、飞机、船舶等交通工具排放的氮氧化物逐年上升。因此，在一段时间内，上海的生态环境负荷仍会不断增加。

2. 主要污染物发生结构性变化

经过四轮三年环保计划的滚动实施，上海环境污染状况中，传统污染物已经基本得到控制，但一些新出现的、新进入人们研究视野的污染物的威胁程度在加深。如在大气环境领域：二氧化硫、二氧化氮、总悬浮颗粒物得到改善。但细颗粒物（$PM_{2.5}$）、酸雨、硫酸盐化速率、氟化物、铅等还不为公众广泛关注的污染物则未有改善甚至污染程度还在加深。如：臭氧污染问题非常突出，“十一五”期间臭氧年均浓度呈上升趋势。2010 年上海臭氧浓度最高值是国家环境空气质量二级标准限值的 1.5 倍。以灰霾为代表的细颗粒污染形势依然严峻，近年来上海两个灰霾试点的平均浓度都超过国家《环境空气质量标准（GB3095－2011）》（征求意见稿）参考标准限值（0.035 毫克/立方米）34.3% 和 25.7%。[①] 在细颗粒物方面，自从 1997 年美国率先将细颗粒物列为检测空气质量的一个重要标准，国际上主要发达国家均已制定相关标准。而在我国，细颗粒物还未进入空气质量指数统计中。但在 2011 年，细颗粒物污染引起了各方的关注，环境保护部正在着手研究把臭氧和细颗粒物也纳入监管之列。

在水环境领域，经过大规模综合整治，上海主要水体水质有所改善，尤其是有机污染物得到较好控制，但氨氮、总磷指标仍处高位，形成以富营养化为特征的地表水污染特征。2010 年黄浦江、苏州河、长江口 3 条河流 19 个断面中氨氮和总磷的超标断面比例分别为 78.9% 和 100%。

3. 潜在生态环境风险仍然存在

第一，造成上海环境污染的根本原因未得到彻底扭转，未来进一步改善环境质量的难度将加大。如：高污染黑色能源消费的总量不断增长，能源结构还未发生根本性转变，以煤炭为主的结构性污染依然十分突出；产业结构仍然偏重，石化行业污染物排放还在不断增加。导致环境空气质量中二次污染物细颗粒物、灰

① 上海市环境保护局：《上海市环境质量报告书（2006～2010 年）》，第 81 页。

霾和酸雨等污染现象仍将持续。第二，非本地可控的复合型因素，对上海环境质量的造成潜在危害。如：不利气象条件下，北方沙尘、浮尘传染输送情况增多，导致空气质量指数高值出现频率加大；上海大气污染逐渐从局地污染向区域污染演变，区域性高污染日益频繁。第三，由环境污染导致的社会风险凸显。2010年全市突发环境事件131起，环境投诉1.65万起，其中大气污染6444起，噪声污染5234起。[①] 2011年2月，金山区一化工厂排放有毒致命污染物，甚至影响到浙江嘉兴市；9月浦东新区康桥镇32名儿童血铅超标事件等重大环境事件，威胁社会稳定。第四，上海作为河口城市，不可避免地遭受整个流域生态环境恶化的不良影响。如上游7个省区来水断面的水质均未达到相应功能区的要求，河口和近海水体均呈富营养和严重富营养状态。同时，随着我国产业梯度转移进程的深入，工业污染源有从长江下游向中上游转移的趋势。据统计，全国2万多家化工企业中，近半数位于长江沿岸，[②] 对长江水体构成很大威胁。此外，整个中国对于清洁能源的渴望促使长江流域的水能资源被大举开发，尤其是三峡工程秋季蓄水的时候，长江大通流量减少，对河口地区也可能造成海水入侵等生态问题。2011年上海就提前遭遇秋冬首次咸潮。

（二）降低上海生态环境负荷的建议

1. 转型发展降低生态环境负荷

近年来，上海环境保护工作成效明显，但还存在一些问题。其中突出表现在原有建立在依靠大量资本投入、低成本劳动力和大规模消耗土地、能源基础上的粗放型发展方式所产生的生态环境负荷极重。主要体现在：工业结构偏重、能源结构以煤为主的情况下，资源消耗和污染排放仍处于高位；工业企业数量多、布局分散引发不少厂群矛盾，部分区域工业污染矛盾突出；资源环境承载能力已接近极限。在本文第二节的分析中也提到人均GDP与废水、废气、固废以及总磷之间呈现显著的正相关关系，如果按照现有的增长方式，则生态环境负荷势必处于不断增长的态势。

“十二五”期间，必须转变经济增长方式，加快经济结构战略性调整，形成

① 上海市环境保护局：《上海市环境状况公告2010》，第33页。

② 张斌：《长江流域生态压力加大》，2009年4月21日《解放日报》。

以服务经济为主的产业结构。从降低生态环境负荷的角度，转型发展着力点，主要体现在：一是产业结构战略性调整立足建设上海国际经济、金融、贸易、航运中心的国家战略，把现代服务业放在优先发展的位置，加快构建以现代服务业为主、战略性新兴产业引领、先进制造业支撑的新型产业体系，不断提高产业核心竞争力。二是加快发展金融、航运物流、现代商贸、信息服务、文化创意等重点服务业；重点培育发展新能源、新材料、节能环保、新一代信息技术等战略性新兴产业。三是，以重点行业、重点地区为突破口加快推进结构调整、布局优化和环境整治。如：新建工业项目必须进104个工业区块，198平方公里复垦区域逐步关停并转，195平方公里转型区加快结构调整和技术改造；整体淘汰皮革鞣制加工业，外环线以内、郊区工业区块外的化学原料及化学品生产、医药制造、橡胶制品、塑料制品、纺织印染、金属表面处理及热处理、钢铁冶炼及压延、木质板材及家具制造、非金属制品（水泥、玻璃、陶瓷等）等九类能耗高、污染重的行业逐步调整退出。

2. 环境治理应从工程治理向管理治理转变

在环境治理的初级阶段，主要以末端处理和防治局部环境污染或单种环境介质污染为主，强调污染达标排放或废物无害处理处置，在表现形式上以环保工程建设和运营为代表的工程治理占主导。但像上海这样的经济发达地区，经过10余年占GDP比重3%左右的环保大规模投入后，工程减排的空间已相当有限，减排压力越来越大，单靠末端治理难以从根本上解决由结构性、布局性的污染矛盾和工农业生产方式、社会消费模式引发的环境问题。因此在环境治理方面，应从现有大规模的末端治理向源头预防、全程控制转变。同时，未来必须更加注重节能环保产业自身发展的外部效应，更加注重依靠专业环境治理企业和机构，根据其所提供的环境治理综合解决方案实现全过程的减量和防控。

3. 积极应对新的环境污染形势

经过大规模环境综合整治，上海总体环境质量得到改善，主要污染类型发生改变。如水环境方面，水体水质有所改善，尤其是有机污染物得到较好控制，但氮磷污染仍然严重，氨氮、总氮和总磷已成为多数水体的主要污染指标。且上文所述，氨氮、总磷等污染物指标还未进入环境库兹涅茨曲线的拐点。未来应深化对氮、磷污染的研究和控制，优先从城镇污水处理厂执行更严格的污染物排放标准入手，制定促进氮、磷污染控制的技术和经济政策。“十二五”期间，应在完

成国家约束性指标即化学需氧量、氨氮、二氧化硫和氮氧化物（NO_X）的基础上，增加对体现上海环境特点的总磷和挥发性有机物（VOCs）的总量控制，改善以氮、磷污染为主要特征的水环境质量。

4. 旧城区雨水泵站有待改造和完善

随着上海四轮三年环保行动计划的顺利实施，环境基础设施等工程建设在环保投入中所占的比重开始下降，环境治理的重心逐步从工程治理转移到管理治理方面。10年来，上海环境基础设施建设得到了极大的完善，但其中，市政雨水泵站排水对河道水质的影响凸显。上海市旧城区的排水系统为截留式合流制系统，旱季污水进入城镇污水处理厂，雨季降水量超过输送能力后，部分雨污混合污水被泵入河道；新建区域采用雨污分流制官网。由于某些居民区污水管“混接”入雨水管，以及部分居民将洗衣机排水接入阳台雨水管，导致分流制泵站旱天频繁放江。随着城市生活污水处理能力大幅上升，工业废水纳管的企业数量不断增加，直排废水入河量大幅减少，市政泵站排水成为影响河道水质的重要污染源。监测数据表明，受市政泵站放江影响，上海部分河道在同一天水质可发生剧烈变化，如化学需氧量在上、下午可出现2~3倍的差别。①

5. 生活及农业面源污染防治

上文所述，生活污染对环境污染的贡献值在不断加大。“十二五”期间，必须加大对生活尤其是农业面源的污染防治。对农业集约化地区、重要饮用水水源地、重要湖泊水域和南方河网地区等水环境敏感地区，制定并颁发污染物排放及治理技术标准。研发、开发和推广农村生活污水和垃圾处理、禽畜和水产养殖污染防治、废弃物综合利用等实用技术，选择典型区域进行示范，逐步推广。完善小城镇和规模较大的村庄的污水处理设施，推广城乡一体化垃圾处理模式，提高垃圾无害化处理水平。加强养殖业污染防治。限制分散养殖，推进标准化畜禽养殖场建设，提高全市规模化养殖场粪尿生态还田率，建设标准化水产养殖场。降低种植业污染，推广绿肥作物种植，推进生态档案农业基地、秸秆收集利用中心建设，提高农田秸秆资源化综合利用率。

6. 区域协作机制仍需完善

高速发展的城市化和区域经济一体化使上海环境污染一体化趋势日益明显，

① 上海市环境保护局：《上海市环境质量报告书（2006~2010年）》，第105页。

城市和区域的环境联系显著增强。如大气环境中，根据"十一五"期间长三角地区重点城市日 API 统计，上海市与苏州、南通、宁波、杭州、南京等5个城市的相关系数分别为0.842、0.766、0.791、0.644、0.578（显著性水平为0.01），均呈显著正相关。[①] 水环境中，上海处于太湖流域和长江流域最下游，"十一五"期间，黄浦江、苏州河等主要河道上下游水质差异显著缩小，表明上海自身污染贡献大幅度下降。而上游来水对水环境影响日趋突出，已成为影响上海市地表水环境质量变化的主要因素之一。

7. 调整能源结构降低碳排放

尽管历年的环境状况公告与环境质量报告书都未有完整详细的二氧化碳排放量及浓度的统计，但在应对全球气候变化的过程中，我国政府也做出了减少40%~45%碳排放的承诺，二氧化碳强度控制也进入了"十二五"的考核指标。同时，由于能源消耗总量持续攀升，化石能源占主要比重，导致空气质量中$PM_{2.5}$、灰霾和酸雨现象成为迫切需要解决的问题，因此调整能源结构也是降低上海生态环境负荷的重要任务。"十二五"期间，上海应该进一步优化能源结构，积极发展高效清洁的能源，如太阳能、风能等新能源的开发利用，提高清洁能源在上海能源结构中的比重。为配合新能源及可再生能源的使用，还应该加快运用现代信息技术、控制技术、储能技术和输电技术改造传统电网，尽早建成与上海经济社会发展水平、能源利用需求相适应的智能电网框架。此外，要大力发展节能产业，更多地运用经济和技术手段，优化用能方式，提高用能效率。

参考文献

韩中豪、胡雄星、张明旭：《上海市经济增长与环境污染水平的关系》，《环境与可持续发展》2007年第2期。

江易：《上海市环境库兹涅茨曲线的实证研究》，上海交通大学硕士论文，2009。

蒋云霞、刘冬荣、肖新华：《湖南省经济发展与生态环境负荷关系的实证研究》，《财经问题研究》2010年第5期。

刘江龙、钱小蓉、丁培道、孙阳、顾恒岳：《钢铁材料的泛生态环境负荷及其环境经济

① 上海市环境保护局：《上海市环境质量报告书（2006~2010年）》，第81页。

损益分析》,《环境污染治理技术与设备》1998 年第 4 期。

马晓芸、唐志:《浙江省经济增长中的生态环境负荷分析》,《经济论坛》2011 年第 1 期。

彭立颖、童行伟、沈永林:《上海市经济增长与环境污染的关系研究》,《中国人口、资源与环境》2008 年第 3 期。

上海市环境保护局:《上海市环境状况公告》,1991 ~2010。

上海市统计局:《2011 年上海市统计年鉴》。

沈锋:《上海市经济增长与环境污潦关系的研究-——基于环境库兹涅茨理论的实证分析》,《财经研究》2008 年第 9 期。

王丽萍、朱玉丽、王春、赵毓仁:《江苏省生态环境负荷预测分析》,《环境科学研究》2008 年第 1 期。

周建、顾柳柳:《能源、环境约束与工业增长模式转变——基于非参数生产前沿理论模型的上海数据实证分析》,《财经研究》2009 年第 5 期。

B.3

城市扩张与上海的生态环境负荷

刘召峰*

摘　要： 上海是一个移民城市，大量外来人口的涌入，加速了城市扩张，生态环境负荷也随着增加。城市扩张引起的交通出行的增加，不仅加大了能源消费，而且排放了更多的污染物，污染了大气；土地利用类型的改变不仅使城市生态服务功能降低，更破坏了全球的碳循环；水资源作为城市必需品，在城市扩张中也受到了影响，如用水量增加、水质变差等。因此，必须找到一种解决办法，能够减轻城市扩张引起的生态环境负荷，改变原有"摊大饼"式的城市发展模式，于是"智慧增长"（Smart Growth）作为一种可持续、有效的解决方案被提出。

关键词： 城市扩张　生态环境负荷　智慧增长

随着人口增加，在中心城区承载能力有限的背景下，大量的居民以及工作都会向周边人口密度较低的郊区迁移。郊区建设也在各种规划下发展壮大。同时，城市扩张不可避免地增加额外的生态环境负荷。

一　上海城市扩张现状

城市化是每个城市必须经历的过程。近年来，大量外来人口涌入上海，城市面临经济大发展的同时，也面临着由人口密度增加所带来的压力。为此，城市不得不向外扩张，人口由密度较大的中心城区向密度较低的郊区迁移，随之郊区也蓬勃发展起来。

---

* 刘召峰，上海社会科学院生态经济与可持续发展研究中心研究助理。

（一）城市空间扩张演变与发展

上海一直都重视城镇体系的建设，并在不同的时期，根据不同的发展背景做出符合实际发展的城镇发展规划（见表1）。

表1　上海城镇体系布局演变*

编号	文件	年份	城镇体系布局
1	《大上海都市计划总图草案报告书》	1948	提出“市中心加卫星城”的上海城镇体系布局，但未能实施
2	《上海城市总体规划方案》	1983	提出了要把中心城、卫星城、小城镇和农村集镇作为一个整体考虑，形成“多心开敞式”和“组合城市”的城镇布局结构
3	《上海市城市总体规划方案（1999～2020）》	1999	提出了上海的市域城镇体系由中心城、新城、中心镇、集镇四个层次
4	“1966”四级城镇体系布局	“十五”期末	1个中心城，9个新城，60个左右新市镇，600个左右中心村

* 王红霞：《多中心化空间演变进程中的城镇体系建设—以上海为例的研究》，《上海经济研究》2009年第1期。

“一城九镇”、“1966”等规划政策的实施，上海的“主城＋卫星城”的城市空间结构逐步完善①（见图1）。

（二）城市扩张变化

城市扩张主要表现在土地利用类型的变化，即非城市用地向城市用地变化。表2列出了上海市建设用地与耕地的变化，可以看出建设用地的面积不断增加，而耕地面积在持续减少（见表2）。根据国务院正式批复《上海市土地利用总体规划（2006～2020年）》规定，到2020年，上海全市建设用地规模为2981平方公里，与上海已建成用地面积相比，用地净增长空间只有100多平方公里②，未来上海面临着严峻的土地瓶颈。

① 胡桥：《上海市工业用地对城市空间结构的影响研究》，上海交通大学硕士论文，2011。

② 国务院正式批复《上海市土地利用总体规划（2006～2020年）》，http：//www.shanghai.gov.cn/。

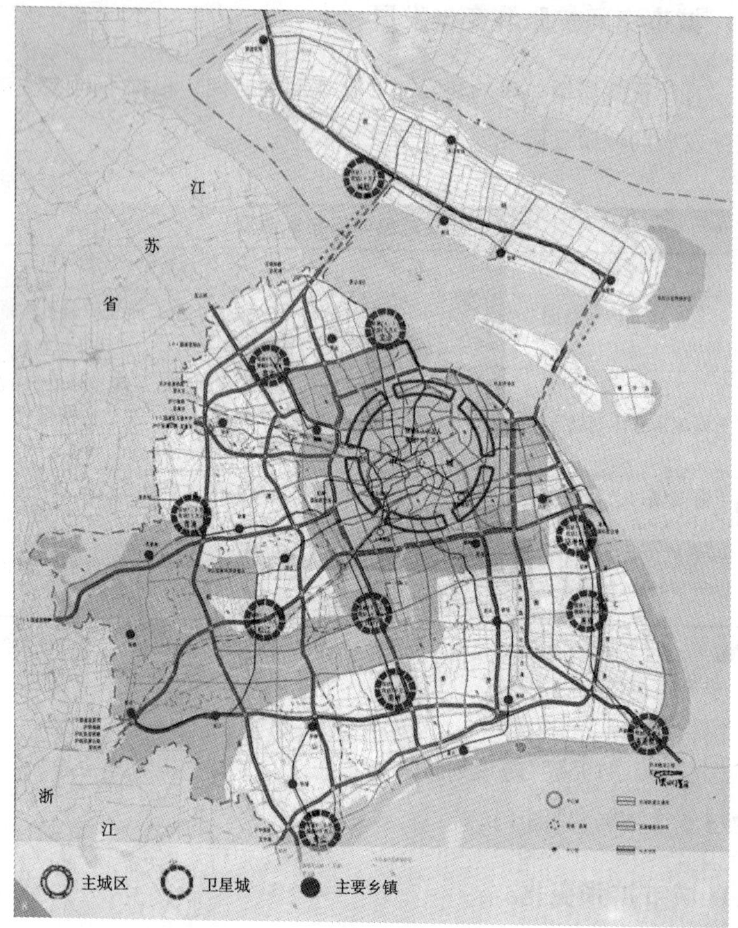

图1　1990年至今上海市主城+卫星城空间结构（胡桥，2011）

表2　上海市建设用地与耕地面积变化（2000～2009年）

单位：平方公里

项目＼年份	2000	2003	2004	2005	2006	2007	2008	2009
建设用地	1452	2268	2337	2400	2416	2430	2540	2860
耕　　地	2859	2573	2457	2373	2080	2060	2050	2023

注：2000年建设用地面积来自高建燕：《HJ－1卫星数据在上海城市扩张动态监测中的应用》，《甘肃科学学报》2010年第4期；2009年建设用地为2009年初的数据，来自杨羚强：《上海未来10年土地指标只够用7.5年或"逼存"加大供应》，2009年12月4日《每日经济新闻》。

资料来源：《上海市统计年鉴》、《中国统计年鉴》。

二　环境影响

城市扩张，建设用地的增加，耕地面积的减少，势必会造成一系列的环境问题，增加生态环境负荷，如水质下降、空气质量下降、固体废弃物增加及温室气体大量排放等。

（一）交通出行增加，使能源消费增长、大气污染加剧

影响城市交通出行的变化主要有两大因素。一是经济的发展。经济越发达，基础设施建设越完善，越有利于居民交通出行。二是城市扩张。郊区发展，使得原有聚集在中心城区的人流、物流向郊区迁移，主城与卫星城联系越来越紧密和频繁。

从2001年到2010年，上海市公共交通出行量从37.17亿人次增加到59.25亿人次，增长了59.4%；人均乘坐公共交通次数也在增加，2010年上海人均乘公共交通为257次，比2001年（223次）增加了15.5%（见图2）。

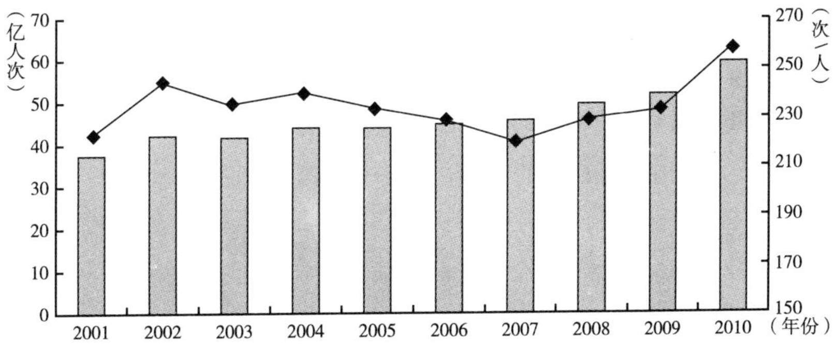

图2　上海市公共交通出行人次与人均乘车次数（2001～2010年）

资料来源：《上海年鉴》与《上海市统计年鉴》。

除公共交通运输量增加外，私家车的数量也在不断增加。2010年，上海注册的机动车为249万辆，比2005年增长了17.5%；汽车总量为171万辆，比2005年增长了72.7%；而私人汽车在2010年达到101万辆，比2005增长了146%①（见图3）。

---

① 上海市第四次综合交通调查办公室：《上海市四次全市性综合交通调查报告》，2011年3月。

可以看出，上海市机动车结构在变化，表现最为明显的是汽车的增加，特别是私人汽车的增加。

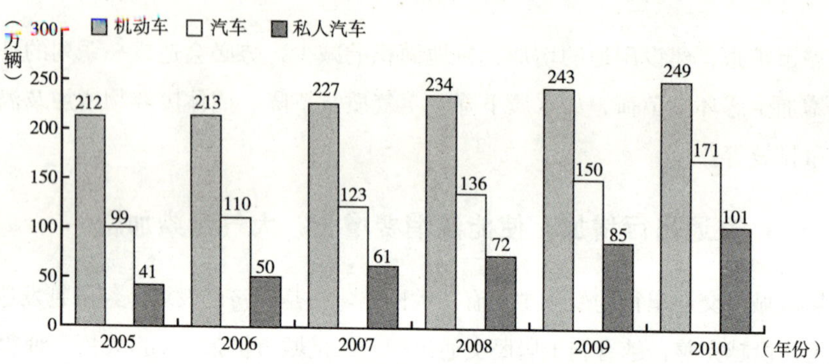

图3 上海市注册机动车增长情况（2005~2010年）

资料来源：《上海市四次全市性综合交通调查报告》。

居民出行结构也发生了变化，其中依靠公共交通方式出行、机动车出行与（电）助动车的比例提高，而依靠自行车与步行方式出行的比例下降。2009年，上海市依靠公共交通出行的比例为25.2%，比2004年增加了0.6%，比1995年增加了5.2%；个体机动（主要包括小客车、各类大客车、摩托车）比例为20%，比2004年增长了17.8%，比1995年增长了13.1%①（见图4）。收入的增长对居民出行结构具有一定的影响。由于公共交通的速度和便捷性不如轿车，

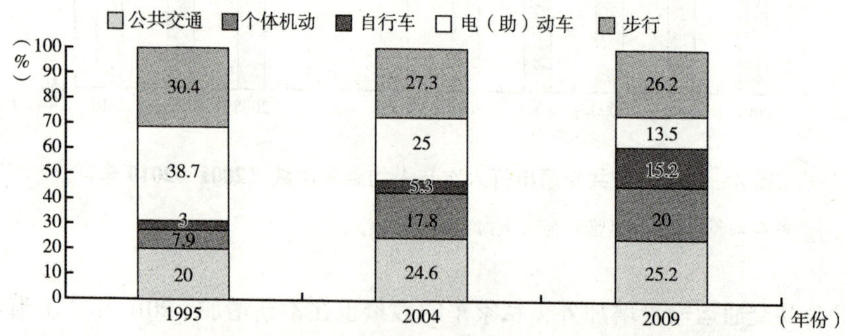

图4 1995、2004和2009年上海市人员全方式出行结构

① 陆锡明、顾啸涛：《上海市第五次居民出行调查与交通特征研究》，《城市交通》2011年第5期。

因此，随着居民收入的增长，居民更倾向于选择轿车出行。公共交通出行的增加主要得益于城市对公共交通的投资。

本文将上海市建设用地面积（2003～2009）分别与上海市公共交通的客运总量（2003～2009）、个人民用汽车拥有量（2003～2009）进行相关性分析，计算得到相关系数分别是0.948与0.868。这说明上海市建设用地面积将会对上海公共交通客运总量以及私家车的增长有着显著的影响。

汽车拥有量与使用量的增加势必会增大能源的消耗，排放更多的二氧化碳。2010年，上海市交通运输、仓储及邮电通信业的能源消耗为2062.90万吨标准煤，比2000年增长了2.45倍（见图5）。

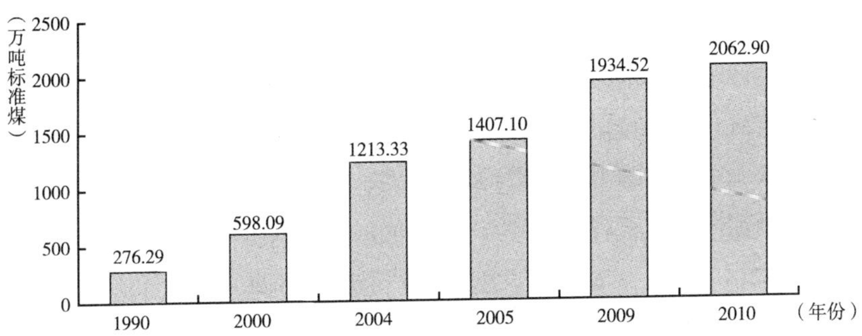

图5　上海市交通运输、仓储及邮电通信业部分年份能源消耗情况（1990～2010年）

资料来源：《上海市统计年鉴》。

2009年上海市客运交通能源消耗为513.8万吨标准煤，占当年交通运输、仓储及邮电通信业的能源消耗的26.5%，比2004年增长了57%。2009年，上海个体机动交通是城市客运能源消费的主体，占能源消耗的65%，而公共交通约占35%，其中，出租车17%，公共汽车10%，轨道交通7%，轮渡1%①（见图6）。

交通领域是能源相关的温室气体排放的主要部门之一。2008年上海市机动车二氧化碳排放量约为1388万吨，其中，社会客车排放量占42%，出租车占15%，公共汽车占13%，货运占30%②。

---

① 上海市第四次综合交通调查办公室：《上海市四次全市性综合交通调查报告》，2011年3月。

② 上海市第四次综合交通调查办公室：《上海市四次全市性综合交通调查报告》，2011年3月。

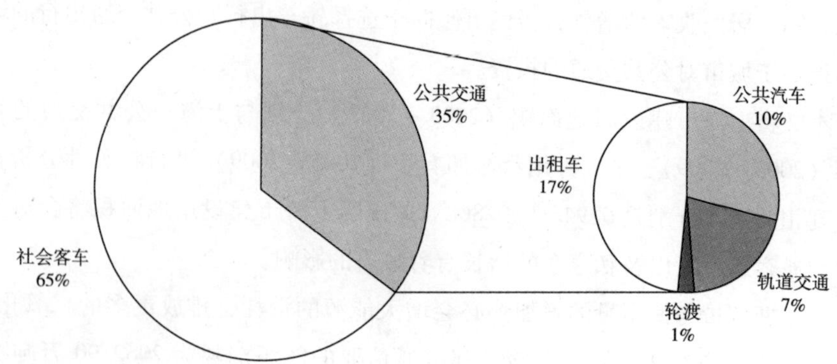

图6 城市客运交通能源结构

资料来源：《上海市四次全市性综合交通调查报告》。

交通污染源是重要的大气污染源之一。例如，上海机动车排放的氮氧化物占上海市总的氮氧化物排放量的30.9%（2007年）。机动车排放尾气中的污染物主要是一氧化碳（CO）、氮氧化物（NOx）、碳氢化合物（HC）、可吸入颗粒物（PM）等。根据污染源普查，2007年上海市机动车CO、NOx、HC与PM的排放总量分别是53.1万吨、7.6万吨、7.2万吨和0.85万吨（见表3）。

表3 2007年上海市机动车污染排放情况

类　型	CO	NOx	HC	PM
排放量(万吨)	53.1	7.6	7.2	0.85

资料来源：《上海市环境质量报告》。

机动车尾气排放标准方面，上海在1999年与2001年分别对轻型车与中型车执行国Ⅰ排放标准，2003年全面推行国Ⅱ排放标准，2008年执行国Ⅲ排放标准，2009年实施国Ⅳ排放标准。

城市扩张与私人汽车拥有量的增长加大了对城市道路的需求。而城市道路修建将降低地面的渗水性，由于下水道容量有限，在出现暴雨时，往往道路会积水，影响出行与行车速度，又增加车辆的能耗与污染物排放。此外，更多的雨水流入河道，增加河流的最大流量，进而会提高洪灾出现的概率。2010年，上海市的道路长度达16687公里，比2000年增加了151%，道路面积为25607万平方米，比2000年增长了214%（见图7）。

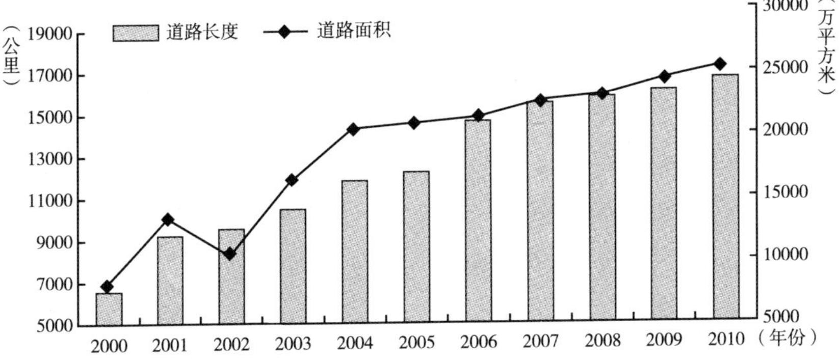

图7　上海市道路交通长度与道路面积（2000～2010年）

资料来源：《上海市统计年鉴》。

（二）土地利用类型改变，使城市生态服务价值降低

从土地利用类型的转变上看，城市扩张主要表现在建设用地的增加，耕地、园林、林地、水域、未利用地面积的减少。从表2可以看出，上海市耕地面积从2000年的2859平方公里减少到2009年的2023平方公里，减少了29.2%，而建设用地的面积则增长了97%。有研究人员利用遥感图像解译出上海的土地利用情况，并利用评估模型来研究上海不同土地利用类型的生态系统服务价值的变化，认为从2003到2007年，由土地利用变化导致的上海市的生态系统服务价值减少了1.1万亿元①（见表4）。虽然对生态系统服务价值的评估在学术界依旧是难点，并没有统一的标准，但是该项研究至少说明了城市扩张对城市生态服务价值的影响是负面的。

此外，城市扩张还会破坏动物的栖息地，可能使物种消失，使城市生物多样性受到威胁。

据联合国政府间气候变化专门委员会（2007）估算，在人类活动引起温室气体排放中，土地利用类型的变化导致的温室气体排放约占1/4，仅次于化石能源燃烧排放的温室气体。城市中土地类型的变化往往是由土壤有机碳密度（反映

① 鹿亚楠、石登荣等：《上海市土地利用与生态服务价值变化研究》，《北方环境》2011年第7期。

表 4　上海市生态系统服务价值变化（2003～2007 年）（鹿亚楠等，2011）

土地利用类型	生态系统服务价值(亿元)			2003～2007 年价值变化(%)	
	2003 年	2005 年	2007 年	年增长率	占总价值变化的绝对值比率
耕　地	14.4	14.0	13.3	-2.01	32
园　林	1.39	1.43	1.49	1.83	2.82
林　地	2.71	3.76	4.37	15.28	45.8
水　域	74.3	70.8	73.6	-0.23	19.21
建设用地	0	0	0	0	0
未利用地	0.029	0.051	0.033	3.75	0.12

土壤固持有机碳能力，其值越高固持有机碳的能力越强）高的土地利用类型向固持有机碳能力低的土地利用类型转变，如农田向建设用地、草坪、园林转变等。这就导致了土壤中的有机碳由碳汇变成了碳源。

史利江（2009）利用遥感图像（1994 年、2000 年、2003 年及 2006 年）探讨了上海土地利用/覆盖（LUCC）的时空格局与演变，并结合不同土地利用方式的土壤有机碳密度的变化，认为工业用地、道路用地等表层 0～20 厘米的土壤碳密度为 0，推导出从 1994 年到 2006 年，城市绿地、农田、林地、园林和滩涂 5 种土地利用类型下的表层 0～20 厘米的有机碳总储量减少了 20.4%①（见表 5）。可见，城市扩张导致的土地利用类型变化对城市碳汇的影响同样是负面的。

表 5　上海 1994～2006 年 5 种土地利用类型土壤有机碳储量（史利江，2009）

单位：万吨

年份 \ 土地利用类型	城市绿地	农田	林地	园林	滩涂	合计
1994	11.96	1447.93	20.20	4.30	6.08	1490.47
2000	19.30	1348.48	23.76	4.78	2.80	1399.12
2003	36.04	1204.20	28.40	8.57	6.35	1283.56
2006	38.87	1111.01	24.39	8.52	3.01	1185.80

（三）城市用水量增加

城市扩张势必导致城市用水量的增加（见图 8）。本文利用上海市建设用地

① 史利江：《基于遥感和 GIS 的上海土地利用变化与土壤碳库研究》，华东师范大学博士学位论文，2009。

面积（2003～2009年）与上海市用水量（2003～2008年）作相关系数分析，得出相关系数为0.837，表明两者之间存在高度的正相关。

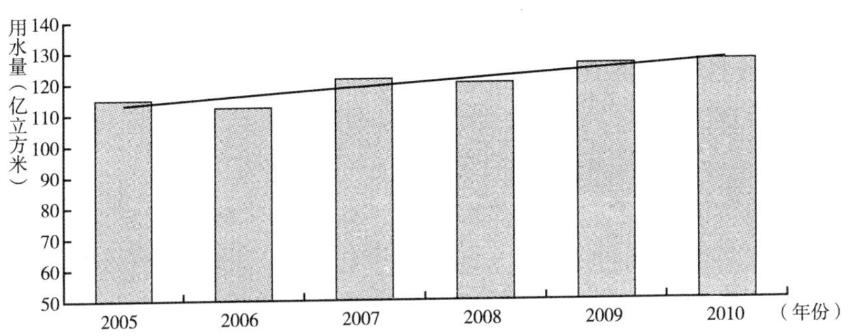

图8　上海市历年用水情况（2005～2010年）

资料来源：《上海市水资源公报》。

水的大量消耗一方面增加了地表水与地下水的供水负荷，对水环境产生了一定的影响；另一方面也加剧了水污染，特别是在污水处理达标率不理想的情况下。虽然上海的水资源非常丰富，但是同样面临着水质性缺水问题。因此，在城市扩张过程中，必须加大再生水方面的投资建设与利用，提高污水处理水平，以及发展各种节水措施。

三　如何应对城市扩张带来的生态环境负荷增加问题

解决城市扩张过程中带来的生态环境负荷是城市不得不面临的问题。例如，美国的一些城市利用“智慧增长”策略来降低城市扩张中的环境影响。智慧增长的核心内容是：用足城市存量空间，减少盲目扩张；加强对现有社区的重建，重新开发废弃、污染工业用地，以节约基础设施和公共服务成本；城市建设相对集中、密集组团，生活和就业单位尽量拉近距离，减少基础设施、房屋建设和使用成本。其有利于保护农用地、减少环境污染、繁荣城市经济以及提高居民的生活质量。

Kent Portney构建了一套绿色政策指标来判断城市是否智慧增长。该指标包括城市是否再开发棕色地带，是否通过区划确定环境敏感区，是否对有利于环境的交通给予税收优惠，是否限制停车场地面积，是否购买和租赁节能汽车，生态工业园的建立、产业集群的发展、生态村工程项目、土地使用规划项目、广泛的土地利用计划包括项目价值、城市内部公共交通的运营等①。根据该指标体系的启发，结合上海的实际情况，上海在城市扩张中应采取以下措施应对生态环境负荷的增加。

（一）棕色地带再开发

棕色地带是指一类不动产，这类不动产因为现实的或潜在的有害及危险物的污染而影响到他们的开发、复兴和再利用（美国，1980）。具体来讲，一是城市中未充分利用或是废弃的用地，二是存在潜在的、一定的环境污染②。由于历史、发展等原因，上海在城市扩张中也出现了一些棕色地带，如宝山、吴泾等地。上海一直注重棕色地带的开发，2010 年世博会的召开更是为城市棕色地带的开发带来前所未有的机遇。上海世博园就是在原有的工业场地（上钢三厂、江南造船厂等重工业区）上规划与建设的，不仅改善了园区及周边的环境，更为城市的绿色发展增添了新的活力。其中，后滩公园建造在原工业场址的棕色地带上，它是上海黄浦江畔的一处再生生态景观。公园设计包括了湿地、生态防洪、回收工业建筑和材料、城市农业等策略，能处理污染的河水，恢复河畔景色③。宝山区从绿化、河道水环境治理方面入手，以创建生态良好的城区。到 2010 年初，宝山区绿化覆盖率达到 41.5%，人均公共绿地面积达到 21 平方米④，高于上海市平均水平。

上海市工业用地的面积约为 790 平方公里，规划工业区块 104 个，约占全市建设用地总规模的 26%（见图 9）。其中，除小部分工业地块位于中心城区外，其他都位于郊区。“十一五”期间，上海出台了《上海市土地资源节约集约利用“十一五”规划》，对工业用地资源节约集约利用的主要任务、目标做了制定，并提出了相应的促进措施。除此之外，上海还可以从空间结构调整、产业结构及工业用地调整上开展工业用地集约化发展。空间结构调整上，上海应构建城市外部空间一体化，共同打造长三角都市圈，更大区域尺度上优化资源要素、城市功

① 〔美〕马修·卡恩：《绿色城市：城市发展与环境》，孟凡玲译，中信出版社，2008 年，第 1 版，第 139 页。

② 王彦：《浅析城市棕色地带更新的概念与实践——以常州市国棉一厂改造概念规划为例》，《现代城市研究》2007 年第 6 期。

③ 2010 年 ASLA 综合类杰出奖：上海后滩公园，http：//www. yuanlin8. com/landscape/3494. html。

④ 上海：老工业区变身大花园　宝山为世博添绿增彩，http：//www. zgny17. com/story/html/news_7368. html。

能的集聚和扩散。产业结构调整上，上海应努力发展处于产业链高端的产业，特别是新兴产业，同时坚持发展总部经济。工业园区调整上，城中型工业园区，应进一步挖掘园区用地潜力，增加产业集聚度；边缘型工业园区，应控制园区规模，加大整改力度，调整和归置土地利用，对落后产业升级和引导外迁；远郊型工业园区，结合卫星城镇的规划调整产业布局，并加大基础设施的投入与建设①。

图9　上海市工业用地分布情况（胡桥，2011）

在上海棕色地带的再开发过程中需要采取下面的一些措施。

第一，对棕色地带的再开发进行统一规划。按照主体功能区划的要求，对城

① 胡桥：《上海市工业用地对城市空间结构的影响研究》，上海交通大学硕士论文，2011。

区内棕色地带进行统一规划，使棕色地带更加“绿色”，周边的生态环境得到明显提升。

第二，开展示范工程。棕色地带开发示范工程有助于对棕色地带再开发进行创新性探讨，能够把利益相关方结合到一起，共同开展棕色地带治理。例如，美国“棕色地带全国伙伴行动议程”的棕色地带启动示范工程具体包括以下几方面：提供环境评估和社区外展的资金；为清理棕色地带提供贷款资质；为棕色地带的居民提供环境保护方面的训练；利用该法的内在弹性来阻止棕色地带的形成；帮助测定在再开发城市棕色地带时潜在的空气质量和其他环境和经济指标；为成功的棕色地带评估、清理、再开发提供全国性的模式；为在某些选定的棕色地带进行环境评估提供资金和技术帮助①。

第三，制定棕色地带再开发优惠政策。棕色地带的再开发需要比郊区开发投入更多的资金。因此，政府需要制定优惠政策，如税收减免，贴息贷款等政策吸引社会投资。例如，匹兹堡拥有美国最大的棕色地带，其环境污染问题非常严重。在棕色地带治理的优惠政策吸引下，开发商们相继前来匹兹堡投资，建成了高级住宅区和中低档住宅区、办公用房以及河边景观小路，不仅匹兹堡的环境得到了很大改善，经济效益也随之大幅提高。

（二）环境敏感区保护

环境敏感区是指依法设立的各级各类自然、文化保护地，以及对建设项目的某类污染因子或者生态影响因子特别敏感的区域（建设项目环境影响评价分类管理名录，2008）。环境敏感区在城市扩张中最容易受到影响。因此，上海已经着手对自然保护区、饮用水水源保护区等开展保护工作，如崇明东滩国家自然保护区建设与青草沙水源地的保护等；基本农田上面，根据全国土地利用总体规划纲要的规定，上海的耕地保护目标任务是到2020年基本农田保护面积不得少于328万亩，上海市政府与各区县政府签订耕地保护目标责任书，明确了各区县政府对本行政区域内的耕地保有量和基本农田保护面积负总责。历史风貌建筑保护在2003年城市规划上，上海提出要“建立最严格的历史文化风貌区和

① 王旭：《美国“棕色地带”再开发计划和城市社区的可持续发展》，《东南学术》2003年第3期。

优秀历史建筑保护制度”，更是将城市历史文化遗产保护工作提到了新的、前所未有的高度①。《上海市历史文化风貌区和优秀历史建筑保护条例》等管理制度出台及严格执行，使城市历史风貌得到了有效保护。

城市环境敏感区的判定主要依赖于敏感评价指标的选择。许伟等（2011）从水环境、文物古迹及森林公园、土壤综合质量、土地利用类型和耕地地力6个方面，对上海土地的生态环境敏感性进行综合评价，并提出了相应的保护策略②（见表6）。

表6　上海市生态环境敏感区域及保护策略

单位：%

分　类	分布区域	面积占比	保护策略
高度敏感区	黄浦江上游水源地、青草沙水源地、陈行水源地、东风西沙水源地	5.9	严格执行水源地、自然保护区的保护条例与规定，严格控制与生态保护无关的建设，削减面源污染
中等敏感区	崇明县、奉贤区、松江区、青浦区和金山区的农用地与绿地	38.6	对基本农田进行保护，调整农业生产的产业结构，提高农用地利用效率
低度敏感区	浦东新区的南边和崇明县东南边的沿江、沿海滩涂湿地	12.4	有效保护和利用滩涂
不敏感区	中心城区、郊区新城、中心镇及周边地区	43.1	促进土地节约集约利用，限制和转移高能耗、高污染的企业，提高城市生态环境质量

上海在环境敏感区保护方面需要实施下面几项措施：

第一，一体化的土地利用规划，根据环境敏感区的敏感程度制定符合主体功能区划的差别化开发利用政策。高度敏感区实施严格的保护措施；中等敏感区基本保持原有土地类型，并在原有类型上通过调整农业生产的产业结构，进而取得更高的产出；低度敏感区，进行符合生态环境要求的低开发，最大限度地保护原有土地利用类型；不敏感区，进行节约集约化土地开发，对污染用地进行再开发，限制和转移高耗能的污染企业，提高城市生态环境质量。

第二，实现环境敏感区开发许可证制度。通过许可证准入制度，可以有效提高环境敏感区的环境保护水平。开发企业如果想获得开发许可证，需要满足许多

① 伍江：《上海历史建筑保护从一面墙说起》，2006年5月28日《解放日报》。

② 许伟、施玉麒、鲁凤等：《上海市土地生态环境敏感性评价》，《环境科学与技术》2011年第9期。

附加条件：减少环境影响；恢复和后期维护的方式；开发环境敏感区是否得到周边居民的支持（通过公示）；土地产出率达到一定标准等。

第三，环境明确敏感区周边缓冲区的范围。需要对环境敏感区分级设定其周边缓冲区范围，并根据各级缓冲区对环境敏感区的影响程度，制定相应的开发政策。

（三）公共交通优先战略

作为特大城市的上海，公共交通优先战略是其城市交通发展的基本政策。上海的公共交通建设除与城市规划、经济发展等外部系统有效衔接外，还应采取许多措施：第一，大力发展轨道交通。轨道交通作为一种集约化的交通方式，不仅能够节约能源，更能够减少对土地资源的使用。上海市从1995年运营轨道交通线路以来，到2010年轨道交通线路长达452.57公里，位居世界第一位。“十二五”期末，上海要求轨交出行比例达到总公交客运量的50%以上，为上海轨道交通的发展提出了更高的要求和更大的发展空间。第二，优化地面公交系统。系统调整地面公交，合理安排站点，建设站点配套设施。第三，发展快速公交系统。快速公交系统是将道路、车站与交通枢纽、车辆、线路、收费系统和运营保障系统结合起来的交通模式，是解决城市交通拥堵和交通领域温室气体减排的有效途径①。第四，在公共交通领域推广节能和新能源汽车。传统的汽车在环境与能源约束趋紧的今天已经显得越来越不合时宜。节能和新能源汽车具有环保和节能的特性，但其续航能力差、技术相对不成熟等特点一直阻碍着其发展。为此，上海应当在公共交通领域推广节能和新能源汽车，以起到示范作用，促进新能源汽车的发展。第五，加速“P+R”建设。“P+R”作为连接个体交通与公共交通的节点，有利于提高公共交通的出行比例，对推动城市一体化交通发展具有十分重要的战略意义②。

（四）生态工业园区的建设

生态工业园区是依据循环经济理论和工业生态学原理设计成的一种新型工业组织形态，它遵从循环经济的减量化、再利用、再循环的原则。生态园区建设有

---

① 周冯琦：《上海资源环境报告2010：低碳城市》，社会科学文献出版社，2010，第1版，第222～226页。

② 唐忆文、沈露莹、詹水芳：《上海公交优先发展战略及分阶段实施问题研究》，《科学发展》2009年第9期。

利于区域的节能减排，更有利于经济发展方式的转变。上海已有莘庄工业区、金桥出口加工园区、张江高科技园区、化学工业区、漕河泾新兴技术开发区、闵行经济技术开发区等被列入国家生态工业示范园区。这些园区主要从管理体系、循环经济、节能减排、环境基础设施等方面创建国家生态工业示范园区。在管理体系的构建上，园区以ISO9001质量管理体系、ISO14001环境管理体系和OHSAS 18001职业健康及安全管理体系来规范发展。如莘庄工业区先后通过ISO14001、ISO9001和OHSAS18001三大管理体系的认证，成为全国首家通过“质量、环境与健康安全”三认证的工业园区。在循环经济产业链的构建上，围绕优势产业，在区域与园区内构建循环产业链。如上海化学工业区按照石油化工产品链的上下游关系，合理构建循环经济的产业链，实施余热利用、新能源研究、水资源循环利用等项目，形成资源的循环利用体系。莘庄工业区以平板显示产业为核心，进行工业区小循环建设。在节能减排方面，建立严格的管理制度和有效的激励机制，调整产业结构促进园区企业实现节能减排目标。如莘庄工业区对年能耗超1000吨标准煤的企业进行监控，建立节能减排奖罚措施，并针对企业开展节能咨询服务，促进企业清洁生产，以实现节能减排目标。在环境基础设施的建设上，大力发展中水回用、园区污水集中纳管、污水处理设施建设、烟气脱硫和在线监测项目等环境设施，提高园区环境质量。如漕河泾开发区在园区内开展中水回用的试点等。

“十二五”期间，园区面临工业区绿色转型的重大任务，环保部对国家生态示范园区提出了建立和完善促进园区发展的制度和政策体系。具体而言，实行差别化环境政策，促进园区长效发展；完善商贸激励政策，增强园区创建原动力；强化科技扶持政策，提升园区创新能力；制定地方优惠政策，增强园区创建的合力；加大资金支持力度，增强园区建设能动性；完善标准体系和管理制度，促进园区科学发展；建立和规范统计体系，全面准确反映建设绩效；建立绩效考评和动态核查机制，确保园区先进示范性①。

2010年，上海保留市级以上工业园区33个，其中，国家级工业园区有7个，市级工业园区有26个。由于市级工业园区的基础条件不如国家级工业园区，因

① 环境保护部：《关于征求〈关于进一步做好国家生态工业示范园区建设工作的指导意见〉（征求意见稿）意见的函》，2011年11月2日。

此，市级工业园区应当因地制宜地、有选择地借鉴环保部对国家生态示范园区的建议。

第一，上海市市级工业园区应当学习上海在国家生态工业示范园区的建设经验，建设适合自身发展的生态工业园区。管理体系建设上，市级工业园区需要以ISO9001质量管理体系、ISO14001环境管理体系来指导日常的工作；循环经济产业链构建上，努力围绕优势产业，在园区范围内打造循环经济产业链；以节能减排为抓手，促进园区产业升级与技术提升；拓宽环境基础设施融资渠道，提升园区内的环境质量。

第二，以产业升级为途径，实现生态工业园区的建设。生态工业园区以循环经济为核心，在园区内构建循环经济产业链。越处于产业链高端的产业就越有利于吸引整个产业链的其他端位的企业聚集。因此，市级园区需要积极促进产业升级。

B.4
上海的生态足迹与水足迹分析

刘新宇*

摘　要： 本报告根据生态足迹理论与计算方法，对上海市生态足迹、生态承载力、生态赤字和单位 GDP 生态足迹作了计算，发现：2006~2010 年间，上海生态足迹增长、生态承载力下降以及由此带来的生态赤字增长速度都有所放缓。其中，生态足迹和生态赤字增速放缓大部分应归功于在此期间单位 GDP 生态足迹下降速度加快，而这段时间的 GDP 增速与 2000~2006 年间相比变化不大。而且，生态承载力被侵蚀速度的下降也与城市经济发展的科技含量与环境友好水平进步速度加快有关联。2010 年，上海市人均水足迹为 1002.83 立方米，比 2006 年增长 7.34%，2006~2010 年间年均增长 1.79%。上海的人均水足迹远低于世界平均量，比中国平均水平高出近一半。

关键词： 上海　生态足迹　生态承载力　生态赤字　水足迹

生态足迹是衡量一定国家或地区对资源环境总体压力的综合性指标。与之相对应，生态承载力是衡量一定国家或地区资源环境对经济、社会、人口支撑能力的综合性指标。而生态足迹减去生态承载力的差值就是生态赤字，综合性地反映了该国或地区经济、社会、人口过度消耗自然资源的情况。本报告就根据生态足迹理论与计算方法，对上海市生态足迹、生态承载力、生态赤字和单位 GDP 生态足迹作了计算，据此对上海面临的资源环境约束作深入分析。此外，因为水资源问题是河口城市面临的主要问题之一，本报告还对上海的人均水足迹作了计算和分析。

* 刘新宇，上海社会科学院生态经济与可持续发展研究中心助理研究员，博士。

一 生态足迹相关理论与方法

在对上海的生态足迹和生态赤字进行计算和分析之前，本报告先对生态足迹、生态承载力、生态赤字的内涵与计算方法作一简单说明。

（一）生态足迹的内涵与计算方法

简而言之，生态足迹就是将某一国家或地区一定时期内的农产品、能源等物质消费按照一定系数折算成在全球范围可比的生物生产性土地面积，单位为全球公顷，以此表征多大面积的具有全球平均生产力的土地才能满足该国家或地区对自然资源的索求。生态足迹概念由加拿大学者 William Rees 教授于 1992 年首先提出，之后，他与其学生 Wackernagel 博士共同发展了具体的计算方法。

生态足迹理论将地球表面的生物生产性土地分为六大类——耕地、草地、林地、水域、化石能源用地和建设用地。其中，耕地生产粮食、蔬菜、瓜果、油料、家禽、禽蛋、猪肉、糖类、酒类等产品。草地生产牛羊肉、鲜奶和乳制品等畜牧产品。林地和水域分别生产林产品和水产品。化石能源用地是指吸收化石燃料燃烧过程中排放的二氧化碳所需的林地面积（这还没有包括化石燃料及其产品排放出的其他有害气体）。储藏化石燃料的用地因为不易计算而暂未加以考虑。建设用地是指各种人居设施、工业和服务业设施、道路等基础设施所占据的土地，在具体计算中，一般是将特定国家或地区的电力和热力消费量折算成建设用地的生态足迹。

生态足迹的计算方式一般如下：

第一步，要将各种消费品折算为相应类型的生物生产性土地的面积，其折算系数取决于该类型的生物生产性土地生产该种消费品的生产力，计算公式如下：

$$A_i = C_i/Y_i = (P_i + I_i - E_i)/(Y_i \times N)$$

其中，i——代表消费品的种类；

C_i——代表特定国家或地区第 i 种消费品的年人均消费量；

Y_i——代表相应类型的生物生产性土地单位面积上生产第 i 种消费品的全球年平均产量（千克/公顷）；

A_i——代表支持第 i 种消费品人均年消费量的相应类型生物生产性土地的面积（公顷/人）；

P_i——特定国家或地区第 i 种消费品的年生产量；

I_i——特定国家或地区第 i 种消费品的年进口量；

E_i——特定国家或地区第 i 种消费品的年出口量；

N——代表特定国家或地区的人口数。

在计算化石能源用地时，要将各个品种的能源消费折算成化石能源用地面积，折算系数是——就全球平均值而言，单位面积的化石能源用地每年可以吸收多少特定品种的化石燃料燃烧时所排放的二氧化碳。以此来计算吸收特定品种化石燃料燃烧时所排放的二氧化碳，需要多少化石能源用地。

在计算建设用地时，可以利用间接法，将特定国家或地区的电力和热力消费量折算成一定面积的建设用地。

第二步，要将不同类型的生物生产性土地面积折算成一种可比的“标准”的生物生产性土地面积，并且加总形成生态足迹数值。因为各个类型的生物生产性土地生产力差异较大，为了将计算结果转化成一个可比较的“标准”数值，需要给每个类型的生物生产性土地乘上一个均衡因子，以转化为“标准”的生物生产性土地的面积。均衡因子是特定类型生物生产性土地的全球平均生产力与全球所有各类型生物生产性土地的平均生产力之比。计算公式如下：

$$ef = \sum r_j \times A_i$$

其中，j——代表第 i 种消费品所对应的生物生产性土地的类型；

r_j——代表第 j 类生物生产性土地的均衡因子；

ef——人均生态足迹（全球公顷/人）。

最后，可以计算特定国家或地区的总生态足迹，公式如下：

$$EF = ef \times N$$

其中，EF——代表总生态足迹（全球公顷）；

N——代表人口数。

（二）生态承载力的内涵与计算方法

简而言之，生态承载力就是指特定国家或地区各个类型的生物生产性土地（包括耕地、草地、林地、水域、化石能源用地和建设用地）总共可以折算成多大面积的“标准”的生物生产性土地面积，单位为全球公顷，以此表征该国家或地区的自然资源禀赋或自然资本存量；这决定了在一定技术条件下，该国家或地区仅仅依靠自有的自然资源可以支撑的人口与经济活动的规模。

折算系数除了涉及上文提到的均衡因子，还要考虑其他两个因素。其一是产量因子。特定国家或地区的某类生物生产性土地的生产力与该类生物生产性土地的全球平均生产力有所差异，这种差异就要用产量因子来矫正，其数值等于该类生物生产性土地的本地平均生产力与全球平均生产力的比值。其二，在计算生态承载力时，必须扣除12%的生物多样性保护面积。

所以，人均生态承载力的计算公式如下所示：

$$ec = \sum a_j \times r_j \times y_j \times 0.88$$

其中，ec——代表特定国家或地区的人均生态承载力（全球公顷/人）；

j——代表生物生产性土地的类型；

a_j——代表特定国家或地区的第 j 类生物生产性土地的人均拥有量（公顷/人）；

r_j——代表第 j 类生物生产性土地的均衡因子；

y_j——代表特定国家或地区的第 j 类生物生产性土地折算成全球“标准量”的产量因子；

0.88——代表要扣除12%的生物多样性保护面积。

特定国家或地区的总生态承载力计算公式如下：

$$EC = ec \times N$$

其中，EC——代表总生态承载力（全球公顷）；

N——代表人口数。

（三）关于生态赤字

如果特定国家或地区的生态足迹大于生态承载力，其差额即为生态赤字；反之，其差额即为生态盈余。生态赤字表征的是该国家或地区对自然资源的索求超

出当地资源禀赋而不得不依赖外部输入的部分。一般而言，城市地区是高度依赖外部资源输入的，不可能出现生态盈余，只会出现生态赤字。①

二　生态足迹和生态承载力相关数据来源

在展示上海市生态足迹、生态承载力和生态赤字的计算结果，并对此作出分析前，有必要对各种数据的来源作一详细交代。

（一）耕地、草地、水域生态足迹计算的数据来源

首先，本报告从历年《上海市统计年鉴》中收集了大米、食用植物油、猪肉、鸡、鸭、鲜蛋、鲜菜、啤酒、鲜瓜果、牛羊肉、鲜乳品和酸奶、鱼、虾等13种上海城市居民的农产品消费数据，据此算出城市居民的人均耕地、草地、水域生态足迹。由于近年来，《上海市统计年鉴》的统计口径在不断调整，造成具有可比数据的年份只有2000年及2006～2010年，因此，本报告所作的生态足迹、生态承载力、生态赤字纵向比较只能涉及这几个年份。

然后，再从历年《上海市统计年鉴》中收集粮食、油脂类、蔬菜及菜制品、肉禽及其制品、蛋类及蛋制品、水果及水果制品、食糖、酒、奶及奶制品、水产品等10种上海农村居民的农产品消费数据，据此算出农村居民的人均耕地、草地、水域生态足迹。

接着，分别以非农业人口和农业人口占总人口比重为权重，在每一类型生物生产性土地的生态足迹分量上，分别对城市居民和农村居民的生态足迹数值进行加权加总，算出上海市民的人均耕地、草地、水域生态足迹。

综上所述，计算上海人均耕地、草地、水域生态足迹所需的各种原始数据如表1、表2所示。

就林地生态足迹而言，由于权威的木材消费数据不可得，本报告直接引用高成康等所著《生态足迹的修正及其在城市生态规划中的应用——以上海市为例》（载《环境科学与技术》2006年第29卷第4期）中的2000年上海市林地生态足

① 周冯琦、虞震、王虎：《上海可持续发展研究报告（2006～2007）——基于生态足迹的可持续发展专题研究》，学林出版社，2007，第3～10页。

表1 主要年份上海市城市居民人均农产品消费及非农业人口比重

单位：千克，%

年份	大米	食用植物油	猪肉	鸡	鸭	鲜蛋	鲜菜	啤酒	鲜瓜果	牛羊肉	鲜乳品和酸奶	鱼	虾	非农业人口比重
2000	53.4	10.9	17.3	7.5	1.3	11.3	104.7	8.9	60.5	2.2	29.6	6.9	4.9	74.6
2006	43.4	9.5	19.0	5.5	2.3	9.2	98.8	7.0	67.6	2.8	29.7	15.3	5.2	85.8
2007	40.3	10.2	17.4	7.3	2.6	9.4	99.6	7.7	71.5	2.9	31.9	15.7	5.5	86.8
2008	42.5	10.2	18.3	7.4	2.8	9.6	103.4	6.9	67.1	2.6	29.4	15.4	4.9	87.5
2009	41.6	9.4	18.5	6.6	2.6	9.8	102.1	6.5	67.2	2.6	29.9	14.9	5.3	88.3
2010	39.9	8.0	18.6	6.9	2.5	9.6	102.7	5.6	65.5	2.8	28.8	14.2	4.4	88.9

资料来源：历年《上海市统计年鉴》。

表2 主要年份上海市农村居民人均农产品消费及农业人口比重

单位：千克，%

年份	粮食	油脂类	蔬菜及菜制品	肉禽及其制品	蛋类及蛋制品	水果及水果制品	食糖	酒	奶及奶制品	水产品	农业人口比重
2000	222.27	7.99	92.41	29.68	10.71	36.94	2.47	16.58	2.07	14.51	25.4
2006	160.58	8.17	66.84	35.92	7.68	33.21	1.86	18.31	9.68	20.64	14.2
2007	158.00	9.00	69.64	33.95	7.93	31.96	1.75	18.63	9.89	19.4	13.2
2008	140.06	9.18	65.58	33.19	8.36	29.46	1.79	16.54	7.09	18.2	12.5
2009	138.82	8.06	64.76	35.41	8.45	29.56	1.68	16.07	7.02	18.46	11.7
2010	135.82	7.46	65.01	34.98	8.07	29.04	1.90	15.07	7.03	17.21	11.1

资料来源：历年《上海市统计年鉴》。

迹数据，2006~2010年的林地生态足迹数据则在该文献计算出的以往年份数据基础上通过线性回归推算而得。① 再将这些年份的林地生态足迹除以相应年份的上海常住人口数据，则得到人均林地生态足迹数据，如表3所示。

表3 主要年份上海市林地生态足迹总量及人均数据

年份	林地生态足迹(万全球公顷)	常住人口(万人)	人均林地生态足迹(全球公顷/人)
2000	37.475	1608.60	0.0233
2006	41.656	1964.11	0.0212
2007	43.048	2063.58	0.0209
2008	43.910	2140.65	0.0205
2009	44.570	2210.28	0.0202
2010	45.631	2302.66	0.0198

资料来源：高成康、王少平、陆雍森、李建华：《生态足迹的修正及其在城市生态规划中的应用——以上海市为例》，《环境科学与技术》2006年第29卷第4期；历年《上海市统计年鉴》。

① 高成康、王少平、陆雍森、李建华：《生态足迹的修正及其在城市生态规划中的应用——以上海市为例》，《环境科学与技术》2006年第29卷第4期。

计算化石能源用地和建设用地生态足迹所需的历年能源数据从《2011 年上海市能源统计年鉴》中获得，其中，计算化石能源用地生态足迹，可以直接将以标准煤为单位的总能耗数据除以一定的折算系数获得。同样，相应年份的化石能源用地和建设用地生态足迹除以该年度的常住人口数据，即得到人均量。用于计算上海人均化石能源用地和建设用地生态足迹的能源数据和人口数据如表 4 所示。

表 4　主要年份上海市能源消费与常住人口数据

年份	总能耗(万吨标准煤)	热力(万吨标准煤)	电力(万吨标准煤)	常住人口(万人)
2000	5499.48	204.02	1717.84	1608.60
2006	8875.70	250.08	3040.50	1964.11
2007	9670.45	268.91	3293.01	2063.58
2008	10207.36	270.44	3495.18	2140.65
2009	10367.38	256.18	3541.74	2210.28
2010	11201.13	286.93	3979.29	2302.66

注：各种能源折算成标准煤时采用的是发电煤耗计算法。

资料来源：《2011 年上海市能源统计年鉴》、《2010 年上海市能源统计年鉴》和《2011 年上海市统计年鉴》

（二）生态承载力计算的数据来源

耕地数据可从《2011 年上海市统计年鉴》中取得。

上海几乎没有用于畜牧业生产的草地，该项数据本报告忽略不计。

2000 年的上海林地数据来自《2006 年上海市统计年鉴》，2006 ~ 2009 年的上海林地数据利用 2011 年 1 月 23 日东方网报道《上海森林面积十年增加了 3 倍 2015 年森林覆盖率达 15%》所提供数据计算而得，其中，2009 年数据直接引自该报道。2010 年的上海林地数据结合该报道和《2010 年上海市国民经济和社会发展统计公报》计算得到。

上海市水域数据综合以下信息来源获得：（1）上海市水务局 2007 年 6 月发布的《2006 年上海市河道报告》；（2）中国网 2009 年 11 月 23 日发布的《上海概况》；（3）2004 年 9 月 21 日《深圳商报》报道《上海水域面积减少　高温天

气增加》。

化石能源用地面积，即吸收化石燃料燃烧时排放的二氧化碳所需林地面积，不能和前述林地面积重复计算，故此项计作0。

上海建设用地面积数据综合以下信息来源获得：（1）国务院2010年8月批复的《上海市土地利用总体规划（2006～2020年）》；（2）《中国统计年鉴2010》；（3）《中国统计年鉴2008》；（4）上海市政府2007年8月发布的《上海市土地资源节约集约利用"十一五"规划》；（5）：《上海证券报》2010年3月11日报道《上海未来10年新增建设用地稀缺》；（6）旧版《上海市土地利用总体规划》（1997～2010年）。

综上所述，上海主要年份各类土地的面积如表5所示：

表5　主要年份上海市各类土地面积

单位：万公顷

年　份	耕地面积	林地面积	水域面积	建设用地面积
2000	28.59	1.172	5.36	23.43
2006	20.80	7.385	6.70	24.16
2007	20.60	7.581	6.97	24.30
2008	20.50	7.777	6.97	25.40
2009	20.23	7.973	6.97	28.60
2010	20.10	8.108	6.97	28.71

（三）各种系数的数据来源

各种农产品单位产量所需的对应种类生物生产性土地面积的全球平均值、各类生物生产性土地所对应的均衡因子以及上海市各类生物生产性土地面积折算成具有全球平均生产力的同类土地面积时所用产量因子，都引自叶田等所著的《生态足迹理论对生态城市建设的启示》。①

1吨标准煤化石能源对应的化石能源用地面积（1吨标准煤化石能源排放的

① 叶田、杨海真、王洪洋：《生态足迹理论对生态城市建设的启示》，《环境科学与技术》2006年第29卷第1期。

二氧化碳量除以1公顷化石能源用地每年能够吸收的二氧化碳量）引自贺成龙等所著的《水泥生态足迹计算方法》。①

电力和热力消费量折算成建设用地面积的系数引自杨振等所著的《基于生态足迹模型的区域生态经济发展持续性评估》。②

将以上数据加以整理，列出各种产品单位数量所需的对应种类生物生产性土地面积如表6所示：

表6　单位产品所需对应种类生物生产性土地的面积

单位：全球公顷/千克

产　品	单位产品所需土地面积	土地类型
粮食	0.000364	耕地
油脂类	0.00232	耕地
猪肉	0.00279	耕地
肉禽及其制品	0.0019	耕地
蛋类及蛋制品	0.00208	耕地
蔬菜及菜制品	0.00016	耕地
酒类	0.0002	耕地
鲜瓜果及水果制品	0.00016	耕地
食糖	0.00034	耕地
牛羊肉	0.0303	草地
奶及奶制品	0.00062	草地
水产品	0.0344	水域
总能耗	0.5224（全球公顷/吨标准煤）	化石能源用地
热力	0.029344（全球公顷/吨标准煤）	建设用地
电力	0.01184（全球公顷/吨标准煤）	建设用地

各类生物生产性土地所对应的均衡因子以及上海市各类生物生产性土地的产量因子如表7所示。

① 贺成龙、吴建华、刘文莉：《水泥生态足迹计算方法》，《生态学报》2009年第29卷第7期。

② 杨振、牛叔文、常慧丽、刘正广：《基于生态足迹模型的区域生态经济发展持续性评估》，《经济地理》2005年第25卷第4期。

表7　各类生物生产性土地的均衡因子和产量因子

土地类型	耕地	草地	林地	水域	化石能源用地	建设用地
均衡因子	2.20	0.50	1.30	0.40	1.30	2.20
产量因子	2.42	1.30	1.35	1.50	0.61	2.42

资料来源：叶田、杨海真、王洪洋：《生态足迹理论对生态城市建设的启示》，《环境科学与技术》2006年第29卷第1期。

三　生态足迹的纵向比较和结构分析

2000年以及2006～2009年的上海人均生态足迹及其在各类生物生产性土地上的分量如表8所示，本报告据此对它们的跨年度变化趋势和内部结构作具体分析。

表8　主要年份上海市人均生态足迹及其结构

单位：全球公顷/人，%

年　份	耕地	草地	林地	水域	化石能源用地	建设用地	合计
2000	0.3784	0.0319	0.0233	0.1718	2.3218	0.0360	2.9632
	12.77	1.08	0.79	5.80	78.35	1.21	100.00
2006	0.3453	0.0447	0.0212	0.2824	3.0689	0.0485	3.8110
	9.06	1.17	0.56	7.41	80.53	1.27	100.00
2007	0.3466	0.0471	0.0209	0.2884	3.1825	0.0500	3.9355
	8.81	1.20	0.53	7.33	80.87	1.27	100.00
2008	0.3518	0.0427	0.0205	0.2757	3.2383	0.0507	3.9797
	8.84	1.07	0.52	6.93	81.37	1.27	100.00
2009	0.3453	0.0432	0.0202	0.2752	3.1854	0.0492	3.9185
	8.81	1.10	0.52	7.02	81.29	1.26	100.00
2010	0.3362	0.0459	0.0198	0.2538	3.3035	0.0531	4.0123
	8.38	1.14	0.49	6.33	82.33	1.32	100.00

注：每一年份的数据中，上一行是生态足迹的数值，下一行是每一类型生物生产性土地的生态足迹分量占总量的比例。

2010年，上海市人均生态足迹达到4.0123全球公顷，比2000年增长35.40%，2000～2010年间年均增长3.08%；比2006年增长5.28%，2006～

2010 年间年均增长 1.30%。据此可以发现，比起 2000~2006 年间，上海 2006~2010 年间的人均生态足迹增速趋于放缓。

在各类生物生产性土地的生态足迹分量中，2010 年，上海人均耕地生态足迹为 0.3362 全球公顷，比 2000 年下降 11.15%；人均草地生态足迹为 0.0459 全球公顷，人均水域生态足迹为 0.2538 全球公顷，分别比 2000 年增长了 43.89% 和 47.73%。这说明 2000~2010 年，上海市民的饮食结构发生了显著的变化，粮食和蔬菜、瓜果等的消费量有所减少，而牛羊肉、牛奶、奶制品和水产品等的消费量明显增加，营养水平大大提高。不过，2006~2010 年间，这三个人均生态足迹分量的变化幅度较小，说明在这期间，上海市民饮食结构和人均食物消费量的变动已经趋于平稳，也可据此预见未来因食物消费产生的生态足迹不会再有大的增长或变化。

2010 年，上海人均林地生态足迹为 0.0198 全球公顷，比 2000 年下降 15.02%，2000~2010 年间年均下降 1.61%。说明在 2000~2010 年间，涉及木材消耗的人均家具购置或置换等消费，非但没有随着人均 GDP（国内生产总值）或人均收入的增长而增加，而且呈现出缓慢下降的趋势。

2010 年，上海市人均化石能源用地生态足迹为 3.3035 全球公顷，人均建设用地生态足迹为 0.0531 全球公顷，分别比 2000 年增长 42.28% 和 47.50%，年均增长率分别为 3.59% 和 3.96%，远远高于同一时期食物消费产生的人均生态足迹（耕地、草地、水域三个分量之和）年均增长率 0.89%。不过，在 2006~2010 年间，这两个人均生态足迹分量的增长速度趋缓，年均增长率分别下降到 1.86% 和 2.29%。

就生态足迹的内部结构而言，化石能源用地生态足迹占据绝对的主体份额，其占生态足迹总量的比例在 2000 年就已达到 78.35%，到 2010 年进一步提高到 82.33%，说明上海生态足迹的主要来源是能源消费。建设用地生态足迹占生态足迹总量的份额很小，而且在 2000~2010 年间变化不大。此外，耕地和水域生态足迹所占份额受市民饮食结构变化的影响较大，在 2000~2010 年间，耕地生态足迹占比从 12.77% 下降到 8.38%，水域生态足迹占比从 5.80% 提高到 6.33%。

四　生态承载力的纵向比较和结构分析

2000 年以及 2006~2010 年的上海人均生态承载力及其在各类生物生产性土

地上的分量如表9所示，本报告据此对它们的跨年度变化趋势和内部结构作具体分析。

2010年，上海市人均生态承载力为0.1063全球公顷，比2000年下降31.12%，2000~2010年间年均下降3.66%。不过，2006~2010年间，上海人均生态承载力变化较小，下降主要发生在2000~2006年间，年均下降幅度为4.81%。

表9　主要年份上海市人均生态承载力及其结构

单位：全球公顷/人，%

年份	耕地	草地	林地	水域	化石能源用地	建设用地	合计
2000	0.0833	0	0.0011	0.0018	0	0.0682	0.1544
	53.95	0	0.73	1.14	0	44.20	100.00
2006	0.0496	0	0.0058	0.0018	0	0.0576	0.1149
	43.19	0	5.06	1.57	0	50.18	100.00
2007	0.0468	0	0.0057	0.0018	0	0.0552	0.1094
	42.78	0	5.19	1.63	0	50.43	100.00
2008	0.0449	0	0.0056	0.0017	0	0.0556	0.1078
	41.66	0	5.21	1.59	0	51.57	100.00
2009	0.0429	0	0.0056	0.0017	0	0.0606	0.1107
	38.74	0	5.03	1.50	0	54.74	100.00
2010	0.0409	0	0.0054	0.0016	0	0.0584	0.1063
	38.46	0	5.11	1.50	0	54.93	100.00

注：①每一年份的数据中，上一行是生态承载力的数值，下一行是每一类型生物生产性土地的生态承载力分量占总量的比例。

②生态承载力及其每个分量在计算过程中都已经乘上了0.88的因子，表示要扣除12%的生物多样性保护面积。

其中，生态承载力的下降主要体现在耕地方面。2010年，上海市人均耕地生态承载力为0.0409全球公顷，比2000年下降50.90%，2000~2010年间年均下降6.87%。而且，人均耕地生态承载力的下降也主要发生在2000~2006年间，年均下降8.28%，2006~2010年间的年均下降幅度只有4.71%。

2010年，上海市人均建设用地生态承载力为0.0584全球公顷，比2000年下降14.40%，2000~2010年间年均下降1.54%。上海人均建设用地生态承载力下

降最快的时期是在2000~2007年间，年均下降幅度为2.99%。之所以会出现这一现象，是因为2000~2007年间，人口大量涌入，常住人口从2000年的1608.60万人增加到2007年的2063.58万人，增长了28.28%，使上海人均建设用地大为缩减。人口增长同样是上海人均耕地生态承载力的下降主要发生在2000~2006年间的重要原因之一。而在2007~2009年间，上海又迎来新一波的建设用地高速增长期，导致人均建设用地生态承载力年均增长4.83%，达到2009年的最高位0.0606全球公顷。到了2010年，由于建设用地指标几乎用完，上海建设用地增长受到很大限制，而人口仍然在大量涌入，导致这一年人均建设用地生态承载力有较大幅度回落。

2010年，上海市人均林地生态承载力为0.0054全球公顷，是2000年的4.83倍，2000~2010年间年均增长17.06%。其中，人均林地生态承载力增长发生在2000~2006年间，年均增长31.46%，说明这段时间上海造林力度非常大。在2006~2010年间，上海市仍然在造林方面做了大量工作，取得不少成效，但造林的成就被人口增长所稀释（常住人口从2006年的1964.11万人增长到2010年的2302.66万人，增长了17.24%）。甚至导致这段时期的上海人均林地生态承载力出现年均1.63%的负增长。

2010年，上海市人均水域生态承载力为0.0016全球公顷，与2000年相比几乎没有变化。但是，必须注意到，2000~2006年间，上海水域面积增长了25%，只是这一成就被人口增长抵消掉相当大一部分（常住人口从2000年的1608.60万人增长到2006年的1964.11万人，增长了22.10%）。

就生态承载力的内部结构而言，耕地和建设用地生态承载力都占到总量的一半上下，两者相加占到总量的绝大部分；而且，近几年，这两者占比呈现此消彼长的关系。耕地生态承载力占比从2000年的53.95%下降到2010年的38.46%，建设用地生态承载力的占比从2000年的44.20%上升到2010年的54.93%。这也反映出这些年上海耕地大量被建设用地侵占的情况。由于上海在造林方面的成就，林地生态承载力占比从2000年的0.73%上升到2010年的5.11%；其中，曾在2008年达到5.21%的最高峰。水域生态承载力的占比很小，并且从2000年的1.14%上升到2006年的1.57%之后就变化不大了。

五　生态赤字的纵向比较和结构分析

2000 年以及 2006 ~ 2010 年的上海人均生态赤字及其在各类生物生产性土地上的分量如表 10 所示，本报告据此对它们的跨年度变化趋势和内部结构作具体分析。

表 10　主要年份上海市人均生态赤字及其结构

单位：全球公顷/人,%

年　份	耕地	草地	林地	水域	化石能源用地	建设用地	合计
2000	0. 2951	0. 0319	0. 0222	0. 1700	2. 3218	-0. 0322	2. 8088
	10. 51	1. 14	0. 79	6. 05	82. 66	-1. 15	100. 00
2006	0. 2957	0. 0447	0. 0154	0. 2806	3. 0689	-0. 0091	3. 6961
	8. 00	1. 21	0. 42	7. 59	83. 03	-0. 25	100. 00
2007	0. 2998	0. 0471	0. 0152	0. 2866	3. 1825	-0. 0052	3. 8261
	7. 84	1. 23	0. 40	7. 49	83. 18	-0. 14	100. 00
2008	0. 3069	0. 0427	0. 0149	0. 2740	3. 2383	-0. 0049	3. 8719
	7. 93	1. 10	0. 38	7. 08	83. 64	-0. 13	100. 00
2009	0. 3024	0. 0432	0. 0146	0. 2735	3. 1854	-0. 0114	3. 8078
	7. 94	1. 13	0. 38	7. 18	83. 65	-0. 30	100. 00
2010	0. 2953	0. 0459	0. 0144	0. 2522	3. 3035	-0. 0053	3. 9060
	7. 56	1. 18	0. 37	6. 46	84. 58	-0. 14	100. 00

注：每一年份的数据中，上一行是生态赤字的数值，下一行是每一类型生物生产性土地的生态赤字分量占总量的比例。

2010 年，上海市人均生态赤字为 3. 9060 全球公顷，比 2000 年增长 39. 06%，2000 ~ 2010 年间年均增长 3. 35%。但 2006 ~ 2010 年间，增长趋于平缓，年均增长 1. 39%。

2010 年，上海市人均耕地生态赤字为 0. 2953 全球公顷，由耕地减少带来的生态承载力下降效应被市民粮食、蔬菜、瓜果消费量减少带来的生态足迹下降效应所抵消，在 2000 ~ 2010 年间，上海人均耕地生态赤字几乎没有变化。

2010 年，上海市人均林地生态赤字为 0. 0144 全球公顷，比 2000 年下降 35. 14%，2000 ~ 2010 年间年均下降 4. 24%。而且，2006 ~ 2010 年间几乎没有

变化，下降主要发生在2000～2006年间，年均下降5.91%。之所以林地生态赤字会减少，是因为这些年市民人均木材消费基本没有变化，而林地面积却有较大扩张。

2010年，上海市人均水域生态赤字为0.2522全球公顷，比2000年增长48.35%，2000～2010年间年均增长4.02%。而且，增长主要发生在2000～2006年间，年均增长8.71%；2007～2010年间，甚至还年均负增长4.17%。之所以2000～2006年间水域生态赤字会增加，是因为在此期间，市民人均水产品消费大幅增加，而人均水域面积却增长较少。2007～2010年间的负增长，则是由于这段时间，上海市民的人均水产品消费有所减少。

2010年，上海市人均建设用地生态赤字为－0.0053全球公顷，即出现少量的生态盈余；但2000～2008年间，这种生态盈余缩减很多，年均缩减20.97%。说明在此期间，由于人口涌入、产业发展等因素，上海建设用地的紧缺程度在上升。不过，2008～2009年间人均建设用地生态盈余增加132.65%，可能是因为在世博会带动下，上海交通设施等建设用地有较大扩张，导致建设用地生态承载力有较大增长。到了2009～2010年间，由于上海建设用地指标几乎用完，建设用地增长受到极大限制，人均建设用地生态盈余又缩减了53.51%。

由于上海草地和化石能源用地生态承载力为0，这两个分量的生态赤字量即等于生态足迹量，关于它们2010年情况和跨年度变化趋势的分析，请参见前文关于上海生态赤字分析的一节，此处不再重复。

就生态赤字的内部结构而言，化石能源用地生态赤字无疑占到总量的绝对多数份额，2010年占比为84.58%。其次是耕地生态赤字，2010年占比为7.56%；不过，2000～2010年间其占比有较大幅度下降，减少了2.95个百分点。再次是水域生态赤字，2010年占比为6.46%。草地和林地生态赤字占比都很小，其中，在2000～2006年间，林地生态赤字占比有较明显下降，之后则保持稳定。

六　单位GDP生态足迹及其纵向比较

本报告将上文所得生态足迹数据与人口、GDP数据相结合，整理得到2000

年以及 2006 ~2010 年上海生态足迹总量和单位 GDP 生态足迹数据，如表 11 所示，并据此作具体分析。

表 11　主要年份上海市生态足迹总量与单位 GDP 生态足迹

年　份	人均生态足迹（全球公顷/人）	常住人口（万人）	生态足迹总量（万全球公顷）	GDP（亿元）	单位 GDP 生态足迹（全球公顷/万元）
2000	2. 9632	1608. 60	4766. 60	5747. 83	0. 8293
2006	3. 8110	1964. 11	7485. 22	11381. 68	0. 6577
2007	3. 9355	2063. 58	8121. 22	13111. 73	0. 6194
2008	3. 9797	2140. 65	8519. 14	14383. 62	0. 5923
2009	3. 9185	2210. 28	8660. 98	15562. 82	0. 5565
2010	4. 0123	2302. 66	9238. 96	17165. 98	0. 5382

资料来源：①除了生态足迹数据来自上文计算过程外，人口与 GDP 数据来自《2011 年上海市统计年鉴》。②GDP 数据一律折算到 2010 年价格水平下，计算方法为先取得 2010 年 GDP 数据，然后根据上海生产总值指数（以 1978 年为 100）数据折算以往年份以 2010 年价格水平计算的 GDP 数据。

2010 年，上海市单位 GDP 生态足迹为 0. 5382 全球公顷/万元，比 2000 年下降 35. 10%，2000 ~2010 年间年均下降 4. 23%。其中，单位 GDP 生态足迹下降速度在 2006 ~2010 年间略有加快，年均下降 4. 89%。这说明上海经济发展的科技含量和环境友好水平在不断进步，而且进步速度在 2006 ~2010 年略有加快。

但是，由于人口和 GDP 增长，上海市生态足迹总量仍然在不断攀升。2010 年，上海生态足迹总量为 9238. 96 万全球公顷，比 2000 年增长 93. 83%，2000 ~2010 年间年均增长 6. 84%。但是，增长速度在 2006 ~2010 年间略有放缓，年均增长 5. 40%。这种放缓大部分是由于单位 GDP 生态足迹下降速度加快引起的，2000 ~2006 年间和 2006 ~2010 年间，上海 GDP 增速变化相对较小，两个时期的年均增长率分别为 12. 06% 和 10. 82%。

七　水足迹计算与分析

借鉴生态足迹的理念，霍克斯杰（Hoekstra，2002）提出了水足迹的概念：即任何已知人口在一定时间内消费的所有产品和服务所包含的水资源数量，除了包括直接饮用或使用的水资源，还包括所消费的食物和工业品等中包含的“虚

拟水”或“隐含水”。① 本报告根据霍克斯杰等人的理论计算了上海的人均水足迹，并对此作一定分析。

根据霍克斯杰等人的理论，水足迹应该立足于消费端进行计算，即特定时期内、特定区域的人口在消费过程中直接消耗的水资源和消费品中隐含的虚拟水之和。② 因此，本报告计算的上海人均水足迹是以下四部分的加总：人均直接使用水资源、人均食品消费水足迹（虚拟水）、人均工业品消费水足迹（虚拟水）和人均电力消费水足迹（虚拟水）。

其一，人均直接使用水资源 = （城市公共用水 + 居民生活用水）/常住人口，计算结果如表 12 所示。

表 12　主要年份上海市人均直接使用水资源

年　份	城市公共用水（亿立方米）	居民生活用水（亿立方米）	常住人口（万人）	人均直接使用水资源（立方米/人）
2006	8.40	8.53	1964.11	86.20
2007	10.65	11.74	2063.58	108.50
2008	11.03	12.14	2140.65	108.24
2009	11.30	12.63	2210.28	108.27
2010	11.57	12.79	2302.66	105.79

资料来源：历年《上海市水资源公报》和《2011 年上海市统计年鉴》。

其二，人均食品消费水足迹的计算方法如下：上文表 1、表 2 中所列各种农产品的上海城市居民和农村居民人均消费量分别乘以不同农产品对应的单位产品水足迹系数，然后再加总，可以分别算出上海城市居民和农村居民的人均食品消费水足迹；最后，再以上海市非农人口比重和农业人口比重为权重，加权加总，可以最终得到上海全体居民的人均食品消费水足迹。各种种植业产品及其制品的单位消费量水足迹采用的是上海平均数据，各种畜牧业产品及其制品的单位消费量水足迹采用的是中国平均数据，水产品的单位消费量水足迹采用 J. Liu

① 戴昌军等：《基于水资源足迹的武汉市水资源可持续利用研究》，《人民长江》2011 年第 42 卷第 9 期。

② Arjen Y. Hoekstra, et al, *The Water Footprint Assessment Manual: Setting the Global Standard*, (London: Earthscan, 2011), 52-61.

（2008）的研究成果，如表 13 所示；① 上海居民人均食品消费水足迹的计算结果如表 14 所示。

表 13　各种农产品的单位消费量水足迹

单位：立方米/千克

产　品	单位消费量水足迹	产　品	单位消费量水足迹
粮　食	1.719	酒　类	0.117
油脂类	4.244	鲜瓜果及水果制品	1.666
猪　肉	6.581	食　糖	1.718
肉禽及其制品	3.971	牛羊肉	13.688
蛋类及蛋制品	3.094	奶及奶制品	1.281
蔬菜及菜制品	0.356	水产品	5.000

资料来源：Mekonnen，M. M.，Hoekstra，A. Y.. *The Green，Blue and Grey Water Footprint of Crops and Derived Crop Products*. Value of Water Research Report Series No. 47，UNESCO - IHE，Delft，the Netherlands. 2010.；Mekonnen，M. M.，Hoekstra，A. Y.. *The Green，Blue and Grey Water Footprint of Farm Animals and Animal Products*. Value of Water Research Report Series No. 48，UNESCO - IHE，Delft，the Netherlands. 2010.；J. Liu，H. H. G. Savenije. "Food Consumption Patterns and Their Effect on Water Requirement in China". *Hydrology and Earth System Sciences*. 2008.（5）。

表 14　主要年份上海市人均食品消费水足迹

单位：立方米/人，%

年　份	城市居民人均食品消费水足迹	农村居民人均食品消费水足迹	非农业人口比重	农业人口比重	全市居民人均食品消费水足迹
2006	626.89	677.17	85.8	14.2	634.03
2007	637.51	662.04	86.8	13.2	640.75
2008	631.14	614.91	87.5	12.5	629.11
2009	623.96	617.96	88.3	11.7	623.26
2010	606.54	600.62	88.9	11.1	605.88

资料来源：《2011 年上海市统计年鉴》。

① Mekonnen，M. M.，Hoekstra，A. Y.. *The Green，Blue and Grey Water Footprint of Crops and Derived Crop Products*. Value of Water Research Report Series No. 47，UNESCO - IHE，Delft，the Netherlands. 2010.；Mekonnen，M. M.，Hoekstra，A. Y.. *The Green，Blue and Grey Water Footprint of Farm Animals and Animal Products*. Value of Water Research Report Series No. 48，UNESCO - IHE，Delft，the Netherlands. 2010.；J. Liu，H. H. G. Savenije. "Food Consumption Patterns and Their Effect on Water Requirement in China". *Hydrology and Earth System Sciences*. 2008.（5）.

其三，人均工业品消费水足迹的计算方法如下：第一步，用社会消费品零售总额减去食品类零售额，看作近似本地居民的工业品消费总额。根据《2011年上海市统计年鉴》的统计口径，按商品用途分，在食品类以外，还有三大类零售商品——衣着类、用品类和燃料类，这些都属于工业品。而零售商品一般都用于本地居民和单位消费，输出到市外的商品一般是经由批发渠道，而不是零售渠道。其中，企事业单位和政府机关从零售网点购买的工业消费品，即本地居民在工作单位享用的工业消费品，也应该被纳入水足迹计算中，不应遗漏。当然，也会有一部分市外游客在上海零售网点购买的工业品被计算在内，但是这种情况很少，误差在可容忍的范围内；因为，在商品流通如此发达的现在，一般而言，外地人或外国人完全可以在其家乡的零售网点买到上海出产或转口的工业品，完全没必要大费周折在上海购买后再长途运送回家。第二步，将工业品消费总额乘以单位工业品水足迹，即得到工业品消费水足迹总量。因为，上海经济的开放程度很高，上海市民消费的工业品中不少都来自国外；因此，本报告认为单位工业品水足迹，应采用全球平均值。第三步，用工业品消费水足迹总量除以常住人口，即得到人均工业品消费水足迹。计算结果如表15所示。

表15　主要年份上海市人均工业品消费水足迹

年份	工业品消费总额（亿元）	工业品消费总额（亿美元）	工业品消费水足迹总量（亿立方米）	常住人口（万人）	人均工业品消费水足迹（立方米/人）
2006	2460.41	388.59	31.09	1964.11	158.27
2007	2842.59	448.95	35.92	2063.58	174.05
2008	3229.69	510.08	40.81	2140.65	190.63
2009	3624.98	572.51	45.80	2210.28	207.22
2010	4239.86	669.62	53.57	2302.66	232.64

资料来源来源：①历年商品零售额和常住人口数据来自《2011年上海市统计年鉴》。

②单位工业品水足迹取全球平均值0.08立方米/美元，该数据来自，http：//www.waterfootprint.org/？page = files/productgallery&product = industrial。

③以人民币计量的工业品消费总额，按照商品零售价格指数，折算到2010年价格水平下，历年商品零售价格指数数据来自《2011年上海市统计年鉴》。

④汇率取中国银行2011年11月13日公布的外汇牌价中间价（1美元=6.3317元人民币）。

其四，人均电力消费水足迹=全市火电工业用水/全市发电量×人均生活用电量，计算结果如表16所示：

表16　主要年份上海市人均电力消费水足迹

年份	全市火电工业用水（亿立方米）	全市发电量（亿千瓦时）	人均生活用电量（千瓦时）	人均电力消费水足迹（立方米/人）
2006	65.01	726.39	623.03	55.79
2007	68.13	740.97	635.40	58.42
2008	67.18	794.16	684.61	57.91
2009	73.34	781.79	701.09	65.77
2010	73.77	943.89	748.74	58.52

资料来源：历年《上海市水资源公报》和《上海市统计年鉴》。

其五，将人均直接使用水资源、人均食品消费水足迹、人均工业品消费水足迹和人均电力消费水足迹四项加总，得到上海人均水足迹，如表17所示。

表17　主要年份上海市人均水足迹

单位：立方米/人

年份	人均直接使用水资源	人均食品消费水足迹	人均工业品消费水足迹	人均电力消费水足迹	人均水足迹
2006	86.2	634.03	158.27	55.79	934.29
2007	108.5	640.75	174.05	58.42	981.72
2008	108.24	629.11	190.63	57.91	985.89
2009	108.27	623.26	207.22	65.77	1004.52
2010	105.79	605.88	232.64	58.52	1002.83

根据上述计算结果，2010年，上海市人均水足迹为1002.83立方米，比2006年增长7.34%，2006～2010年间年均增长1.79%。

根据世界自然基金会等机构的计算，2007年中国的人均水足迹为679立方米，2004年全球的人均水足迹为1564立方米。上海的人均水足迹远低于世界平均量，在可比年份，明显高于中国平均水平（高出44.58%）。

八　小结

2000～2010年间，上海市人均生态足迹有较快增长，而人均生态承载力却在逐步下降，因此，人均生态赤字在不断扩大。2010年，单位GDP生态足迹比

2000 年有较大下降；然而，由于 GDP 的增长，生态足迹总量仍以较快速度增长。就结构而言，在生态足迹和生态赤字中，化石能源用地分量都占到绝对多数，2010 年其占比分别达到 82.33% 和 84.58%；在生态承载力中，建设用地和耕地两个分量相加占到绝大多数，2010 年两者占比分别达到 54.93% 和 38.46%。本报告还发现，2006~2010 年间，上海生态足迹增长、生态承载力下降以及由此带来的生态赤字增长速度都有所放缓。其中，生态足迹和生态赤字增速放缓大部分应归功于在此期间单位 GDP 生态足迹下降速度加快，而这段时间的 GDP 增速与 2000~2006 年间相比变化相对较小。而且，生态承载力被侵蚀速度的下降也与城市经济发展的科技含量与环境友好水平进步速度加快有关联。

2010 年，上海市人均水足迹为 1002.83 立方米，比 2006 年增长 7.34%，2006~2010 年间年均增长 1.79%。上海的人均水足迹远低于世界平均量，比中国平均水平高出近一半。

专 题 篇

Special Topics

B.5

水环境与河道治理的成就、挑战与对策

刘新宇　刘 婧*

摘　要： 自2000年到2011年，上海市滚动实施了四轮环保三年行动计划，上海的水环境质量、河道通畅程度等都得到了很大改善：化学需氧量排放量和工业废水排放量逐年减少，污水集中处理量和集中处理率不断增加，黄浦江、苏州河与长江口等主要河流水质小幅改善，城镇化地区的河道基本消除黑臭。但是，上海的水环境与河道治理仍然面临不少挑战，包括生活和服务业废水排放不断增长，面源污染未得到有效控制，市政泵站污染突出，郊区污水处理能力不足，上游来水污染和全球气候变化的影响凸显，公众参与及监督机制未真正建立。为此，建议上海市有关部门将水环境治理重点转向居民、服务业等非工业废水以及面源污染，进一步完善城乡污水收集处理体系建设，对河道进行生态修复以加强对环境变化的适应能力，加强太湖流域和长江流域的水环境治理合作，建立参与式的水环境管理体系。

关键词： 上海　水环境　河道　治理

---

* 刘新宇，上海社会科学院生态经济与可持续发展研究中心助理研究员，博士；刘婧，山东工商学院讲师，博士。

2000~2011年，上海通过实施大型治理项目、完善制度建设，大大改善了上海的水环境与河道生态。因为河道水系是相互连通的，如果主要河流治理取得成效，但是中小河道水质仍然不佳，中小河道的污水会流入主要河流，使后者的治理效果无法得到巩固，甚至基本上被破坏殆尽。因此，上海治理水环境，不能仅关注主要河流与主要断面，而是要把中小河道整治，尤其是郊区中小河道整治，纳入水环境治理的整体规划与行动中。当然，上海水环境与河道治理还面临不少挑战，本报告对此一一加以分析，并提出了若干对策建议，希望能为有关部门提供有用的参考。

一　实施大型水环境与河道整治工程

自2000年到2011年，上海市滚动实施了四轮环保三年行动计划，其间，开展了三期苏州河环境综合整治（1999年底到2011年）、郊区万河整治（2006~2008年）、太湖流域治理、面源污染治理等重大水环境治理行动，使上海的水环境质量、河道通畅程度等都得到了很大改善，尤其为2010年世博会的成功举办提供了良好的水环境保障。

（一）滚动实施四轮环保三年行动计划

在2000~2002年的第一轮环保三年行动期间，上海市建成石洞口等3个污水处理厂，使城市污水集中收集量增加92.9万立方米/日，集中处理能力增加44.1万立方米/日，分别提高了41.3个和43.9个百分点；苏州河干流基本消除黑臭，主要水质指标基本达到景观水标准，并超额完成六支流截流任务；集中力量完成了“三港一城”水系和重点河道整治；治理了156个畜禽牧场；大力推行重点污染源污水排放在线监测。①

在2003~2005年的第二轮环保三年行动期间，在水环境治理方面，上海市推进苏州河环境综合整治二期，使之水质稳中趋好，同时中心城区的河道基本消除黑臭，水质平均改善21.5%；建设了竹园、白龙港等大型污水处理厂和若干郊

① 上海市人民政府：《上海市2003~2005年环境保护和建设三年行动计划实施意见》，2003年1月。

区小型污水处理厂，全市污水处理能力增加349万立方米/日，城市污水集中处理率提高到70%，郊区城镇的污水治理设施覆盖率提高16个百分点；黄浦江上游水源保护区重点实施了污水处理厂及其配套管网建设、水源涵养林培育和禽畜牧场关闭三项工作；污水排放在线监测设施覆盖了占全市水污染排放总量85%以上的工业企业。①

在2006~2008年的第三轮环保三年行动期间，上海投资202亿元，实施69项水环境治理与保护项目，其中，投资141.5亿元，完成62项污水处理项目；投资60.5亿元，完成7项河道整治项目，重点在于推进苏州河环境综合整治三期、中心城区截污治污、竹园和白龙港等污水处理厂升级改造、郊区城镇污水处理厂及其配套管网建设。到2008年底，全市城镇污水处理格局基本形成，拥有50座城镇污水处理厂，包括17座一级B以上的污水处理厂，污水处理能力达到672万立方米/日，城镇污水处理率上升到75.5%，其中，中心城区的污水处理率达到85.8%。2008年，上海化学需氧量排放量比2005年减少12.27%，化学需氧量削减率全国第一，超额完成中央下达的任务。中心城区的河道在基本消除黑臭之后整治成果得到巩固，郊区城镇化地区的河道基本消除黑臭，农村地区的中小河道逐步恢复整洁环境和自然生态；相对于2005年底，2008年底中心城区整治河道主要水质指标平均改善18%，近郊重点整治河道平均改善23.3%，郊区重点整治骨干河道平均改善12.5%。黄浦江、苏州河、长江口等主要水体与集中式水源地在上游来水水质不佳条件下环境质量基本保持稳定。②

在2009~2011年的第四轮环保三年行动期间，2010年，上海市化学需氧量排放总量下降到22.01万吨，比2005年减排27.7%，超额完成“十一五”目标；到2011年6月，上海已经有9家水厂使用青草沙水源，其总制水能力为546万立方米/日，受益总人口超过1100万人，基本形成“两江并举”（黄浦江、长江）的饮用水源格局；到2011年，中心城区完成竹园第一污水处理厂的升级改造项目、白龙港污水处理厂的扩建二期项目，郊区新建、扩建11座城镇污水处

① 上海市人民政府：《上海市2006~2008年环境保护和建设三年行动计划》，2006年1月。

② 上海市水务局：《关于本市贯彻实施〈中华人民共和国水污染防治法〉和〈上海市河道管理条例〉的情况报告》，2009年11月；上海市人民政府：《上海市2009~2011年环境保护和建设三年行动计划》，2009年2月。

理厂，实现建成区污水收集管网全覆盖，使城镇污水处理率达到83%（其中，城镇生活污水处理率达到90%），来自污水处理厂的污泥实现安全处置；到2011年底，366公里黑臭河道整治全面完成，城镇化地区的河道基本消除黑臭；在此期间，上海范围内的太湖流域治理区域生态环境也得到进一步改善。①

（二）三期苏州河环境综合整治成效显著

从1999年底到2011年，上海市实施了三期苏州河环境综合整治项目，取得了显著成效，让苏州河实现了臭河浜到景观河的转变。

苏州河环境综合整治一期工程于1999年底开工，历时3年，实际投资近70亿元人民币。一期工程包括10个子项目，分别是苏州河支流污水截流工程、虹口港、杨浦港地区旱流污水截流工程、石洞口城市污水处理厂工程、苏州河综合调水工程、木渎港等七支流建闸工程、虹口港水系整治工程、防汛墙改造工程、苏州河河道曝气复氧工程、环卫码头搬迁工程。②

到2003年1月，一期工程宣布竣工时，苏州河水质已经有了明显改善：在2000年基本消除黑臭以后，苏州河干流的主要水质指标逐年好转，其年平均值基本达到国家景观水标准。主要支流的水质也有所改善，华漕港、真如港、木渎港、杨浦港、虹口港等支流水系旱天基本消除黑臭。水生生态系统逐步改善，昆虫幼虫的踪迹逐步出现，底栖动物和需氧物种的生物量显著增加，成群的小型鱼类出现在市区河段。河面上基本消除漂浮垃圾，河岸整洁，滨河绿地大幅增加。③

2003年4月，苏州河综合整治二期工程开工，总投资近40亿元，工程全面完成后，苏州河不仅干流水质稳定达到景观用水标准，主要支流也基本消除黑臭。④ 二期工程共包含8个子项目，包括苏州河沿岸市政泵站雨天排江量削减工程、苏州河中下游水系截污工程、苏州河上游地区污水处理系统工程、苏州河河

① 上海市人民政府：《上海市2009～2011年环境保护和建设三年行动计划》，2009年2月；《抓住重点、凸显亮点、突破难点　本市“十一五”污染减排工作成效显著》，上海市环保局网站，2011年9月30日。

② 徐左正：《苏州河环境综合整治——上海城市环境建设的标志》，中国环境文化促进会网站，2007年5月24日。

③ 《苏州河综合整治见成效：鱼类成群回归》，网易探索，2009年9月25日。

④ 《苏州河治理：大手笔创造大奇迹》，“金融之星”网站，2006年3月11日。

口水闸建设工程、苏州河两岸绿化建设工程、苏州河梦清园二期工程、市容环卫改建工程、西藏路桥改建工程。①

2005年底二期工程竣工后，苏州河水质比一期完工时又有了很大改善：上游化学需氧量、生物需氧量稳定达到四类标准，下游化学需氧量、生物需氧量平均值达到四类标准。上游溶解氧平均值达到四类标准。上下游河段之间水质差别在逐步缩小，上下游的化学需氧量、生物需氧量和氨氮浓度基本持平。主要支流的中心城区河段基本消除黑臭。但是，由于上游来水水质不佳，2005年，苏州河干流的氨氮浓度远远劣于五类标准；此外，下游溶解氧平均值还超出地表水五类标准，上下游之间的溶解氧浓度仍存在较大差别。

2007年11月，三期整治工程正式启动，以全面恢复苏州河生态系统，截至2011年1月初已投入140亿元。② 三期工程中的基础设施项目包括苏州河市区段防汛墙加固改造和底泥疏浚工程、苏州河水系截污治污工程、苏州河青浦地区污水处理厂配套管网工程、苏州河长宁区环卫码头搬迁工程。③ 三期整治的主体工程于2008年完成，当时的一项生物调查显示，苏州河全线出现30多种鱼类，就连市中心河段也出现了10多种偏小型、杂食类、耐受力高的鱼类；到2010年，苏州河的下游水质已好于上游。在主体工程完成后，上海市进一步采取改善苏州河水质的措施，其中最重要的是2011年1月开工的苏州河底泥疏浚工程，这是上海历史上第一次对沉睡百年的苏州河市中心河段黑臭底泥开展大规模疏浚，预计2011年底完成。该工程的施工范围是在黑臭底泥淤塞最严重的中心城区河段（真北路桥至苏州河口），总计16.4公里，总土方量约130万立方米。④ 该工程完工后，苏州河的水质将稳定保持在五类水标准，实现苏州河下游与苏州河上游以及黄浦江的水质保持一致并同步改善，苏州河支流与干流的水质保持一致并同步改善。⑤

经过12年的大规模整治，苏州河已经从黑臭河道变成了景观河道，普陀、

---

① 《上海城投-苏州河环境综合整治二期工程项目概况》，建设新闻网，2006年6月22日。

② 《苏州河综合整治三期启动　俞正声宣布开工》，新华网，2007年11月8日；黄勇娣：《苏州河百年底泥开始疏浚》，2011年1月7日《解放日报》。

③ 《上海投30亿整治苏州河　消灭垃圾码头》，星岛环球网，2007年12月17日。

④ 黄勇娣：《苏州河百年底泥开始疏浚》，2011年1月7日《解放日报》；韩小妮、谢克伟：《苏州河清百年底泥　市民担心天热太臭》，2011年5月12日《新闻晨报》。

⑤ 桑怡：《苏州河整治三期工程即将完工　整体可达Ⅴ类水质标准》，东方网，2010年7月8日。

闸北等区纷纷打造沿河的文化走廊，兴建诸多博物馆、艺术馆、展示馆和亲水平台等，居住在苏州河畔也从一件避之唯恐不及的事变成两岸众多楼盘的一大卖点。2002 年，上海市体育局等部门在苏州河（中下游）第一次举办了端午节龙舟比赛，自从 2004 年开始，改为每年举行一届（2003 年 10 月，黄浦区政府也主办了一次该区范围内的全民健身龙舟比赛）。2010 年 4 月 28 日，苏州河水上观光巴士在世博前夕正式开通，带着游客观赏“苏州河十八湾”的美景。①

（三）郊区万河整治及其后续行动

2006～2008 年，上海市水务局等部门用 3 年时间，对 23245 条段的郊区村镇级河道开展环境综合整治（即“郊区万河整治行动”），使郊区水环境的整体面貌得到显著改善。而且在这之后，上海市水务局等部门采取进一步措施，继续开展黑臭河道整治工作；到 2011 年底，要完成 2009～2011 年上海第四轮环保三年行动计划中设定的 366 公里黑臭河道整治全面完成，城镇化地区河道基本消除黑臭的目标。

在 2006 年实施“郊区万河整治行动”之前，由于城市扩张、市郊工业迅猛发展和外来人口大量涌入，加上环境管理不善，上海市郊河流填平、淤塞、黑臭等问题相当严重。工厂、房屋、道路等建设与水争地，盲目填河、缩河，沿河甚至填河违章搭建严重，大大破坏了原有的自然水生生态。村镇级中小河道未能建立长效的轮疏和管护机制，往河道随意倾倒垃圾杂物现象较多，部分河道严重淤浅，排水不畅，调蓄能力锐减。而且，大量污染物直接排入村镇级河道，造成大量河道黑臭，约半数的村镇级河道劣于Ⅴ类水。②

为解决上述问题，2006 年，上海市水务局发布《“万河整治行动”实施意见》，并于当年 3 月正式启动这项工作，通过采取以下措施，在三年时间内集中、全面整治总长约 2 万公里的上海郊区村镇级河道：其一，截除污染源。对入河污染源实施有效控制，对沿河直排污水加以全面收集，有条件的地方要纳入郊区污水处理厂集中处置；如果确无条件纳入郊区污水处理厂集中处置，也应当因地制

---

① 《苏州河“水上巴士”28 日首航》，2010 年 4 月 23 日《东方早报》。

② 王巍：《上海：结合新农村建设　着力推进“万河整治行动”》，上海市水利管理处工作论文，2008。

宜采取相应的收集处置措施。其二，疏拓河道，沟通水系。疏浚河床淤泥，提高河道槽蓄容量，疏浚后河道底高程一般不高于0.5米（相对于上海吴淞口水面）；同时拆除阻碍水流的建筑物，使水系得以沟通，水动力得以增加，河道过流与自净能力得以提高。其三，清理河岸与河面垃圾，消除沿河垃圾堆积现象，防止垃圾滑入河道。其四，在河岸与水中进行绿化建设，在水中种植或放养能起到净水作用的无害生物。① 在开展“万河整治行动”的同时，市水务局等部门还整治了769公里的黑臭河道（以周浦、康桥、徐泾、九亭、南翔、江桥等近郊六镇的24条河道为重点），治理了1115公里的村沟宅河，建设1.85万户的农村生活污水处理工程，这也是2006~2008年上海市第三轮环保三年行动计划的重要任务之一。②

截至2008年底，“万河整治行动”圆满完成既定目标，累计整治23245条段的村镇级中小河道，总长度达17067公里，疏浚土方量达16863万立方米，完成原计划任务量的102%。③

进入2009年，上海市水务局根据其与市财政局共同制定的《关于本市创建国家环境保护模范城市开展消除河道黑臭专项整治工程的实施意见》（2008年1月），新开工232公里的郊区城镇化地区黑臭河道全面整治工程，同时开展42公里的郊区骨干河道整治。④ 进入2010年，上海为了做好世博环境保障工作，根据“截污治污、沟通水系、调活水体、营造水景、改善生态”的要求，重点整治中心城区、世博园区、虹桥交通枢纽等区域的水系及骨干河道。⑤ 到2011年底，要完成2009~2011年上海第四轮环保三年行动计划中设定的366公里黑臭河道整治全面完成，城镇化地区河道基本消除黑臭的目标。

（四）太湖流域水环境综合治理

国务院常务会议2008年4月审议并通过的《太湖流域水环境综合治理总体

① 上海市水务局：《“万河整治行动”实施意见》，2006。

② 上海市水务局：《关于本市贯彻实施〈中华人民共和国水污染防治法〉和〈上海市河道管理条例〉的情况报告》，2009年11月。

③ 《全市“万河整治行动”圆满完成》，上海市水务局网站，2009年1月5日。

④ 《上海治水向村沟宅河延伸》，上海市水务局网站，2009年2月10日。

⑤ 李荣：《上海2010年将加强供水水质提升、截污治污和河道整治》，新华网，2010年1月17日。

方案》将上海市青浦区的朱家角镇、金泽镇和练塘镇（即“青西三镇”）纳入太湖流域水环境综合治理区域范围，在2009～2011年第四轮环保三年行动期间，上海以改善水质、控制淀山湖蓝藻暴发为重点，在青西三镇开展大规模的水环境综合治理项目，主要措施如下：

第一，新建青浦第三水厂，扩建青浦原水厂和青浦第二水厂，同时加快配套供水管网建设，尽快实现青西三镇集约化供水，以切实保障饮用水安全。

第二，淘汰一批污染较重的劣势企业，并加强对其他工业污染源的治理。

第三，新建商榻污水处理厂，扩建练塘污水处理厂，建设约135公里的配套污水收集管网，大大提高青西三镇的污水收集处理率，同时建设处理能力为200立方米/日的污水处理厂污泥规范化处置工程。

第四，鼓励农民用有机肥替代化肥，用生物农药或高效、低毒、低残留农药替代化学农药，建设5公里生态拦截工程，开展68个自然村的生活污水治理工作，以大幅削减面源污染。

第五，完成淀山湖内源控制项目，实施淀山湖湿地修复项目和淀山湖及周边水系生态修复项目，逐步恢复与重建该湖水生生态系统。

第六，实施淀山湖周边水系的综合整治和河道沟通项目，增强河网自身的水动力，优化水体自净能力。

第七，在淀山湖湖区加强水质自动预警监测，尤其是对蓝藻水华等富营养化问题的预警和预报，在淀山湖湿地修复项目区域加强生物监测能力建设。①

经过两年努力，到2010年，淀山湖主要水质指标显著改善。氨氮、总磷和高锰酸盐指数浓度年平均值分别为1.11毫克/升、0.179毫克/升和4.85毫克/升，分别比2009年降低20.1%、14.4%和3.6%。该湖整体的综合营养状态指数下降到59.2，比2009年降低3.3%，富营养化水平较轻，并且淀山湖出水口水体的富营养化程度比进水口水体下降6%。相对于2009年，2010年淀山湖蓝藻密度明显降低，蓝藻出现时间较晚，而且蓝藻水华发生次数减少。2010年，青西三镇内的5条河道中，除淀浦河因为受上游来水影响较大为轻度污染外，其他4条河道主要水质指标均已达到三类水标准。相对于2009年，2010年太浦河青浦原水取水口总体水质轻微改善，基本达到三类水标准，而且个别指标（如氨氮浓度）甚至明

① 上海市人民政府：《上海市2009～2011年环境保护和建设三年行动计划》，2009年2月。

显优于上游来水。①

青浦区朱家角镇的大莲湖湿地修复项目是上海太湖流域治理的重要工程之一，由于淀山湖水经由该湖流向黄浦江上游水源地，该项目也是上海水源地保护的重点工程之一。2008 年 11 月，在上海市发改委、科委的组织下，由青浦区政府、市绿化和市容管理局以及世界自然基金会联合实施的大莲湖湿地生态修复项目正式启动，一期项目所占区域为 625 亩。在大莲湖核心区，由湖泊底泥堆砌成两个人工小岛，在岛上通过地形塑造，集成运用 10 余种世界先进的湿地修复技术；湿地修复区内种植多种净水植物，每年可去除 83 吨悬浮颗粒物、2300 公斤总氮、290 公斤总磷。该项目经过 2 年运行，到 2010 年 9 月，湿地修复区内的水质从 2008 年的Ⅳ、Ⅴ类提高到二、三类，达到国家一级饮用水水源标准。由于先期取得成功，该项目将来还会得到拓展和推广。到 2012 年，大莲湖的湿地修复区域将扩展至 1500 亩全湖范围，并且与周边 28 公里的河道水网连通。②

（五）面源污染治理步步推进

上海市在第二轮至第四轮环保三年行动期间，一步步推进面源污染治理，到 2011 年已获得不小成果。

上海在治理面源污染方面采取的主要措施包括推广使用有机肥，扩大绿肥种植面积并实施绿肥轮作养地制度，推广使用专用配方肥（BB 肥），推广高药效、低残留的新型农药及生物物理防病虫害技术，推进秸秆机械化还田，指导和帮助农民科学施肥施药。到 2010 年，上海水稻亩均氮肥使用量（折纯）为 19.03 公斤，相对于 2005 年削减 7.64 公斤，降低 28.7%，同期土壤有机质增加 4.5%。③ 从第二轮开始，每经过一轮环保三年行动计划，上海的农药亩均使用量就要下降 10% 左右。④

---

① 成新：《上海召开太湖流域水环境综合治理联席会议明确：完成河网整治生态修复》，2011 年 5 月 30 日第 7 版《中国环境报》。

② 《大莲湖示范区经两年湿地生态系统修护后水质达标　黄浦江上游水源地水质有望明显改善》，WWF 网站，2010 年 9 月 17 日；《保护上海黄浦江水源地联合战役打响》，网易新闻，2008 年 12 月 2 日；陈一馨：《上海打响黄浦江水源地保护战》，新华网，2008 年 11 月 26 日。

③ 青夏：《上海市农委将从调整种植结构等方面入手进一步控制化肥使用量》，中国化肥网，2011 年 8 月 11 日。

④ 《上海实施农药化肥减量计划》，《福建农业科技》2004 年第 2 期；上海市政府：《上海市 2006 ~ 2008 年环境保护和建设三年行动计划》，2006 年 1 月；上海市政府：《上海市 2009 ~ 2011 年环境保护和建设三年行动计划》，2009 年 2 月。

二 加强水环境与河道治理制度建设

自20世纪90年代末以来，上海市不断加强水环境与河道治理的制度建设，包括完善法规、推广经济补贴机制、建立相关政府官员考绩体系以及探索环境保护与当地经济发展、群众就业紧密结合。

（一）完善水环境与河道治理法规

从1998年到2010年，上海市颁布、实施了《苏州河环境综合整治管理办法》、《河道管理条例》、《水污染源限期治理管理暂行办法》和《饮用水水源保护条例》等一系列法规，使上海水环境与河道治理法律体系日臻完善。

上海市于1998年11月施行《苏州河环境综合整治管理办法》，对污染物排放、水域活动、沿岸市容环卫、开发建设等都作出了严格规定，有效地保证了苏州河环境综合整治的成果不被新的污染破坏。该法规规定在苏州河环境综合整治范围内，禁止向绿化段水域直接排放废、污水，原有排污口必须限期封堵；在工农业生产混合段，严格执行排污许可证、排水许可证和污染物排放总量控制等制度；农林部门要负责控制使用化肥、农药产生的污染，市政、环保部门要负责严格监督合流污水截留、集中式污水处理和企事业单位污水处理等设施的运转；搬迁可能造成较严重污染的货运码头、环卫码头；禁止堆放废弃物或新建污染水体的建设项目；水域上禁止通行载有有毒有害等危险货物的船舶。

上海于1998年3月施行《上海市河道管理条例》，并于2003年10月修订，该法规在以下几方面对河道治理作出了制度安排：其一，对市水务局、区县河道主管部门、乡镇政府（或街道办事处）及其他相关部门在河道整治和河道利用监管等方面的职责和权力作了详细规定。其二，禁止擅自填堵河道，河道管理范围内不得设置阻水障碍物，阻水障碍物和壅水、阻水严重的桥梁、码头及其他跨河工程设施，设障单位或产权单位必须限期清除或整改。其三，规定河道中的竹木运输、存放或水产养殖、捕捞，不得妨碍河道行洪、排涝、灌溉或危及水工程的安全。其四，规定河道主管部门应当在堤岸上开展绿化建设，防止因水土流失造成河道淤塞。其五，禁止在河道管理范围内从事违章搭建、堆放垃圾、清洗贮存过有毒有害污染物的容器等行为，保证水系通畅、清洁。其六，通过设立水利建设基金和征收河道工程修建维护管理费，保证河道整治的经费来源。

2004 年 10 月，上海市环境保护局根据《中华人民共和国水污染防治法》及其《实施细则》等法规要求，发布了《上海市水污染源限期治理管理暂行办法》，规定以下情形必须限期治理：其一，位于水源保护区、自然保护区、风景名胜区及其他特殊保护区域内的企业事业单位，其排放的污染物连续两次被环保部门监测到超标（每次监测间隔不少于半个月），或在半年内超标频率达到 30%（样本数不少于 5 个）；其二，上述区域以外的企业事业单位，其排放的污染物连续三次被环保部门监测到超标（每次监测间隔不少于半个月），或在半年内超标频率达到 50%（样本数不少于 5 个）；其三，其他严重污染水环境的企业事业单位。治理的限期一般为 3～6 个月，最长不超过 1 年。

2010 年 3 月，为了适应上海水源地保护的新形势，上海施行《上海市饮用水水源保护条例》，以替代原先的《上海市黄浦江上游水源保护条例》（1990 年）。上海现有黄浦江上游、青草沙、陈行和东风西沙四个主要的饮用水水源地，一般在其周围划出一级和二级水源保护区，但黄浦江上游为开放型水源地，保护难度更高，还要额外划出准水源保护区。对于不同级别的水源地保护区，《上海市饮用水水源保护条例》作了如下严格规定：其一，一级保护区实行封闭管理，禁止一切与供水和保护水源无关的项目，除黄浦江上游河道以外，其他一级水源保护区禁止通航。其二，二级保护区禁止排放污染物，包括禁止新建、改建、扩建排放污染物的项目或者设置畜禽养殖场，在淀山湖和元荡禁止投饵养殖，限用农药和化肥。其三，准保护区实行排放标准和总量双重控制，禁止新建、扩建会污染水体的建设项目，或者会增加排污量的改建项目。其四，在允许通航的水源保护区内，禁止船舶运输危险品或者新建、改建、扩建危险品装卸码头，一、二级保护区内拆除或关闭所有危险品码头，其他码头也要采取防污染措施。

此外，1990 年 1 月施行、1993 年 2 月修订的《上海市水域环境卫生管理规定》就水域保洁（安全收集和处理垃圾、粪便等）作出了详细规定；1995 年 5 月施行、1997 年 5 月修订的《上海市环境保护条例》对饮用水水源地保护作出了原则规定，对水污染物排放管理作出了较详细规定；1995 年 5 月施行、1997 年 12 月修订的《上海市畜禽污染防治暂行规定》就禁止或限制设置畜禽牧场的区域，以及对畜禽牧场水污染物排放的管制作出了详细规定；2003 年 12 月颁布的《上海市排污费征收管理办法》，将《中华人民共和国水污染防治法》等法律规定的排污费征缴落到实处。

（二）建立水环境与河道治理的经济补贴机制

上海市级财政在郊区污水处理厂和配套管网建设、河道治理、在线监测、化学需氧量超额减排、水源地保护、郊区集约化供水等方面都建立了经济补贴机制，在行政手段、法律手段以外，经济手段的运用也日见娴熟。

1. 郊区污水处理厂和配套管网建设补贴

2004 年 12 月，上海市政府发布《关于本市加快工业区污水治理的若干意见》，要求全市的工业区都应当在 2007 年底前，完成污水处理厂、污水收集管网建设以及企业污水纳管。为配合这项工作，上海连续出台《保留工业区 2005 年纳管企业财政补贴与纳管验收管理办法》、《保留工业区 2006 年计划纳管企业财政补贴与纳管验收管理办法》，两年共计对 2399 家企业发放 4798 万元补贴。①

继《2005 年度郊区污水管网建设市级资金补贴政策》之后，上海市又连续出台了《2006～2008 年郊区污水管网建设市级资金补贴实施方案》、《2009～2011 年郊区污水管网建设市级资金补贴实施方案》，其中后者规定，根据污水管网项目建成后相连的污水处理厂 2011 年底比 2008 年底增加的污水处理量，对一类地区补贴 2200 元/立方米、二类地区补贴 1600 元/立方米、三类地区补贴 1000 元/立方米、四类地区补贴 50 万元/公里（管网长度）。

2009 年 12 月，上海市出台了《太湖治理区域污染源截污纳管市级资金补贴政策实施方案》，补贴对象为上海太湖治理区域（青浦区西部朱家角、金泽和练塘三镇）一、二级污水管网覆盖范围内。建成于 2005 年底前、排水量大于 10 立方米/日但是尚未纳管的企事业单位与居民住宅小区（在创模消除河道黑臭专项整治工作中和保留工业区内已经享受过纳管补贴的污染源除外），每个企事业单位内的污染源补贴 2 万元，每个住宅小区内的污染源补贴 30 万元，该次补贴工作的实施期限为 2009～2011 年。

2010 年 5 月，上海市水务局、财政局发布了《农村生活污水处理工程项目和资金管理暂行办法》，规定对于农村生活污水处理项目的工程费用，在崇明县、金山区、奉贤区由市、区县财政按 7∶3 的比例分担，在其余区由市、区县

① 《“一区一方案”：上海 80 个保留工业区污水治理效果明显》，上海人大公众网，2010 年 1 月 19 日。

财政按5:5的比例分担，征地、动拆迁等前期费用由区县自筹。

2. 其他水环境与河道治理补贴

河道治理补贴：根据上海市水务局2006年初出台的《“万河整治行动”实施意见》，在该项行动中，市级财政按以下标准对各区县进行补贴，崇明县每公里整治河道补贴1.5万元，金山区每公里整治河道补贴1.3万元，南汇、奉贤区每公里整治河道补贴1.2万元，其他区每公里整治河道补贴1.0万元。此外，根据上海市水务局和市财政局2008年1月联合发布的《关于本市创建国家环境保护模范城市开展消除河道黑臭专项整治工程的实施意见》，对于2008年初至2009年底按规划方案开展综合整治的河道，市级财政每公里补贴200万元；对于同期未按规划但仍按“整治标准”开展整治的河道，市级财政每公里补贴80万元。

在线监测补贴：自2005年正式启动污染源在线监测系统建设以来，上海市为重点监管的工业企业和污水处理厂安装在线监测设备提供了大量补贴。如2008年8月发布的《上海市污水处理厂在线监测系统建设和完善工作补贴实施方案》规定，2008年底前完成在线监测系统验收的新建污水处理厂和2008年9月底前完成在线监测系统验收的已有污水处理厂，补贴每个进水口20万元、每个出水口60万元，需要安装总氮仪的出水口每个补贴75万元。已有污水处理厂如果迟至2008年10月底前才完成在线监测系统验收，补贴额酌情减少，如果在2008年10月底之前仍未完成在线监测系统验收，不予补贴，以体现“早验收多补贴，晚验收少补贴”的精神。

化学需氧量超量减排补贴：根据2008年8月上海市发布的《本市城镇污水处理厂化学需氧量超量削减补贴政策实施方案》，2010年6月底前投产的中心城区和郊区城镇化地区污水处理厂，如果化学需氧量排放浓度低于一定标准，就可以享受超量减排补贴。按照二级标准建设的污水处理厂，如果出水化学需氧量浓度低于80（含）毫克/升，每立方米处理水量可以享受0.030~0.045元补贴；如果出水化学需氧量浓度低于60（含）毫克/升，还可以享受双倍补贴。按照一级B标准建设的污水处理厂，如果出水化学需氧量浓度低于50（含）毫克/升，每立方米处理水量可以享受0.035~0.050元补贴。按照一级A标准建设的郊区城镇污水处理厂，如果出水化学需氧量浓度低于40（含）毫克/升，每立方米处理水量可以享受0.045~0.055元的补贴。此外，根据上海2010年6月发布的《上海市产业结构调整专项补助办法》，对于指定的重点调整项目，每减排1吨

化学需氧量补贴7000元，每减排1吨NH_3-N补贴8000元。如果企业关停项目位于饮用水水源保护区或者《上海市生态网络结构规划》设定的生态用地控制线范围内，补助金额还可以提高1倍。但是，补助额最高不超过5000万元。

饮用水源地生态补偿：2009年，上海市出台了《生态补偿转移支付办法》，明确规定生态补偿标准根据保护区面积、保护投入、保护效果三大主要因素进行计算。2009年，青浦、松江、闵行、金山、奉贤、徐汇、浦东等黄浦江上游水源保护区所涉及的7个区享受到了生态补偿，补偿额为1.85亿元。2010年3月《上海市饮用水水源保护条例》实施后，水源保护区扩展到陈行、青草沙、东风西沙等处，水源地生态补偿范围新增宝山、崇明两区（县），受补偿区（县）总数增加到9个；2010年对9个区（县）的补偿额度达到3.74亿元，相比2009年增加1倍。

郊区集约化供水补贴：2010年，上海市发布了《关于加快推进郊区集约化供水的实施意见》，在郊区关闭小水厂，供水能力归并到中心水厂，为推进这项工作，对在2010年1月1日到2012年12月31日之间新建的连接中心水厂和拟关闭小水厂的管径500毫米及以上输水管网（含泵站）提供补贴，补贴范围包括青浦（徐泾、华新镇除外）、松江（九亭、泗泾、新桥镇除外）、嘉定、奉贤、金山、浦东原南汇地区、崇明（长兴除外）。

（三）制定多层次的相关政府官员考绩体系

上海市有关部门制定了多层次的相关政府官员考绩体系，督促其履行好在水环境与河道治理方面的职责。

第一，以国民经济和社会发展五年规划期为考核周期，制定“主要污染物总量减排考核办法”。上海市环境保护局于2008年4月发布了《“十一五”主要污染物总量减排考核办法》，并于2011年8月完成了《“十二五”主要污染物总量控制指标责任分解、考核和管理体系研究项目》的招投标工作。主要污染物总量减排责任分解后，将作为各区县政府与责任单位领导班子和领导个人政绩考核的重要依据，并实行问责制和“一票否决”制。考核结果为通过和优秀的地区或单位，市政府有关部门优先加大对其财政支持力度；考核结果为未通过的，对其会增加主要污染物排放的建设项目，市环保局暂停环评审批，在各种相关的评优创先活动中，对地区、单位、领导干部个人实行“一票否决”。

第二，由市环境保护和环境建设协调推进委员会①水环境治理专项工作组组长单位——市水务局，将环保三年行动中的水环境治理与保护专项任务分解到各部门并定期进行考核、督责。例如，第四轮环保三年行动计划水环境治理与保护专项中各部门承担的职责如表1所示。

表1　第四轮环保三年行动计划（2009~2011年）水环境治理与保护专项责任分工

项目类别		项目数	协调责任单位	说明
饮用水安全保障（7项）	原水工程	2	市供水处	
	自来水厂工程	5		
污水处理基础设施建设(51项)	污水处理厂新建、扩建和改造工程	13	市排水处	新增污水处理能力117.6万立方米/日
	污水管网工程建设	27		新建一、二级收集管道约800公里
	污水处理厂污泥处理工程	11		污泥处理设施总规模2800立方米/日（按80%含水率计）
河道综合整治（16项）	黑臭河道整治工程	1	市水利处 市水文总站	各区（县）项目合计366公里，按一项计
	骨干河道整治工程	6		合计52公里
	太湖流域水环境治理青西地区其他水系整治工程	7		
	农村污水处理工程 1			合计治理约10万户，按1项计
	村沟宅河整治工程	1		合计整治约2000公里，按1项计
管理项目(3项)	1. 黄浦江上游水源地保障规划研究；2. 初期雨水治理规划研究；3. 蕰藻浜、淀浦河综合整治规划	3	市水务局规划处	
配套政策(4项)	1. 郊区污水管网补贴政策；2. 污水处理厂化学需氧量超量削减补贴政策；3. 污染源截污纳管补贴政策；4. 污泥处理处置补贴政策	4	市水务局水资源处	由市发改委牵头
合计		81		

资料来源：上海市水务局，2009年2月。

① 上海市环境保护和环境建设协调推进委员会成立于2003年5月，其目的是更好地推进环保三年行动计划；该委员会由市长担任主任，分设若干个专项工作组，分别由市有关部门担任组长单位。

表1中所列项目的实施责任单位每月向市水务局水资源管理处以及协调推进部门报送项目实施进展情况报表，每季度和每年度报送项目实施进展情况的简报、小结、总结等，反映存在的问题和采取的措施等。

第三，由市有关部门制定绩效考核标准，就其所主管的水环境或河道治理业务对各区（县）政府等进行考核；这种考核不少都是与补贴挂钩，以项目为载体，激励和约束作用更为直接有效。例如，市水务局制定《“万河整治行动”考核办法》，对各区（县）开展综合考核，并且与经济奖惩挂钩。考核基本合格者，全额下拨市级财政补贴；考核优良者，再额外奖励一定数额的资金；考核不合格者，扣减甚至完全取消当年的市级财政补贴。

（四）水环境保护与当地经济发展、群众就业结合

上海市积极探索水环境保护与当地经济发展、群众就业紧密结合，主要是为了长效管理，即巩固治理成果。

在经整治河道的长效管理方面，其一，上海市试行“以水养岸”和“以岸养岸”的做法。前者是指由公家投资鱼苗，由私人承包管理，公家以渔业养殖的收益支持河岸养护。后者是指负责护岸绿化的农民有权利承包河坡，种植桃树等经济作物，在承担公共责任的同时获取经济利益。其二，各区县在“万人就业”项目基础上，开展“千人就业”、“人人动手清洁家园”等项目，招收河道保洁员，在镇、村河道保洁覆盖率达到98%的同时扩大了当地群众就业。①

在水源地保护方面，2008年11月启动的黄浦江上游大莲湖湿地生态修复项目中，为了激励当地民众支持湿地修复项目，项目直接吸引当地社区参与，促进其有机农业的发展，包括种植水芹、慈姑、荸荠、茭草、水蕹菜、莲藕等经济作物，再加上鱼、虾、贝、蟹等生态养殖的水生动物，每年创造的经济效益达到10多万元。②

---

① 欧阳田军：《对上海“万河整治行动”的几点思考和启示》，《水利发展研究》2009年第12期。

② 《大莲湖示范区经两年湿地生态系统修护后水质达标　黄浦江上游水源地水质有望明显改善》，WWF网站，2010年9月17日。

三　水污染减排、治污能力增加和水质改善

2000～2010 年，工业废水排放量和工业化学需氧量排放量逐年减少，污水集中处理量和集中处理率不断增加。2005 年以来，化学需氧量排放总量和非工业（如生活、服务业）化学需氧量排放量都逐年下降。2006～2010 年，黄浦江、苏州河的所有监测断面与长江口部分监测断面的水质小幅改善。

（一）工业废水排放逐年减少

如图 1 所示，上海工业废水排放量逐年下降，2010 年工业废水排放量 3.67 亿吨，比 2000 年下降 49.38%，10 年来年均下降 6.58%。与此同时，工业废水排放占比从 2000 年的 37.43% 下降到 2010 年的 14.79%，减少了 22.64 个百分点，10 年来年均减少 2.26 个百分点。

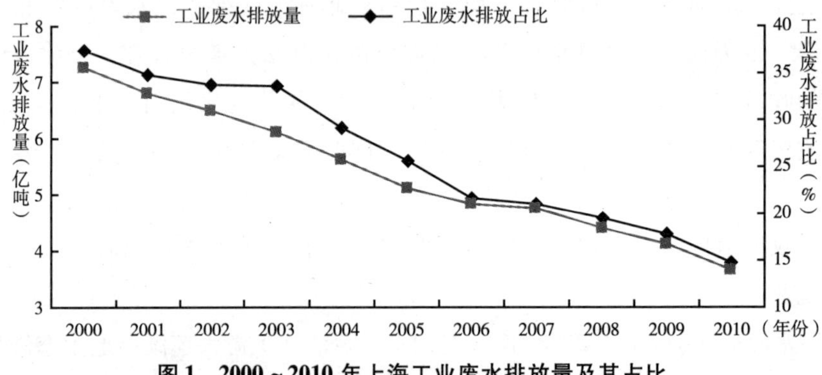

图 1　2000～2010 年上海工业废水排放量及其占比

资料来源：《2011 年上海市统计年鉴》。

（二）化学需氧量排放量逐年下降

如图 2 所示，上海的化学需氧量排放总量和非工业（如生活、服务业）化学需氧量排放量在 2000～2005 年间起伏不定，从 2005 年开始则逐年下降。2010 年，化学需氧量排放总量为 21.98 万吨，比 2005 年下降 27.79%，5 年来年均下降 6.30%；非工业化学需氧量排放量为 19.82 万吨，比 2005 年下降 25.99%，5 年来年均下降 5.84%。在 2000～2010 年间，上海工业化学需氧量排放量呈现出

迅速下降的趋势。2010 年，工业化学需氧量排放量为 2. 16 万吨，比 2000 年下降 68. 83%，10 年来年均下降 11. 00%。

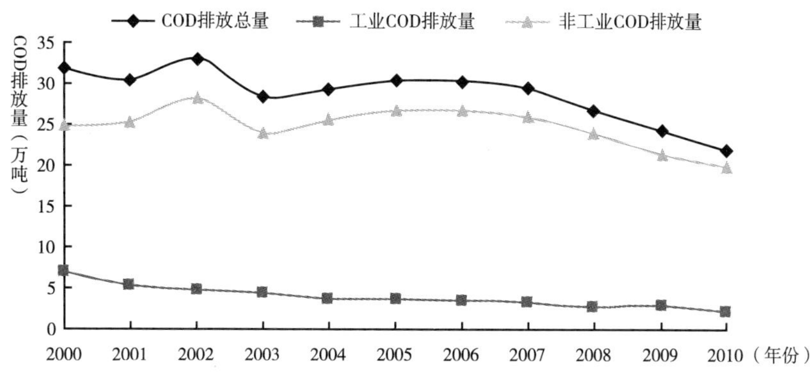

图 2　2000 ~ 2010 年上海化学需氧量（COD）排放量

资料来源：《2011 年上海市统计年鉴》。

（三）污水集中处理量和集中处理率不断增加

如图 3 所示，在 2000 ~ 2010 年，上海污水集中处理量（收集到污水处理厂处理的污水量）和集中处理率不断增加。2010 年，上海污水集中处理量为 18. 97 亿吨，比 2000 年增长 7. 24 倍，10 年来年均增长 23. 47%；污水集中处理率 76. 41%，比 2000 年增加 64. 52 个百分点，10 年来年均增加 6. 45 个百分点。其中，2003 ~ 2004 年间是上海污水集中处理能力陡增的时期，污水集中处理量一

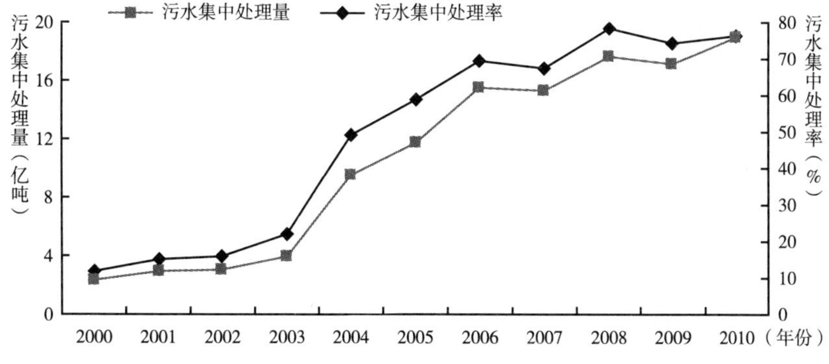

图 3　2000 ~ 2010 年上海污水集中处理量和集中处理率

资料来源：《2011 年上海市统计年鉴》。

下子从2003年的3.99亿吨增加到2004年的9.53亿吨，污水集中处理率从2003年的21.89%增加到2004年的49.28%，增加了1倍还多。此外，2010年，上海的工业废水达标排放率达到98.0%，接近100%；比2000年增加4.8个百分点，比2005年增加0.9个百分点；但是，比2009年的最高值98.8%小幅下降。

（四）各主要河流水质小幅改善

如图4、图5和图6所示，2010年，黄浦江、苏州河的所有监测断面以及长江口6个监测断面中的3个，水质较2006年小幅改善。但是，黄浦江所有6个监测断面以及苏州河6个监测断面中的4个，在2008年时出现污染程度反弹；长江口6个监测断面中的5个，水质在2008～2010年间出现反复。

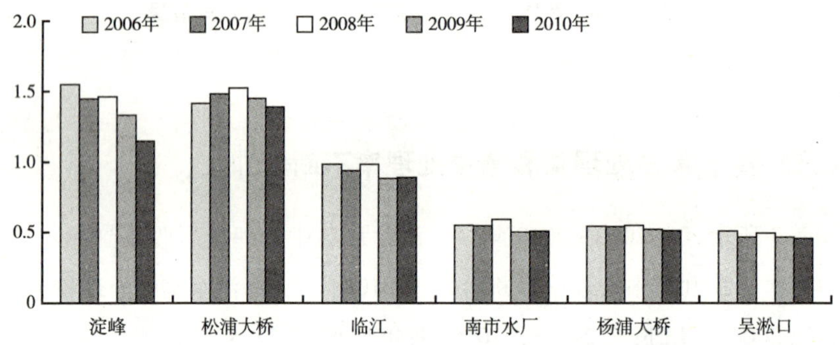

图4　2006～2010年黄浦江各主要断面水质综合污染指数

资料来源：《2010年度上海市环境状况公报》。

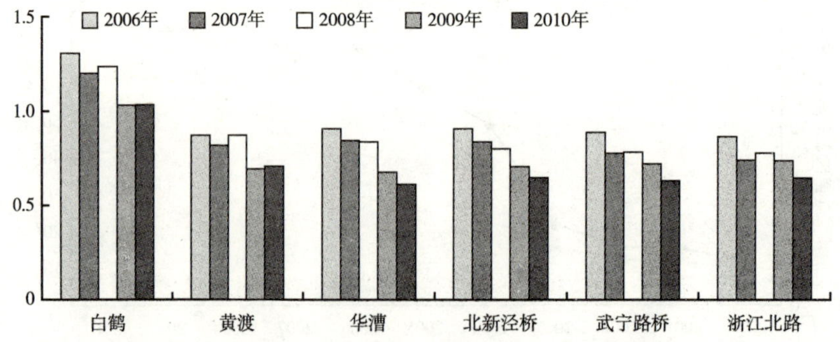

图5　2006～2010年苏州河各主要断面水质综合污染指数

资料来源：《2010年度上海市环境状况公报》。

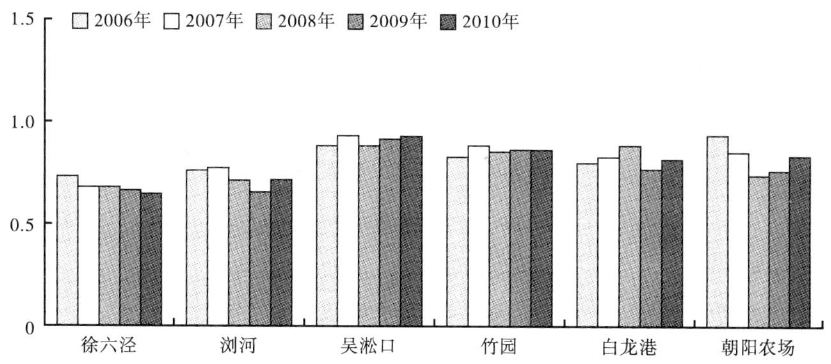

图6　2006～2010年长江口各主要断面水质综合污染指数

资料来源：《2010年度上海市环境状况公报》。

其中，某种主要污染物的污染指数是该种污染物浓度的实测值与标准值的比值（注意：不同水环境功能区划的水质控制标准是不同的）；综合污染指数是指各种主要污染物的污染指数的平均值。若某一断面的水质综合污染指数大于1.0，说明该断面水质总体上劣于所在水环境功能区划的控制标准，即处于污染超标状态；如水质综合污染指数大于2.0，水体处于重污染状态。①

根据图4、图5和图6，可以判断，黄浦江6个监测断面中的2个水体处于污染超标状态，临江断面水质总体合格，南市水厂、杨浦大桥、吴淞口断面水体污染远少于标准值；苏州河6个监测断面中的1个水体处于污染超标状态，其余5个水质总体合格；长江口的6个监测断面水质全部合格。

四　上海水环境与河道治理面临的挑战

上海的水环境与河道治理仍然面临不少挑战，包括生活和服务业废水排放不断增长，面源污染未得到有效控制，市政泵站污染突出，郊区污水处理能力不足，上游来水污染和全球气候变化的影响凸显，公众参与及监督机制未真正建立。

（一）非工业废水排放不断增长，带动废水排放总量逐年增加

和工业废水排放逐年减少（详见上文）形成鲜明对照的是，从2003年开

① 上海市环境保护局：《2010年度上海市环境状况公报》，第7页。

始，上海非工业废水（如生活、服务业废水）排放量不断增长，并且带动废水排放总量逐年增加。如图 7 所示，2010 年，上海非工业废水排放量为 21.15 亿吨，比 2003 年增长 74.65%，七年来年均增长 8.29%。在非工业废水排放的带动下，尽管工业废水排放量下降趋势显著，废水排放总量在 2003 后呈现上升趋势。2010 年，上海废水排放总量为 24.82 亿吨，比 2003 年增长 36.22%，七年来年均增长 4.52%。

而且，2000 ~ 2010 年十年间，非工业废水排放的占比从 62.57% 增加到 85.21%，年均增加 2.26 个百分点。因此，上海有关部门将来应将居民生活与服务业等产生的水污染当做水环境治理重点。

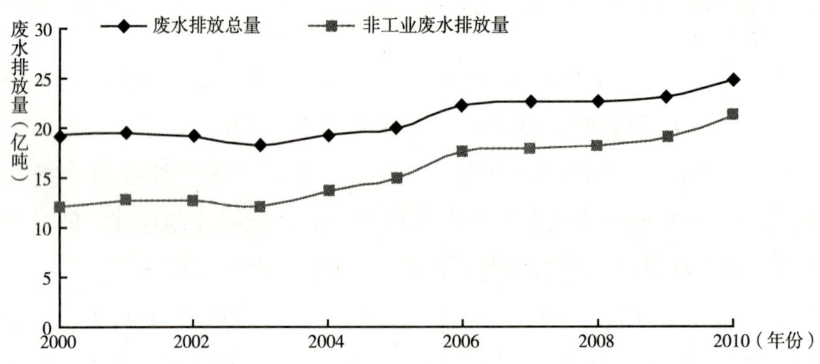

图 7　2000 ~ 2010 年上海废水排放总量和非工业废水排放量

资料来源：《2011 年上海市统计年鉴》。

（二）面源污染未得到有效控制

随着近年来污染治理工作的开展，上海市工业点源的污染已基本得到控制。但随着上海市生产力布局的转移、产业结构的调整和郊区城镇化的发展，农业面源污染和农村地区的生活污染成为水环境最主要的污染源。由于面源污染的量大面广，控制难度远大于工业点源，这将给未来的水环境治理带来巨大的压力和挑战。①

因为农业面源污染未有大的改善，加上上海仍有部分污水未经处理进入河

① 洪克险：《论面源污染控制在城市水污染治理中的重要性——上海面源污染现状及思考》，《中国勘察设计》2008 年第 10 期。

道，导致进入水体的氮磷量仍远超水体的环境容量；此外，上游来水中的氮磷近10年来也有所增加，进一步加剧了地表水的氮、磷污染压力。氨氮、总氮（湖库）和总磷已成为多数水体的主要污染指标。2010年，黄浦江、苏州河、长江口3条河流19个断面，氨氮和总磷的超标断面比例分别为78.9%和100%。市郊14条代表性河流37个断面中，氨氮和总磷的超标断面比例分别为73.0%和35.1%。淀山湖处于轻度富营养化水平。①

（三）市政泵站污染问题突出，郊区污水处理能力不足

随着城市生活污水处理能力大幅上升，工业废水纳管的企业不断增多，废水直排入河量大幅减少，市政泵站排水成为影响河道水质的重要污染源。上海市旧城区的排水系统为雨污合流制系统，旱季污水进入城镇污水处理厂，雨季降水量超过输送能力后，部分雨污混合污水被泵入河道；新建区域采用雨污分流制管网，由于某些居民区污水管“混接”入雨水管，以及部分居民将洗衣机排水接入阳台雨水管，导致分流制泵站旱天频繁放江。受市政泵站放江影响，上海部分河道在同一天水质可发生剧烈变化，如化学需氧量在上下午之间可存在2~3倍的差别。②

在上海郊区，污水整体收集处理能力不能满足经济发展和城市建设的需求，郊区污水处理率仅61.1%，二、三级管网建设不足；农村地区生活污水直排现象普遍，处理设施不完善；污水处理厂污泥处置能力严重滞后于污水处理能力，尤其是处理方式主要以填埋为主。而且，上海市大多数污水处理厂仍然采用《城镇污水处理厂污染物排放标准》，污水处理标准不高。③

（四）多数区（县）水质未达标，水质性缺水未缓解

上海的多数区（县）水质仍然未能达标，再加上太湖流域上游来水水质不

① 上海市环境保护局等：《上海市环境质量报告书（2006~2010年）》，2011年5月，第105~106页。

② 孟莹莹、李田、王溯：《上海市分流制小区雨水管道混接污染来源分析》，《中国给水排水》2011年第6期。

③ 周奇：《城市污水处理的可持续发展的思考：以上海市为例》，2011年第4期《科技创新导报》。

佳，以及长江口咸潮入侵的风险加大，上海水质性缺水的问题未能得到有效缓解。

在2010年全市水环境质量考核涉及的15个区（县）中，只有崇明、奉贤和虹口3个区（县）所有考核断面的水质均达到所在水环境功能区划的控制标准；松江、金山、杨浦、浦东、嘉定和宝山6个区的部分考核断面未能达标；而青浦、徐汇、长宁、闸北、闵行、普陀6个区的所有考核断面均未达标。与2009年相比，浦东增加2个达标断面，嘉定和宝山各增加1个达标断面，杨浦减少1个达标断面，其余11个区（县）达标断面数不变。其中，嘉定和宝山两区2009年时无1个监测断面达标，它们在2010年时分别有1个考核断面达标，也使全市范围内所有考核断面均未达标的区（县）减少了2个。①

（五）河流生态系统未得到有效修复

重建河流生态系统，是受损城市水体修复的终极目标。目前，上海市的各级河流生态系统都遭受了不同程度的破坏。黄浦江生态系统中度受损，须采取措施加强保护，尤其是恢复其作为饮用水源的服务功能。虽然经过了三期大规模的治理，但由于治理前严重的水质污染情况，苏州河流域生态系统受损程度更大，不仅丧失了饮用和渔业功能，其航道功能也在萎缩，但景观功能在恢复过程中。②

（六）上游来水影响凸显，流域协调尚待加强

上海市水环境生态系统受周边流域的影响巨大，对上海市水环境生态安全建设而言，不仅仅涉及本地水环境的治理和管理，更涉及流域调度、协调管理的问题。

上海市同时处于太湖流域和长江流域最下游，随着自身污染贡献大幅下降，“十一五”期间黄浦江、苏州河等主要河道的上下游水质差异显著缩小，上游来水对水环境影响日趋突出，已成为影响上海地表水环境质量的主要因素之一。太湖流域经过大规模环境综合治理行动，上游来水水质有改善趋势，但总体上仍未达到功能区要求。分析20世纪90年代中期至2010年的监测数据，太湖流域上

---

① 上海市环境保护局：《2010年度上海市环境状况公报》，第9页。

② 朱义、张群：《上海城市水体的生态恢复》，《园林》2010年第8期。

游来水中氨氮、总磷、总氮、五日生化需氧量等指标总体呈上升趋势，上游来水水质恶化已明显影响松浦大桥等黄浦江上游取水口的水质。①

目前，太湖流域的保护和治理行动跨两省一市，涉及众多部门，各部门和省市之间的配合、协调不足，需要统一规划、有效管理。现有法律体系缺乏有效衔接，缺乏太湖流域省际层面和流域层面的平衡，影响了综合管理的整体效率和权威。②

（七）全球气候变化影响上海水环境

全球变暖也会对上海水环境造成诸多不利影响。气候变化对河流和湖泊等水环境的影响，是一个复杂的过程。其中既有人类经济活动，包括排污的影响，又有温度增加和降水变化等气候因素改变对水环境的影响。如温度变化直接控制着水体中水文、生态条件；而降雨、蒸发量控制着地表径流量，改变着洪涝干旱的发生频率和量级，影响到水体内的污染物和营养盐的迁移转化过程，不仅改变水体的物理性质，也影响着水体中的化学和生物特性；气候变化可能导致海平面上升和干旱，对水环境带来洪水、咸潮入侵和其他破坏性影响；气候变化可能导致自然生态系统的失衡。这些都将对上海水环境的治理工作带来前所未有的难度和挑战。

因此，随着气候变化问题的加剧，对上海水环境治理和保护的挑战也在进一步加大。所以，上海应该在未来的水环境治理和保护中更加清晰地认识气候变化对水环境的重要性，并能够应对气候变化给水环境带来的挑战。③

（八）公众参与及监督机制未真正建立

水环境与河道治理涉及方方面面，不仅要靠上海市环保局、市水务局等部门的努力，更需要广大企业、市民、社会组织的参与、配合和监督。上海市水环境与河道治理，还是以政府单方面加大投入为主，所有利益相关方充分参与

---

① 松江区环保局：《黄浦江上游（松江段）饮用水资源保护研究》，松江区委统战部网站，2011年1月21日。

② 上海市环境保护局等：《上海市环境质量报告书（2006～2010年）》，2011年5月，第105～106页。

③ 郝秀平、夏军、王蕊：《气候变化对地表水环境的影响研究与展望》，《水文》2010年第1期。

的社会化管理局面尚未形成。而且，对于市环保局、市水务局等职能部门而言，来自公众、媒体等的，有效的外部监督体系尚未形成，监督力度不足。在缺乏外部监督的情况下，就很难在这些部门建立起能不断促进工作绩效提升的长效管理机制。①

五　应对水环境与河道治理挑战的对策建议

为了应对上述水环境与河道治理挑战，建议上海市有关部门在以下方面做出努力：将水环境治理重点转向居民、服务业等非工业废水以及面源污染；在市区完善雨污分流的污水收集体系，在郊区建设更多污水处理厂和配套管网；对河道进行生态修复，以加强其应对气候变化带来的环境扰动的适应能力；加强太湖流域和长江流域的水环境治理合作；建立参与式的水环境管理体系，有效利用企业、市民、社会组织的力量。

（一）未来水环境治理重点：非工业废水与面源污染

未来上海市有关部门应该将水环境治理的重点从工业废水转向居民生活和服务业等非工业废水，从点源污染转向面源污染。

在生活和服务业废水治理方面，除了在末端建设更多污水处理厂以增加污水处理能力外，更重要的是借助政策引导，在前端推广各种节水器具、雨水收集和中水回用等节水技术，在缓解对水资源压力的同时减少水污染的排放。根据2007年时的数据，上海用于绿化灌溉、冲洗汽车、清洁道路、冲洗厕所、景观等的自来水每年达1000万吨之多，如果能采用中水，能在一定程度上减轻水资源紧缺的压力。② 但是，由于现在自来水价偏低，造成中水回用等节水工程亏损。③ 在这种情况下，以水价杠杆为代表的政策引导就显得尤为重要；以中水为例，就应当对非居民用自来水逐步提高水价，迫使相关主体寻求使用中水。

① 吴阿娜：《上海地区河道整治规划的特征识别及有效性评估》，《中国给水排水》2010年第6期。

② 《闵行区生活污水变“中水”灌溉小区绿化》，上海市人民政府网站，2008年1月25日。

③ 潘琦、王峰、刘军、杨海真：《上海地区大型公共建筑中水工程成本效益分析》，《中国环境科学》2010年第4期。

上海市的面源污染仍然在全国处于较高水平，未来有关部门应进一步加强对面源污染的治理。但根据2002年对上海郊区的一项调查，上海农田亩均化学农药使用量高于全国平均水平的1.4倍，亩均化肥使用量高于全国平均水平60%左右。[①] 虽然，经过第二轮到第四轮三年环保行动计划的治理，上海的亩均农药和化肥使用量已经降低不少（详见上文），但仍然明显高于全国平均水平。对此，上海市农委等部门应当进一步加大对面源污染的治理力度，除了用常规手段鼓励农民用有机肥、绿肥、专用配方肥替代化肥，用低毒农药、生物物理防病虫害技术替代高毒农药外，还应当将面源污染治理与促进当地经济发展紧密结合起来。例如，应当效仿上文所述大莲湖湿地修复的成功经验，通过推广生态农业，让农民在使用有机肥、绿肥、专用配方肥、低毒农药、生物物理防病虫害技术的同时从生态农产品的销售中获得丰富的经济效益。

氮、磷化合物是生活、服务业、农业水污染中主要的特征污染物。因此，上海应深化氮、磷污染的研究与控制，优先从城镇污水处理厂执行更严格的污染物排放标准入手，制定促进氮、磷污染控制的技术和经济政策，努力改善以氮、磷污染为主要特征的水环境质量。[②]

当然，工业水污染治理也应当继续予以重视，进一步推进工厂水污染减排技改。在现行《上海市节能减排专项资金管理办法》（2009年）的基础上，加大对工厂水污染减排技改的鼓励力度，从而进一步减少工业企业排放的COD、氮化合物、磷化合物、重金属等水污染物。例如，现行的COD超量削减补贴主要是面向污水处理厂的，建议将来更多惠及工业企业。

（二）进一步加强城乡污水收集处理设施建设

上海市有关部门应进一步加强城乡污水收集处理设施建设，在市区应完善雨污分流的污水收集体系，在郊区应建设更多污水处理厂，加快推进污水收集管网全覆盖。

在市区，新建小区必须全部实现雨污分流，甚至住宅阳台应当安装雨水管和污水管两根管道，由此避免居民将洗衣机排水管接入雨水管的现象。在已经建成

---

① 《上海实施农药化肥减量计划》，《福建农业科技》2004年第2期。

② 朱环：《上海市居民生活用水主要污染物产生系数的研究》，《中国环境科学》2010年第1期。

的小区，逐步推进雨污分流的污水管网改造，包括在阳台上新铺设一条污水管。

在郊区，上海市政府以及市水务局、市财政局等职能部门应当进一步加大郊区污水处理厂和配套管网建设的补贴力度，加快推进郊区的二、三级污水收集管网建设，逐步减少甚至杜绝农村生活污水直排现象。新建污水处理厂和既有污水处理厂改建项目，执行最严格的一级 A 标准；新建污水处理厂的污泥必须安全处置，并逐步推进既有污水处理厂的污泥安全处置设施建设。

（三）加大河道生态修复力度

在水质净化已经取得一定成效的基础上，未来上海市的河道治理应更多重视河道生态的修复，采用生态疏浚、生态护岸、曝气复氧、底泥生物氧化、复合酶、生物膜、生物浮床、微生物修复、水生植物修复、水生动物修复等多种技术，① 力求实现“河畅、水清、岸绿、景美、鱼游”的目标。对于气候变化导致的水体环境扰动，生态修复也有利于提高河道的自然调节能力，增强其对环境变化的适应性。

在新城、新镇及大型居住区的河道，应当遵循半自然生态原则进行建设或修复，在体现生态、美观的同时，以水质指标的提高和绿化建设为主要治理指标。

在农村地区的河道，应当尽量维持或修复河道的自然地貌和形态，保留或恢复原有的湿地生态环境。具体措施可包括充分利用岸边、河坡、水边、水中、水底的空间，以自然生态型护坡为主，增加陆域及水中绿化，并配以适当的湿地景观，为水边生物、水中生物的繁衍和生存提供最大的生息空间。

在城乡河道中，应当特别重视在水中、水底种植能有效降解污染的植物，放养能有效降解污染的动物，将水质净化与生态修复有机结合起来。

（四）加强流域合作

由于水体的连通性，上海的不少水环境问题，需要通过与太湖流域、长江流域的其他省份、城市合作，才能更好地解决。

2008 年，按照国务院要求，国家发改委牵头建立了太湖流域水环境综合治理省部际联席会议制度，由此构建了太湖流域水环境治理的对话协商机制，有利

① 哈欢、金鹏飞：《河道生态修复技术及其在上海市的实践》，《节水灌溉》2009 年第 7 期。

于统筹协调流域内跨行政区域的水环境综合治理工作。

上海应当在这一机制基础上，通过与江苏、浙江以及环太湖各城市协商，争取国家有关部委支持，进一步完善太湖流域水环境治理合作的组织体系、工作机制、执行机制和公众参与机制等。而且，要通过建立流域水权交易、流域排污权交易、流域政府间生态补偿等市场化机制，在促进污染治理的同时，让水权、排污权等生产要素在流域内各行政区域间自由流动，流向能以最高效率利用它们的地方。①

在长江流域水环境治理合作方面，上海应争取国家发改委、环保部、水利部长江水利委员会等部门的支持，与其他位于长江流域的省份沟通，建立长江流域水环境综合治理省部际联席会议制度，作为推动该流域水环境合作的基础平台，并将太湖流域合作的一些成功经验借鉴到长江流域合作中。

（五）建立参与式的水环境管理体系

上海市环保局、水务局等职能部门应当建立整合企业、市民、社会组织等利益相关方力量的参与式水环境管理体系。在这一体系中，最核心的角色自然是政府。它的首要职责是制定并执行各种规则，包括水环境管理规则和参与式管理体系的运行规则。另一个重要角色——企业的责任在于，积极履行社会责任，尤其是在减少水污染、保护水环境方面的责任。普通民众除了要自觉遵守各种水环境保护法规，还要通过建议、投诉等方式，在水环境法规、政策、规划制定以及执法过程中，向政府提供支持。而社会组织则是介于政府和企业、市民之间的中间层，它们能大大降低政府和其他主体间的协调成本，从而在很多方面充当政府的助手，包括公民教育、行业自律、环境诉讼等。为了建立这样一个参与式水环境管理体系，政府需要设计能有效发挥社会组织积极作用的制度，包括明确双方合作的基础，建立协商机制，完善委托社会组织管理部分水环境事务的授权和监督机制。

---

① 王勇：《流域水环境保护的市场型协调机制：策略及评价》，《社会科学》2010 年第 4 期。

B.6
浦东新区农村河道水质现状调查及其治理措施

郑 奇　杨佃华*

摘　要： 水环境质量的好坏，直接影响着浦东新区人民的生活质量和健康水平，在某种程度上也制约着经济的进一步发展，本文通过对浦东近五年河道水质调查，对河道总体水质及黑臭河道的数量、分布和成因进行分析，并提出有效改善河道水质的针对性措施，以期对有关部门在水资源保护、管理及黑臭河道整治方面提供参考。

关键词： 河道　水质　黑臭河道整治　水污染　治理措施

浦东新区濒海临江，有着依水而生，因水而兴的区位优势，但水质型缺水和水环境治理问题仍然是制约浦东新区社会经济可持续发展的一个重要因素。为此，浦东新区不断加大河道整治的力度，不断探索和改进着水环境整治的针对性和有效性，从2006年起启动了万河整治项目，连续开展了第三轮、第四轮环保三年行动计划。2007年7月开始对新区河道进行普查，启动了以消除河道黑臭为目标的河道整治攻坚战，首次摸清了新区黑臭河道的数量及成因，并由此开展了大规模的河道整治及河道水质跟踪监测，同时积极探索最佳的引清调水方案，有效改善内河水体水质，五年来新区水环境有了明显改善。

本文在对浦东新区农村河道水质进行普查，摸清家底的基础上，对治理黑臭河道提出了有针对性的措施，对有关部门保护、管理水资源及整治黑臭河道具有重要的参考价值。

---

* 郑奇，上海市浦东新区环保市容局高级工程师；杨佃华，上海市浦东新区环保市容局高级工程师。

一 浦东新区总体河道水环境质量状况及成因

根据上海市浦东新区水务局的调查和普查结果，新区总体河道水质状况仍不容乐观。

（一）总体河道水环境质量状况

浦东新区总计有7000多条河道，主要包括大治河、川杨河、咸塘港、浦东运河等Ⅰ级河道70条（其中大治河、川杨河、浦东运河为市级河道），Ⅱ级河道261条，Ⅲ级河道580条及其他园沟宅河。整个区域属平原河网水系，水位受潮汐影响，通过水闸进行调控，内河水位根据用水的需求控制在吴淞高程2.5~2.8米。

新区河道众多，由于部分城市污水和工业废水直排内陆水体，浦东新区河道水质总体较差，全区达到Ⅰ~Ⅲ类水标准的河长不足2%。河道水体总体水质在Ⅳ类至劣Ⅴ类之间，主要污染物为氨氮、总磷、高锰酸盐。

浦东新区过境水体的水质好于内河水体，黄浦江中上游水质一般为Ⅳ~Ⅴ类，下游水质一般为Ⅴ类至劣Ⅴ类；长江口水质Ⅲ~Ⅳ类约占用75%；大治河水质一般为Ⅳ类至劣Ⅴ类。

据浦东新区水文署2007年对新区755条园沟宅河调查，[①] 水质属黑臭的河道有303条，近几年随着大规模河道整治，黑臭河道逐年减少，2010年黑臭园沟宅河总计130条[②]。与2007年303条相比减少了173条，黑臭河道消除率57.1%。河道水体主要污染因子仍然是氨氮、高锰酸盐和总磷，河道黑臭现象仍很严重。严重影响了居民的生活与农村水环境质量，同时也影响到下游大中型河道的水质，造成氨氮等污染物普遍超标。虽然地方政府已经在尝试建立分散污水处理设施、将城市污水输送干线沿线的分散污水纳入污水处理厂处理等多种模式，然而，农村生活污水的收集与处理模式仍是一项需要长期探索、研究的问题。

---

① 上海市浦东新区水务局：《2007年浦东新区水资源公报》，2008年2月，第7~9页。

② 上海市浦东新区水务局：《2010年浦东新区水资源公报》，2011年2月，第8~10页。

（二）农村污水排放方式现状

目前浦东新区农村污水排放仍相当粗放，主要排放方式有：

1. 直接排放

散落的自然村落中农村生活污水没有经过任何处理直接排放到村落附近的河道中，或通过房前屋后的明沟排入河道。

2. 一级处理排放，即化粪池处理排放

主要存在于大部分的自然村落和部分农民新村，上海市曾在全市农村范围内进行“改水改厕”，补贴建造化粪池，因此浦东新区绝大多数自然村落的新建住宅都建有三格式化粪池。而浦东新区农民新村建设基本上都规划使用了雨污分流的方法，要求在每栋房屋后面建造标准三格式化粪池。

3. 二级处理排放

浦东新区农村生活污水经二级处理后排放的情况分两种。一种为生活污水已纳入市政污水系统，送至附近的污水处理厂处理后排放，这部分村落房屋集中，近郊就有污水处理厂；另一种为在村内建立了小型污水处理设施，生活污水收集后经污水处理设备处理后排入附近的河道，一般达到二级排放标准。

（三）浦东新区河道水质污染原因分析

造成浦东新区河道水质污染的主要原因：

1. 河道水流不畅、河道水体得不到有效置换

浦东新区村级河道由于清理维护不善，淤积严重，宅沟园河较多，水体流动性差，致使水体自净能力减弱，加上河道自身生态建设水体较低，农村水环境污染不断加剧。河道水系不畅，造成断头和独立水系水体交换能力差或根本无法与周边水体交换，污染物长期蓄积在河道内，导致水体的富营养化，使水质恶化，发生黑臭。

2. 环境违法现象仍然时有发生

由于部分企业主的法制意识、环境意识不强，偷漏排违法行为的隐蔽性较强和有些污染治理装置先天不足，再加上环保法规的刚性不强，环保执法力量还较薄弱，工作上有的地方的环保监管还不到位等，致使目前全区的污水处理

厂、部分园区以外的工业企业污染物排放达标率仍然较低，仍有一些企业无视环保法规，存在着违法成本低，守法成本高的现象，超标超总量排污问题屡禁不止。

3. 畜禽污染的问题不容小视

浦东新区生猪存栏50头以上规模养殖场（户）和存栏50头以下的众多小规模养殖户，畜禽牧场污水未经处理直排河道。有调查数据表明，养殖一头牛产生并排放的废水超过22个人生活产生的废水，养殖一头猪产生的污水相当于7个人生活产生的污水。郊区大多数养殖场无有效的粪便和污水处理设施，从而对水环境造成了严重的污染。

4. 农村生活污水随意排放

上海大多数农村住宅布局零乱，没有规范统一的规划，污水未经处理直排的现象比较严重。农村改建水冲厕所后，大部分农户建有化粪池收集厨卫废水，但是由于农户基本对化粪池不清淤、不维护，化粪池的处理效果差，排水浓度高的现象较为严重；除了厕所之外的厨房、洗涤污水，则处于无序随意排放的状态。随着上海农村城镇化进程的加快和人民生活水平的改善，农村人均用水量逐年增高，生活污水直排对水环境造成的污染越来越严重。

5. 种植业面源污染形势严峻

在种植业生产过程中过量使用的化肥及农药残留物，随农田排水或雨水进入河道，加上水土流失造成的土壤养分和有机质随泥沙一起进入水环境。造成水体的种植业面源污染。尤其是肥料中的氮、磷营养元素，过多地在水体中积累导致水体的富营养化，使水质恶化，发生黑臭。

二　农村污水的处理模式及研究进展

通常情况下，广大的农村地区常住人口密度较低。在人少地多的农村地区，若采用城市惯常的集中式污水处理系统，必然要铺设大量的收集管道，使得农村污水处理系统的投资提高。如果在产生污水的地点就地进行污水处理及进行适当利用，将大大降低投资的费用，这种方式被称为分散式污水处理。此外，在国内许多小城市和县城，尽管也建有活性污泥法等污水处理系统，但由于运行资金的短缺，处理系统大都无法正常运行。比较而言，人工湿地和稳定塘技术，由于投资低，能耗低，操作、维护、运行简单，在农村地区得到了运用。采用分散式污水处理模式，是解决农村污水问题的有效途径。

（一）国外分散式污水处理技术研究进展

1. 无动力处理技术

在未建设任何污水收集及处理系统的地方，对生活污水进行分散的点状式处理，主要是针对厕所污染排放开展。

2. 自然生态处理技术

在自然村落，对生活污水进行收集并利用的土地、池塘或湿地进行处理的技术称为自然生态处理技术。利用土地进行污水处理，是最早的实用污水处理方法。应用人工湿地和稳定塘组合系统对分散式农村污水进行处理，研究表明污水中几乎全部的 TSS 和 BOD 是通过人工湿地来去除的，稳定塘对系统的 TN 和 TP 的去除率分别为 25% 和 28%，使整个系统对 TN 和 TP 的平均去除率分别提高到 51% 和 46%，系统通过增加稳定塘大大提高了对 N、P 有机物的去除能力，在春季用稳定塘中经处理水灌溉水稻，产量提高了近 50%。

3. 强化处理技术

20 世纪 20 年代逐渐发展起来以人工强化为特征的小型污水高效处理系统，是目前发达国家分散污水处理的主要形式。20 世纪 90 年代，日本在全世界最早开发出膜生物反应器，膜分离净化槽便得到了推广应用。但是，强化处理技术，只有在专业人员的操作和维护下才能发挥其作用。如果运行不当不能按时排泥，会导致设备中存泥过多，只是污泥随出水溢流。因此，虽然强化处理技术出水效果好，占地小，但其维护管理相对复杂，阻碍了其推广应用。

（二）国内分散式污水处理技术研究进展

长期以来，我国对农村污水处理重视相对薄弱，注意力主要集中在城市管道系统的敷设和污水处理厂的建设方面。但近几年来，随着国家对农村污水处理技术的重视，关于农村污水处理技术的研究迅速增加。

1. 无动力处理技术

即三格式化粪池处理。

2. 自然生态处理技术

2003 年以来，人工湿地以其比土地处理系统占地更小，比生物滤池和稳定塘更小的环境负面影响，以及非常适合分散化和小型化建设的特点，在国内农村污水处理实践中得到应用，成为我国农村污水处理领域的热点。但是，单纯应用湿地，占地面积比较大，购置土地困难使其推广应用受到一定的限制。湿地除磷主要靠基质的截留和吸附作用，长期使用的效果及介质置换是需要考察的问题。

3. 生物生态组合技术

生物生态组合是指将厌氧等生物处理技术与稳定塘、土壤渗滤及人工湿地等自然生态处理技术相结合，应用生物技术降低有机负荷，改善生态系统进水条件，缩短后续生态处理时间从而减少占地面积，后续生态处理工艺管理方便，投资运行费用低，能有效地去除营养型污染物①。与其他组合工艺相比，生物生态组合正好结合二者的优势，互补劣势，适合农村地区。

（三）改善河道水质模拟试验

要彻底改善河道水体水质，最根本、有效的办法就是截污纳管，但农村中小河道大多数地区根本无条件纳管。因此，迫切需要找出因地制宜并切实可行的小河道特别是园沟宅河黑臭河道治理的方法，同时对河道进行修复。

目前，对河道的治理研究很多，主要是采取收集后用活性污泥法或人工湿地的工艺进行处理。活性污泥法具有工艺烦琐、管理要求高、运行成本高等缺点，而人工湿地生态处理技术是国际上近 20 年发展起来的一种污水处理新技术，其特点是建设投资相对较少、处理效果好、运行维护简便、氮磷去除率高等。笔者对上海市浦东水文水资源管理署与同济大学 2010 年完成的浦东新区农村水环境综合治理方案研究课题试验部分进行了调查。

1. 漂浮植物塘净化水质的原理

漂浮植物塘净化技术作为一种生态处理技术，在其系统中存在着不同类型的

---

① 董哲仁、刘倩、曾向辉：《受污染水体的生物—生态修复技术》，《水利水电技术》2002 年第 2 期。

生物，各种生物种群直接的作用各不相同，但他们之间存在着相互依存、互相制约的关系①。在漂浮植物塘系统（见图 1）中，污染物的去除机理包括：漂浮植物的作用，塘中微生物的作用和食物链微生物之间的作用。

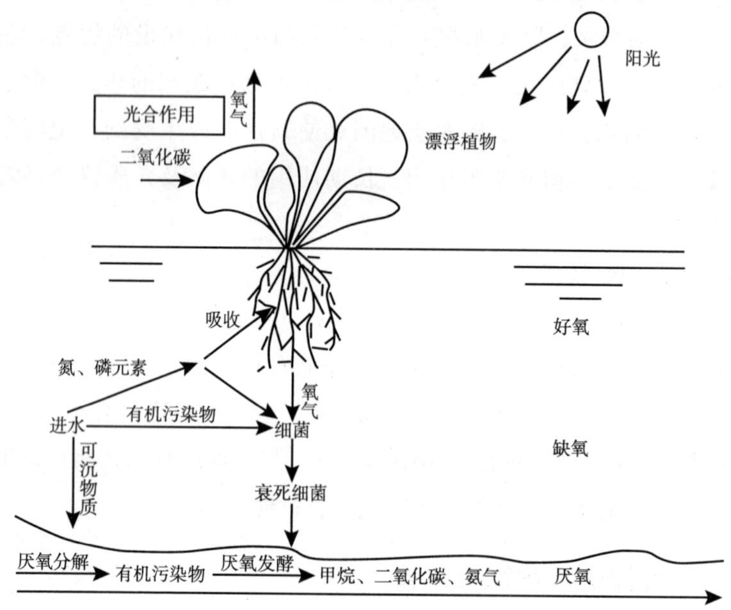

图 1 漂浮植物塘净化系统

2. 漂浮植物的净化作用

（1）吸收作用

漂浮植物能够直接吸收利用污水中的营养物质，满足其生长发育和繁殖的需要。污水中的有机氮被微生物分解，无机氮是水生植物生长过程中不可缺少的物质，用于合成自身所需的物质。

（2）富集作用

环境中的重金属并不是水生植物生长所必需的，重金属在环境中富集后具有一定的毒害作用。水生植物能够吸收并富集环境中的重金属，可以通过收割等方式将其带出水体生态系统。

① 水利部国际合作与科技司主编《水资源及水环境承载能力》，中国水利水电出版社，2002，第 59～63 页。

（3）吸附作用

漂浮植物对藻类的作用主要表现在两个方面：一是对藻类的抑制，二是漂浮植物根系能够分泌出克藻的物质，从而达到抑制藻类生长的目的。

（4）气体传输和释放作用

水生植物有通过植株枝条和根系传输和释放气体的作用，能将光合作用产生的氧气或大气中的氧气输送至根系，一部分供植物自身的呼吸作用，一部分通过根系向根区释放，扩散到周围缺氧的环境中，形成了氧化态的微环境，加强了根区微生物的生长和繁殖，促进了好氧生物对有机物的分解，并有助于硝化菌的生长。

3. 微生物的作用

（1）微生物降解作用

漂浮植物一般都具有旺盛的根系，根系漂浮在水中，成为各种微生物栖息生长的场所，承载着很活跃的生物群体。在根系周围，有一个明显的“微生物密集区”，微生物的数量和种类都很多，“密集区”之外，生物量明显减少。

（2）生物吸附、沉淀作用

水生植物发达的根系为微生物栖息提供了场所，使得细菌大量繁殖。具有凝聚作用的菌胶团把污水中的悬浮有机物和植物的新陈代谢产物凝聚在一起，使其沉淀下来，一部分被漂浮植物的根系截留，一部分沉落池底。由于漂浮植物的根系提供了大量的沉淀比表面积，从而大大提高了沉淀效率。

4. 食物链的作用

一个生长茂盛的漂浮植物塘，生物的种类很多，细菌、藻类、原生动物、后生动物以及各种水生昆虫、鱼、虾等，各种生物间组成一定的食物链。食物链之间互相联系、互相制约，不断进行着物质和能量的交换。水中的有机物、植物、微生物、昆虫、鱼类等通过食物链的关系使大量污染物质转化为活的微生物细胞体，被水生植物吸收后，转化为水生植物的细胞体，由于各种生物之间的吞噬、转化，使得漂浮植物塘系统内污染物得到有效的去除。

5. 实验室模拟试验结果

为了考察不同漂浮植物塘处理技术对农村分散生活污水污染物的去处效果，2009～2010年同济大学通过在实验装置中种植水葫芦、大薸、聚草三种漂浮植物，模拟浦东小河道的现场水质，将漂浮植物塘作为分散污水处理工艺中的一个单元来考察，研究植物塘对污水的净化效果，由于小浮萍在农村河道中经常自然生长，浮满整个河道，因此静态实验增加了小浮萍塘，来考察其对农村河道水质的影响①，实验结果见图2、图3。

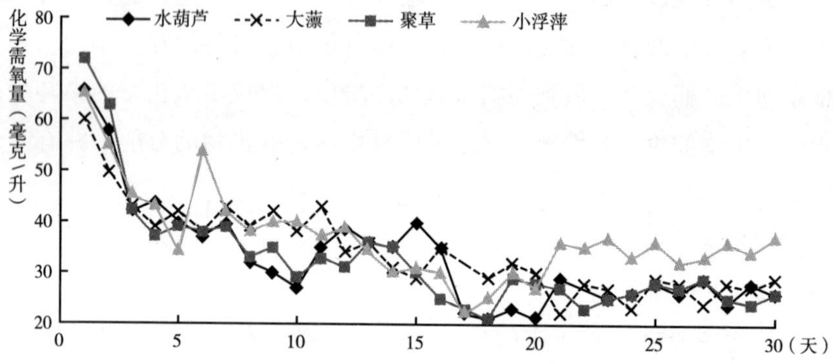

图2　春季静态实验不同塘中华学需氧量变化过程

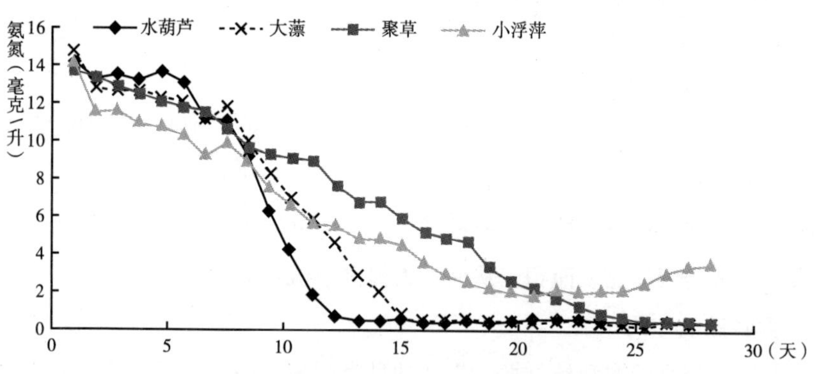

图3　春季静态实验中氨氮变化过程

（1）化学需氧量的去除效果

实验结果表明，不同植物塘中化学需氧量均在前5天就得到有效去除，18天后化学需氧量浓度已经低于30毫克/升，达到地表水Ⅳ类水体标准。继续延长停留时间，化学需氧量浓度基本维持不变（见图2）。

① 浦东新区水文水资源管理署、同济大学：《浦东新区农村水环境综合治理方案研究》，2009年12月，第90~102页。

（2）对氨氮的去除效果

与初始数据相比，得到水葫芦、大薸塘前 15 天对氨氮的去除率分别为 97.5%，96.6%；聚草塘前 25 天对氨氮的去除率为 96.2%，水葫芦塘对氨氮的处理效果最好，其次为大薸塘。其他季节各种污染物去除效果有所不同。

6. 现场试验结果

2009 年 6 月 19 日，浦东新区水文署在水质黑臭的高行镇蔡家宅河、炼钢浜种植水葫芦、大薸，经过半年多现场试验，两条河道的主要污染物浓度都明显降低，在短短的半年时间里，上述原本是黑臭河道的水体水质（炼钢浜、蔡家宅河），现已基本达到消除黑臭的目的，充分证明利用漂浮植物来消除河道黑臭，改善河道水质是完全可行的（见图 4、图 5）。

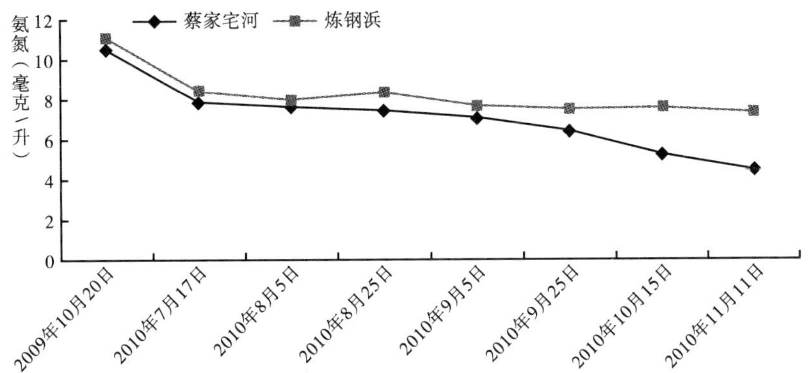

图 4　蔡家宅河、炼钢浜水质氨氮浓度变化

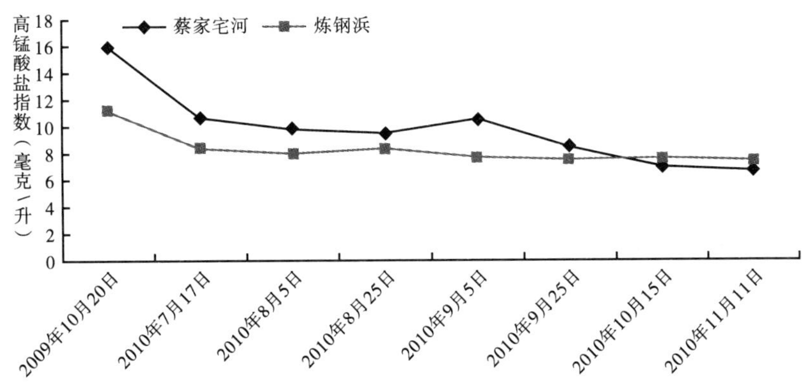

图 5　蔡家宅河、炼钢浜水质高锰酸盐指数变化

三　农村河道黑臭治理的主要对策和建议

通过近几年对浦东新区农村河道水环境防治的理论探索和实践创新，笔者梳理总结了以下几条治理农村黑臭河道的对策和建议。

（一）坚持“基础先行、环境先行”，加大基础设施建设力度

要坚持浦东开发开放“基础先行、生态优先”的成功经验，加大投资力度，大力开展新区污水管网，完善雨污分流系统建设，提高污水纳管率，加大黑臭河道治理力度，积极推行生态恢复和生态能力建设，维护、恢复河道、海岸和城市湿地的自然形态和良性循环，为发展腾出环境容量，为实现浦东在“更高的起点上快速发展”的目标，奠定良好的内部环境和发展空间。

（二）注重科技创新，因地制宜开展河道整治

1. 贯通河道，沟通水系

新区有相当一部分河道黑臭的原因之一是断头河浜。在不断加大引清调水力度的同时，我们也清楚地看到，由于断头河浜等原因造成水体流动不畅，部分河道调水效果不明显甚至无效。因此，要有计划地逐年安排对Ⅰ、Ⅱ、Ⅲ级断头河道的贯通。2010 年，开展“创模”黑臭河道整治，全区 6 个镇，共计 67 条段约 124 公里“创模”黑臭河道整治全面通过竣工验收，并顺利通过上海市级考核验收。迎世博河道整治，围绕 2010 年上海世博会的召开，投资 28.31 亿元，对三林塘港、杨思港、咸塘港等 90 条河道水系进行整治，重点对贯穿世博园区的白莲泾实施了疏浚、植绿、浮岛、水闸美化等综合整治任务，并纳入长效管理机制，使白莲泾真正实现“水清、岸绿、景美”的水景观目标。

2. 科学地实施中小河道抢救措施

对于一些水深较浅的小河道视情况进行区别对待，有些是可以直接作为湿地保留下来的，关键是要引用湿地的管理和保护措施。选择合适的水生植物（如芦苇）和水生动物（如贝类），让其通过动植物的自身生长净化水质。2010 年对全区 17 个镇，249 条段约 113 公里的中小河道进行整治，总投资近 1 亿元。年内完成主体结构。

3. 引入河道生态化整治

结合新区实际将河道整治与城市绿化相结合，通过从截断沿岸污水源和净化河道水质两方面着手进行，先截污，再净水。可采用将分布在岸边的排污口利用管道连接，收集并输送到绿地。流入绿地的污水通过采取地表渗滤生态处理技术和地下渗滤净化工程，实现既增加绿地养料又达到污水净化的作用。2010 年对全区范围内的 17 个镇 66 个村，近 323 公里的村庄河道进行整治，共投资 3.89 亿元。全年完成主体结构。

4. 在有条件的地区尝试采用对污染河道实施生物—生态修复技术

根据天然水体净化的原理，利用栽培的水生植物、天然填料和载体、人工强化生长的微生物等措施，对水中的污染物进行吸收、降解和转化，从而使水体得以净化①。

（三）非工程与工程措施齐抓共进，推进管理创新

1. 强化水务执法，维护水务设施安全和秩序

依据《中华人民共和国水法》、《上海市河道管理条例》等法律法规的规定，加大水务执法力度，严厉打击和查处水事违法案件，确保新区的河道整治成果得到巩固，使河道管理秩序进一步正常，使正在日益显现的水环境面貌得到保护。

2. 水面保洁管理工作应全面铺开

特别要加强小河道和断头河道的管理，这些地区往往附近无垃圾集中收集装置，外来人口多且环保意识较差，河道成了天然垃圾厂，因此，在这些区域也应建立垃圾集中收集装置，加强水面保洁工作和管理。

3. 加强沿河工业企业废水达标排放管理

督促企业污染治理，确保入河废水达标排放。对新区养殖业要合理规划，禁止畜禽粪便直排河道，避免对水体水质造成污染。

4. 加强河道水质监测

目前新区的河道水质监测主要是针对骨干河道，从新区河道普查现状来看，

---

① 董哲仁、刘蒨、曾向辉：《受污染水体的生物—生态修复技术》，《水利水电技术》2002 年第 2 期。

水环境状况不容乐观。因此，要加大河道水质监测力度，特别是中小河道的监测。以确保科学全面掌握新区水环境状况，为改善新区水环境提供科学依据。

（四）建立排污权交易平台，促进污染减排

2009年7月16日，浦东新区被上海市发改委和上海市环保局列为全市排污权交易试点地区。通过排污权交易制度的建立，以及前期对污染物实行排放总量控制和后期对污染减排加强监督，浦东新区排污权交易试点工作将见到成效。参与排污权交易的建设项目污染程度正在逐渐下降，重污染行业的比重在逐渐降低，排污指标逐渐流转到高附加值产业，全区整体减排成本将随之下降。

四　结语

调查研究结果表明，利用漂浮植物来消除浦东农村河道黑臭，净化水体，改善河道水质的方法是完全可行的，值得全区乃至广大南方地区应用和推广。与此同时，为谋划浦东科学发展的美好未来，彻底根治农村河道黑臭还要全面考虑采取行政的、经济的、法律的等综合措施减少污染物排放，如污水截污纳管、开展农村面源治理、通过排污权交易制度倒逼污染减排，加强对全民的环保宣传教育，提高全民环保意识，直觉做到不向河道乱扔垃圾等污染物。只要我们积极依靠群众，发动群众，动员群众，就会有越来越多的居民注意河道保洁，自觉投身全区生态文明建设，浦东新区一定会早日实现国家环保模范城区复核和国家生态城区创建目标，一定会最终建设成为水清、地绿、低碳、宜居的美好家园。

B.7 防洪防汛机制及其面临的挑战

陈　宁*

摘　要： 近年来上海的防洪防汛形势日趋复杂，台风多发、潮位趋高、短时局部强降雨突发、风暴潮“三碰头”和风暴潮洪“四碰头”等防汛形势使城市防汛工作面临长期压力。虽然上海已经基本形成了以千里海塘、千里江堤、区域除涝、城镇排水为主要支撑的防汛工程设施，结合防汛信息化系统和防洪防汛应急管理的防洪防汛体系。但是也还遭遇着全球气候变化、城市防汛基础设施防汛能力不足、地面沉降等复杂地质现象的诸多挑战，城市防汛工作任务依然艰巨。

关键词： 上海　防洪防汛　洪水管理　调蓄系统

一　上海防洪防汛形势及特征

上海北界长江，东濒东海，南临杭州湾，西接江苏、浙江两省。地处南北海岸线中心、长江三角洲东缘，长江由此入海。濒江临海的地理区位使上海容易遭受太平洋热带气旋带来的强降水、海洋风暴潮和长江流域洪汛的多重影响，城市面临长期的防汛压力。

上海近海东海海域几乎每年都有台风过境，对上海有影响的台风每年平均2.13次。全市多年平均降水量为1147.3毫米，降水主要集中在主汛期，汛期的暴雨占年暴雨总量的85%以上。① 上海的河网水系受海洋、气象、天文及上游径流影响较大。在严峻形势下，黄浦江潮位受台风、暴雨、洪汛、天文大潮等因素

* 陈宁，上海社会科学院生态经济与可持续发展研究中心助理研究员，博士。

① 龚士良、杨世伦：《地面沉降对上海城市防汛安全的影响》，《人民长江》2008年第6期。

的叠加作用，水位会明显超高，对城市防汛安全造成较大威胁。近年来上海面临的防汛形势较为复杂，突出表现为以下几点：

（一）台风多发

自 1997 年 11 号台风严重影响上海之后，至 2011 年，每年都有台风影响上海。近年来影响台风的数量基本在每年 2 个左右。详见图 1。

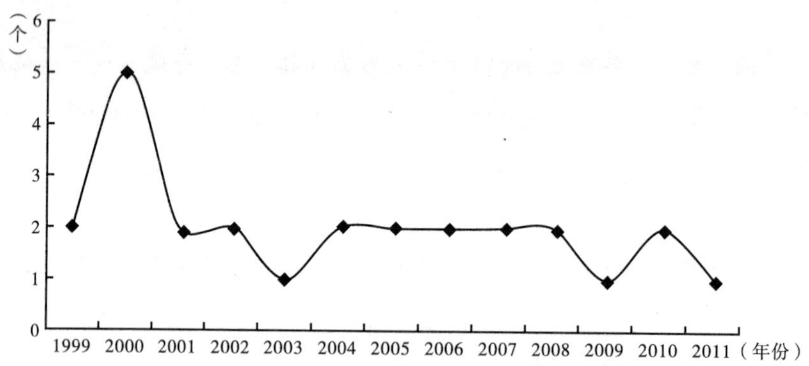

图 1　1999 ~ 2011 年每年影响上海的台风数量

资料来源：根据上海市防汛信息中心数据整理。

近 10 年来，对上海影响最严重的台风当属 2005 年第 8 号台风“麦莎”，其风雨范围大、持续时间长、移动速度缓慢，对上海造成严重影响。2005 年 8 月 5 日傍晚到 7 日凌晨上海过程雨量普遍达到暴雨到大暴雨，局部地区特大暴雨，市区风力 8 ~ 10 级，长江口区和沿江沿海地区 9 ~ 11 级，上海市沿海海面和洋山港区 12 级以上。“麦莎”导致上海受灾人口 133. 1 万人，农作物受灾面积 5. 6 万公顷，绝收面积 0. 52 万公顷，菜价上涨 30%；倒塌房屋 1. 5 万间，损坏房屋 1. 4 万间；因灾直接经济损失 13. 3 亿元。

10 年来最强的台风为 2011 年超强台风“梅花”，台风中心风力 17 级。虽然“梅花”并没有对上海造成严重灾害，但由于其路径飘忽诡异，必须做好防御准备工作。上海全市为抵御台风“梅花”共撤离转移各类人员 31. 2 万人，进港避风船只近 5000 艘，这是上海防汛史上单次台风转移人数之最。

（二）潮位趋高

黄浦江苏州河口的最高潮位，20 世纪 50 ~ 60 年代是 4. 5 米，到 70 ~ 80 年

代上升到5米，90年代以后升到5.5米、5.7米，最高达5.72米，潮位呈抬高趋势。20世纪50~90年代之间，5米以上高潮位共出现7次，其中80年代2次，90年代5次，2000年一年就出现了4次，2002年也出现了1次。[①] 2006年以来，5米以上的异常高潮位没有出现，但汛期超过警戒水位的次数不断提高。2010年黄浦江米市渡站超警戒水位29次，2011年米市渡站超警戒水位59次。

表1　2009~2011年黄浦江米市渡站年度最高水位及超警戒水位次数

站点	年度最高水位(米)			历史最高水位	超警戒次数(次)		
	2009年	2010年	2011年		2009年	2010年	2011年
米市渡站	4.1	3.85	4.11	4.38	38	29	59

资料来源：2009~2011年汛期（6~9月）上海地区水情总结。

（三）短时局部强降雨突发

由于海洋环流气候及城市气候的改变，近年来上海主汛期暴雨越来越多地表现出短时局部强降雨为主的态势。如2000年，汛期连续4个下午发生强降雨，局部地区每小时雨量达90~100毫米，3万多户民居进水，南京路上也出现积水。2001年，中心城区连续5天出现强降雨，5天总雨量达到480毫米，创上海有气象记录120多年之最。暴雨造成上海市区6.4万户民居进水，保险理赔达1亿元。

2011年，汛期降水短时、局部、高强度的表现更加明显。第一，汛期雨量空间分布不均，中心城区和宝山区的雨量最大，金山区的雨量最小，总体呈现从中心城区向四周递减的趋势。第二，汛期短时强降雨明显，8月13日浦东新区5号沟站最大1小时降雨高达91.0毫米，8月11日黄浦区黄浦公园站最大1小时降雨82.0毫米，短时强降水的雨量明显大于城市排水标准。第三，各月降雨分布不均，6月、8月雨量偏多，7月、9月雨量明显偏少，尤其9月雨量异常偏少。

① 王为人：《健全防汛应急管理机制探索上海防汛工作新模式》，《城市道桥与防洪》2007年第4期。

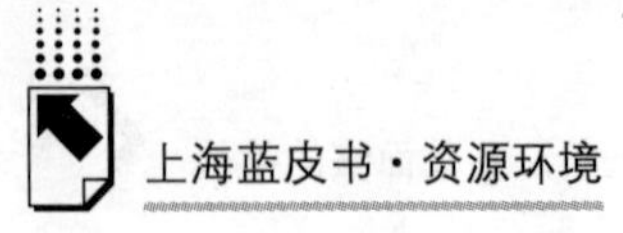

（四）风暴潮“三碰头”和风暴潮洪“四碰头”

风暴潮“三碰头”或风暴潮洪“四碰头”是指台风、暴雨、洪汛、天文大潮叠加作用下，黄浦江水位异常超高，是对上海最为不利的防汛形势。风暴潮“三碰头”的局面在近10年来时常出现。1999年，太湖流域出现全流域的大洪水，同时上海梅雨期延长至7月20日才结束，造成黄浦江潮位异常偏高。2005年“麦莎”台风、2009年“莫拉克”台风来袭时，都是与天文大潮、太湖水位高涨向黄浦江泄洪同时出现，风暴潮“三碰头”、风暴潮洪“四碰头”的局面导致上海防汛形势十分严峻。

二 上海防洪防汛体系

上海已经基本形成了以千里海塘、千里江堤、区域除涝、城镇排水为主的防汛工程，结合防洪防汛管理机制的上海防汛体系。

（一）防洪防汛工程

新中国成立以后，1954年起即着手全面整修海塘和江泖圩堤；1956年起在市区局部地段修筑砖石、块石结构的防汛墙。以后随着国力的增强，于1963年全面修筑市区防汛墙，并多次加高加固海塘、市区防汛墙和郊区江泖圩堤，不断提高防御标准。改革开放以来，随着经济实力不断增强，上海在长三角乃至全国的地位不断提升，上海的防汛工作也进入了一个新的发展时期。自1949年以来，上海市在防汛设施基础建设上累计投入超过400亿元。目前，上海以千里海塘、千里江堤、区域除涝、城镇排水为主体的防汛工程体系基本形成。

1. 千里海塘

截至2010年底，上海市已建成一线海塘523.484公里，其中达到抵御200年一遇潮位加12级风标准的共114.78公里，占22%；达到抵御100年一遇潮位加11级风以上防御标准的共296.27公里，占56.6%；其余111.417公里则是达到抵御100年一遇潮位加不足11级风的防御能力，占21.3%（见图2、图3）。

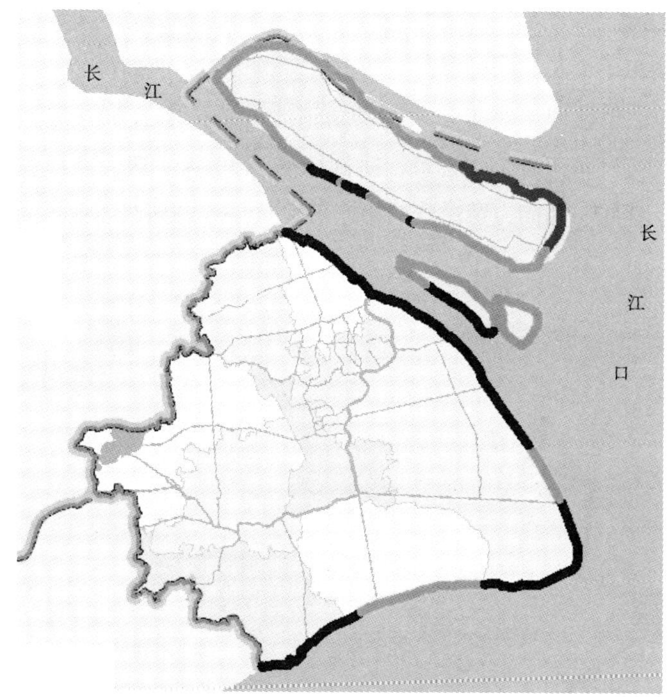

图 2　上海千里海塘分布

资料来源：上海市防汛信息中心。

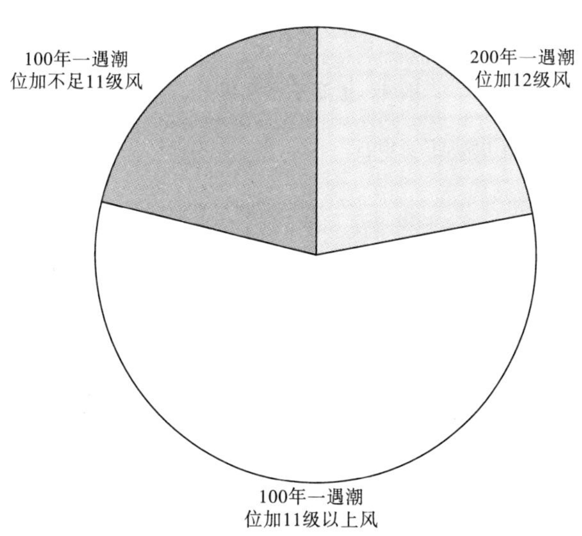

图 3　上海千里海塘的防御能力结构

资料来源：上海市防汛信息中心。

2. 千里江堤

黄浦江防汛墙全长490公里，下游市区段按千年一遇潮位设防，下游防汛墙总长298公里。也就说上海千年一遇的防汛墙占总长度的60%以上。黄浦江上游干流及其支流段防汛墙192公里，防御标准为50年一遇。经过多年来防汛墙的不断建造、整修、加固，黄浦江两岸已形成从吴淞口到江浙地界的全封闭防线（见图4）。

图4 上海千里江堤分布

资料来源：上海市防汛信息中心。

3. 区域除涝工程

上海城市高楼密布，夏季热岛效应明显，极易在特定地理气候条件下形成局部强对流天气和突发暴雨。从而造成部分地区，尤其是地势较低地区内涝严重。为此，上海市制定出相关的水利规划，将市郊分为14个水利片分片综合治理，目前已建圩区385个、圩堤2637公里，排涝泵站1116座、水闸1910座，平均除涝标准达到15年一遇，使低洼地区的挡潮、排水、除涝能力有了较大提高。

4. 城市排水系统

根据《上海市城镇雨水排水系统专业规划》，2020年前全市规划雨水排水系

统361个。在多年努力下，截至2010年底，已建成雨水排水系统255个。其中外环线以内规划建设的281个雨水排水系统，已经建成216个，约占规划的77%，全市雨水泵站排水能力约3000立方米/秒。① “十二五”期间，中心城区计划新建和完善虹许、龙华机场等28个排水系统，新增雨水排水能力500立方米/秒，基本消除建成区空白点和低标排水系统；郊区重点建设南桥、青浦、嘉定新城和大型居住区排水系统。

进行排水管网的更新改造，实施中心城区道路积水改善工程。截至2010年，组织实施道路积水改善工程项目191个，涉及中心城区的203条路段，扩容改造排水管道93公里。② 这些道路积水点改造，对完善中心城区排水系统管网，提高排水能力起到了积极作用。

（二）防洪防汛管理机制

上海防洪防汛管理机制可以归结为，在各类防汛法规条例的安排下，由上海市防汛指挥部统一指挥，积极探索防汛应急管理的高效机制。

1. 防汛法规条例

（1）《上海市防汛条例》

2003年9月1日，上海市行政区域内防御和减轻台风、暴雨、高潮以及洪水引起灾害的第一部法规——《上海市防汛条例》正式实施，标志着上海防汛工作开始步入法制化轨道。

《上海市防汛条例》分7章，共54条，对防汛日常工作组织体系和防汛抢险工作职责、防汛规划和防汛预案的编制及执行、防汛工程设施建设和管理、河道管理范围内建设项目管理，以及涉及防汛安全的工程设施建设等方面都提出了具体要求。并针对目前河道、防汛墙、海塘和排水设施等重要防汛工程设施管理上存在的问题，进一步对查处毁损防汛设施、危害防汛安全的行为作出了更具操作性的规定。同时，《条例》还对各级防汛指挥机构、水行政主管部门以及有防汛任务的部门和单位及其工作人员不履行法定义务和职责的行为设定了相应的法律责任条款。

① 《沈依云称255个雨水排水系统已建成》，2011年8月8日《新民晚报》。

② 《沈依云称255个雨水排水系统已建成》，2011年8月8日《新民晚报》。

（2）《上海市防汛防台专项应急预案》

《上海市防汛防台专项应急预案》颁布之后，每年都会根据汛期形势作出修订。对应急处置原则、防汛防台重点、预警信号分类和发布权限、指挥体系、工作职责、日常管理、抢险救灾责任和要求、抢险救灾保障以及新闻发布等都作了具体规定，保证遇到灾情能迅速有效地展开抢险救灾工作。

按照《上海市防汛防台预案》，电力、通信、水务、市容、房地、绿化、交通、化救、公安、消防和城建集团、建工集团等专业抢险队伍全面进入临战状态，随时听从市防汛指挥部的统一调度，并赶赴抢险现场。医疗卫生部门组成了以三级甲等医院为主的医疗救护力量，做好了随时救治伤员的准备。电气集团、纺织控股等防汛抢险物资储备单位和交运集团等运输单位加强了值班，以确保物资紧急调运需要。武警上海市总队和驻沪三军分别组建了抢险突击队，做好了随时承担抢险突击任务的准备。

此外，上海在1998年制定了《上海市河道管理条例》，2002年又修订了《上海市排水管理条例》，加上以前制定的《上海市滩涂管理条例》、《上海市海塘管理办法》、《上海市黄浦江防汛墙保护办法》等，为各级政府规范化开展防汛防台工作提供了有力的法律保障。

2. 指挥机构

新中国成立前，上海没有专设的防汛指挥机构。新中国成立后，1949年7月24日，第6号台风在金山卫登陆，台风、暴雨、高潮三害同时袭击上海，全市党政军民奋力抗灾。为了统一领导全市防汛工作，市政府遂于1950年成立防汛总指挥部，其办事机构设在市工务局。

1955年6月10日，市人委举行第四次行政会议，讨论通过了防汛方针原则，宣布正式成立上海市防汛总指挥部，统一领导全市防汛工作，其领导成员由市人委及有关委、办、局领导兼任。

1959年后，市防汛总指挥部成为常设机构，下设办公室。1960年10月，市防汛总指挥部书面报告市人委，提出防汛办公室在非汛期不予撤销，继续工作。

1962年以前防汛办公室设在市气象局内。1962～1967年，设在市人委办公厅机关事务管理局内。

1978年8月，市防汛指挥部办公室挂靠市农田基本建设指挥部。防汛办公室是市防汛指挥部的办事机构，具体负责全市防汛日常工作。

2000 年 5 月，作为主管全市防汛防台工作的政府职能部门——上海市水务局成立。上海市防汛指挥部设于上海市水务局之下。

自此，上海防汛指挥部凭借城乡一体，水利、供水、排水行业全覆盖的体制优势，以防汛应急管理为保障，大力推动防汛基础设施建设，并有序开展防汛应急管理的各项工作。

3. 应急管理

为更大程度地改进排涝速度，最大程度地利用水利、供水、排水一体化的优势，实行由一个部门对水质和水量负责的制度，市防汛指挥部通过充分整合并吸收了涉及排水、水利行业的所有防汛预案，从而实现了水利业的河道、水闸与排水行业的泵站、管道的统一调度，统一管理，建立应急联动机制，使排涝效率得到了有效的提高，并产生了显著的环境效益、社会效益。上海防汛应急管理也在上海的市区和郊区建立了“两级政府、两级管理”，“三级政府、三级管理”和“条块结合”的防汛模式。并在实践中不断吸收经验教训，不断探索和创新。例如，建立并有力执行区域防汛联席会议制度，健全了准确科学、公正合理、层次分明、有序的区域性防汛决策指挥系统，进一步完善了采集数据、共享资源的信息应用体系，也体现了区域性防汛排涝与水安全的统一的根本准则，推动了区域的防汛除涝的工作，提高了区域防汛应急管理水平，为以后制定应急管理措施提供了有益经验。同时，排水行业在规范服务达标的基础上严格执行职责分明、分工明确的责任制，建立“市区联手，泵管联动，网格化管理”的管理模式，排水行业的 3 家排水运营公司及下属 6 个防汛部门分别与中心城区 12 个区市政署、给排水管理所和 15 个养护公司建立了联防制度，使整个防御排水体系的应急能力得到进一步的加强。

4. 防汛信息化建设

古往今来，我们建立了许多牢固的防汛工程，然而经验告诉我们灾难依然会发生。单纯地通过牢固工程防守已不能有效地解决问题，不仅要建立牢固的防汛工程，也要做到在汛前利用相关科学信息化系统尽可能多地收集汛情信息，建立防汛信息化体系，以方便提醒我们在汛前充分做好抵御汛洪灾害的准备工作，从而有效预防灾害。近年来，上海水务局等相关部门及时采集水利、气象、海洋、海事、水文等部门的汛情信息，建立了信息化平台，包括信息采集系统、设施管理系统、调度监控系统、视频会议系统和信息发布系统，实现了远程实时采集和传输风雨雪信息，视频监控重要防汛节点，对海塘、泵闸、堤防设施、险工险段以及防汛物资进行了数字化管理，实时更新灾情信息，即时群发防汛信息，通过提供及时有效的汛情信息，从而大大方便了相关部门的汛情指导和决策工作。

5. 排水抢险措施

为了化解城市汛期道路积水和民生排水问题，排水行业在主汛期采取了一系列措施确保在最短时间化解险情。如通过开展“夏令热线创佳绩”立功竞赛活动，确保泵机完好，排水畅通，做到防御标准内不积水，超过标准积水少，退水快，不造成负面影响；排水突击队充分做好抢险设备维护保养和应急排水准备，随时准备为积水地块、路段应急抢排，支援小区排水，保障排水安全；针对建设工地，特别是对重大建设工程，联合开展以轨道交通建设工地及周边排水设施养护、维护和保护为主题的三护行动，实现工地周边日巡视、周清捞、月疏通；针对夏令热线受理的投诉问题和排水窗口在服务过程中反映出来的问题，第一时间赶赴现场进行处理，妥善解决问题。

三　上海防洪防汛工作面临的挑战

上海的防洪防汛工作不仅要面临全球气候变化所导致各类复杂天气现象的直接威胁，在城市防洪防汛基础设施建设方面也存在不足，同时城市建设中的不足以及地面沉降等异常地质现象增加了城市防汛工作的复杂性和艰巨性。

（一）全球气候变暖带来直接威胁

全球气候变暖是一个复杂的气候现象，其直接表现为海平面上升。并且由于气候系统的内在变化，也出现各类极端天气事件频繁等不利的气候现象，给沿海城市的防汛工作带来直接的挑战。

1. 海平面上升

英国气象部门负责下一套气候变化方案开发管理的杰夫吉金斯博士和前英国《卫报》环境版主编、自由撰稿人保罗·布朗，均提过“全球气候变暖——海平面上升——港口城市面临灭顶之灾”这三者之间有着必然联系，在全球海平面以1.7毫米/年的速率上升的同时，我国海平面上升的速率达到2.6毫米/年，而作为我国沿海城市之一的上海，被认定其危险系数较高。据IPCC（政府间气候

变化专门委员会）估算，在21世纪，全球海平面将会上升0.9～88厘米。气温升高、冰川后退、格陵兰和南极冰盖融化是造成这种现象的三大原因。其中受影响最大的是印度次大陆和东南亚地区，在中国，受影响很大的是太湖流域。据最新研究，若温室气体还像以前那样不加控制地排放，预计到2050年，像上海等沿海城市有可能会被海水淹没。当然，未来海平面上升的速度也许没有预计的那么快，但要考虑这其中的风险。尽管上海的堤防建设相对完善，但我们需要注意：某一天若发生因地面沉降、气候变暖、冰川融化等引起的海平面本身上升以及月球引力产生的天文大潮和台风等风暴潮一起叠加的海平面上升，那时是否还能承受。

海水入侵也是海平面上升和流域水系统失衡所产生的水文现象。咸潮一般发生在每年11月至来年4月，当长江处于枯水期，来自上游的淡水流量不足以抗衡来自东海的盐水流量，盐水就会沿河而上，形成咸潮入侵。自2006年以来，上海每个冬春季节发生的咸潮次数居高不下，详见表2。

表2　2006年下半年至2011年上半年上海咸潮发生次数

时　　间	咸潮次数
2006年下半年至2007年上半年	12
2007年下半年至2008年上半年	8
2008年下半年至2009年上半年	7
2009年下半年至2010年上半年	9
2010年下半年至2011年上半年	7

资料来源：2008～2010年《中国海洋灾害公报》。

此外，上海咸潮发生日期有冬季越来越提前、春季持续时间越来越长的趋势。2011年5月，由于长江中上游持续干旱，上海发生了持续时间长达半个月的罕见咸潮。2011年11月2日，上海秋冬首次咸潮就提前来袭。盐水入侵给上海城市供水安全及防洪防汛工作带来严重负面影响。

2. 短时集中强降雨增加

随着全球气候变暖，城市“热岛效应”加剧，上海城区降雨量在逐年增加。雨洪管理平台对上海近40年来的降水资料进行分析，发现其间上海市年均降水量的增幅约5毫米，年均降水天数却在减少，平均每10年减少3天。这意味着，上海近40年来降雨的特点是更集中化，总次数减少、每次的雨量增大。尤其近10年来，大暴雨的频率高于40年的平均值。

1874~2007年的百余年，上海汛期小雨、中雨日数及占降水总日数的比例均存在不明显的减小趋势，而大雨、暴雨日数及占降水总日数的比例均有增加趋势。20世纪80年代以来上海汛期的降水日数减少，降水强度增强（特别是大雨以上的降水强度增强）；汛期的降水时段也更为集中。①

前文所述，2011年主汛期降水短时、局部、高强度的表现更加明显。

3. 极端天气事件

1873~2007年间，上海极端最高气温总体上无显著变化趋势，极端最低气温则以每10年0.27°C线性倾向率显著增加。极端高温日数在2001~2007年间最多，在60年代较少，极端低温日数以每10年1.14天的线性倾向率显著减少，在2001~2007年期间最少。20世纪80年代起，上海市区极端最高气温明显高于近郊和远郊，高温日数明显多于近郊和远郊。②

（二）防汛基础设施防汛能力有待进一步提升

上海业已形成了千里江堤、千里海塘、区域排涝以及城市排水系统所组成的城市防洪防汛基础设施体系，但这些基础设施建设在历次防范台风、暴雨的过程中，不同程度地暴露出“蓄、调、排、挡”能力不足的问题，城市排水系统的压力较大。

1. 防汛墙和海塘

防汛墙的建设始于20世纪50年代，当时建设标准低，虽经多次加高加固，但墙体结构和材料随着时间的推移，在不断老化。早年建设的208公里市区段中有72段、18公里存在基础不稳、结构损坏、强度不足和渗漏险情。③ 虽经多次加高加固，但现有部分墙体仍存在一些问题。

第一，在暴雨和高潮位双重影响下，出现局部漫提和渗漏等险情。如在台风

---

① 梁萍、陈褒德、陈伯民：《上海地区百余年汛期降水的气候变化特征》，第五届长三角科技论坛——长三角气象科技创新论坛，2008。

② 崔林丽、史军、周伟东：《上海极端气温变化特征及其对城市化的影响》，《地理科学》2009年第1期。

③ 章震宇：《上海防汛形势分析及应急管理对策措施》，《城市道桥与防洪》2006年第6期。

“麦莎”期间，黄浦江上游大泖港水位超过设防标准而局部漫堤，造成金山区朱泾镇、松江区泖港镇严重受涝；而一线海塘外抵御堤外风浪的保滩工程仍显不足，横沙岛海塘甚至出现局部越浪冲刷。第二，防汛墙的日常维修维护管理问题较为突出。如2009年6月26日，闵行区莲花南路、罗秀路路口的淀浦河河道南侧防汛墙严重损坏。经水务部门测量，约83米防汛墙严重损毁，河床被抬起约5米宽。防汛墙损毁的原因与该工地堆积泥土过多有关。此后第二天，就发生了“莲花河畔景苑”13层住宅倒塌事故。第三，部分防汛墙的实际防御能力因海平面上升和地面沉降等影响已较初始防御标准有所降低。

2. 城市排水系统及雨水泵站

整体来看，上海的排水标准基本达到一年一遇的水平。但城镇排水设施建设仍存在空白点。截至2010年底，全市规划的361个雨水排水系统，有106个尚未建设；已建成的排水系统中有16个低于一年一遇的标准。在暴雨和特大暴雨情况下，部分地区的马路和低洼地带出现严重积水。如2010年上海汛期14场暴雨造成的市区道路积水路段达223条（段）次积水，其中因连管不畅、雨水口少等先天不足引起的积水有22条（段）次，占9.87%；因工地施工影响造成积水有8条，占3.59%；因系统空白，低标造成积水有35条，占15.70%；雨量过大，超过标准等其他原因造成积水124条，占55.61%。① 在抵御强台风“麦莎”期间，苏州河、虹口港、杨树浦港、虬江、新泾港等内河水位猛涨，迫使沿河排水泵站一度停机，加剧了市区积水，防汛墙也多处出现险情。

排水系统雨污合流与分流制并存。郊区新城建设中一般都采取雨污分流制，旧城区基本上是雨污合流制。但不得不说，这两种模式在防洪防汛中都存在着缺陷。合流制排水系统，由于在道路下只有一条管道，养护管理工作量小。在雨季只可能将部分雨污混合水截流送入污水处理厂，出现强降水时大量的雨污混合水受截流能力的限制，而直接溢流进入水体，造成水体的污染。在分流制排水系统中，雨水管道口径略小于合流管道，所以排水量其实是低于合流制系统的。同时分流制系统由于初期径流雨水受地面污染的影响，其污染物浓度是很高的，同样会造成水体的污染。

城市排水系统的正常运转同样需要大量日常的维修维护保养，以确保在强

① 《设施落后　申城排水系统仍存空白点》，2011年6月25日《东方早报》。

降雨时能够畅通高效排水。但据《中国城市建设统计年鉴》统计，目前国内大部分城市用于市政基础设施的财政性资金仅有4%投入到排水系统维护；养护维修资金90%依靠地方财政投入，难以按标准进行定期养护维护，从而产生汛情隐患。

此外，上海的排水系统设计还较为原始，基本只有排水这单一的手段。但实际上，现代城市排水系统是应该兼具调蓄和排水功能的。上海已经完成的苏州河二期工程建设的所谓调蓄池就是具备调蓄功能的基础设施，但就整个城市来看，排水系统的调蓄规模和功能还远远不足。

（三）地面沉降等异常地质现象增加城市防汛的复杂性和艰巨性

上海是中国发生地面沉降现象最早、影响最大、危害最深的城市。自1921年发现地面沉降以来，至2006年地面平均沉降1.966米，最大沉降量达3.018米。1957～1961年期间，沉降急剧发展，沉降速率超过110毫米/年。1966年以来，上海采取压缩地下水开采量、调整地下水开采层次、开展地下水人工回灌等综合措施，地面沉降得到有效控制，年平均沉降速率维持在10毫米左右。地面沉降造成地面高程损失并使之逐年累积，同时逐渐向外围蔓延扩展，在上海的陆域范围内普遍形成沉降区，特别是黄浦江两岸的中心城区沉降洼地更为明显。1980～2006年，上海陆域面积约65%的累积地面沉降量为50～150毫米，约25%为150～250毫米，约10%为250～500毫米。此时间段内，中心城区最大累积沉降量达500毫米。①

地面沉降显著改变了上海自然地理的下垫面形态，使城市防汛安全受到严重威胁。主要表现在：第一，地面沉降使江河水位相对上升并强化海平面上升影响。第二，地面沉降导致防汛墙防洪标准和抗洪能力被削弱。第三，中心城区形成洼地，导致强降雨时排涝困难，积水严重。第四，桥梁净空减小，码头被水淹的几率增加，内河航运受阻。第五，建筑物基础相对上升，深井失效，地下管线被破坏。第六，地铁、隧道等城市地下公共工程使用效能降低、维护成本增加。

从河流地貌演化角度看，黄浦江及其支流苏州河逐渐朝地上河方向发展。这

---

① 龚士良、杨世伦：《地面沉降对上海城市防汛安全的影响》，《人民长江》2008年第6期。

种趋势将导致长江口溺谷带向上游方向延伸，市区河道淤积也会随之加快。上海市区地面标高平均在 3. 50 米以下，最低标高为 2. 20 ~ 2. 50 米。若以 2. 20 米标高计算，200 年后市区部分地面将与海平面齐平，与荷兰的阿姆斯特丹类似。[①]需要注意的是，这里计算年限时，还尚未考虑海面上升、构造沉降因素。若不加以控制，中心城区的沉降洼地可能与西部地区的湖沼洼地连成一片，治理将更加困难。

（四）城市建设与经济社会发展中的防汛隐患

改革开放以来，上海的经济飞速发展，城市建设的步伐也不断加快。其中地铁、越江隧道、大型地下商场、地下车库、民防设施等地下公共、市政设施的建设数量也与日俱增。目前，上海的地下空间开发利用还不完善，开发深度一般仅为 3 ~ 10 米。[②] 而地下空间开发利用，是世界各大经济发达城市拓展空间的重要手段，亦将是上海市城市空间发展的主要方向。在地铁、越江隧道工程、地下车库和停车场等地下公共空间工程给上海市经济作出重要贡献的同时，也给上海市的防汛安全工作带来了极大的隐患。

此外，在城市建设过程中，部分建设工程施工单位违反《上海市排水管理条例》等法规，存在乱排施工泥浆，擅自封堵、截断、搬迁排水管道，损坏排水管道等违法行为，严重影响排水系统的安全正常运行。部分餐饮业单位向排水管道排放油污、泔脚等，造成管道堵塞，排水不畅。危害防汛排水安全。

四　完善上海防汛防洪工作的对策建议

完善上海的防洪防汛工作，需从上海防汛的实际入手，以建设国际大都市的高度，积极研究和学习国际先进经验。突破现有的以控制和防御为主要手段的防洪防汛体系，建立综合管理机制，采用多种“蓄、调、排、挡”手段，与城市经济和人文生活融合发展的防洪防汛体系。

---

① 戴雪荣等：《上海城市地貌形变与防汛墙地理工程透析》，《地理研究》2005 年第 6 期。

② 郛显晨、严飞、张琳琳：《上海市地下公共工程防汛影响论证的实践探讨》，《地下空间与工程学报》2009 年第 6 期。

（一）转变观念，建立“洪水管理”机制

从世界范围看，各国所采取的防洪策略大致可分为两类：以工程防洪措施为主和工程防洪措施与非工程防洪措施并举。其中前者典型国家有日本、荷兰、中国，后者则以美国、法国、英国等为代表。洪水管理的概念是相对于单一的以工程措施控制或消除洪水灾害的观念提出的。与控制洪水不同，其对象不再限于洪水，还包括土地和人的行为管理。在发达国家，基本上都采取法律的手段来防御城市内涝。比如，美国的防汛法律详细地规定了城市内涝防范、治理措施等条文；德国通过《城市内涝保险法》，减轻了政府的防洪工作的压力，也培养了公民的自觉防洪意识；日本在《下水道法》中严格规定了排水系统的排水能力和各项指标参数。国家级的防洪策略主要体现在非工程措施方面，如法国在 20 世纪上半叶就开始制定规划，在 20 世纪后期开始执行的自然灾害风险公布制度，对灾害风险区的开发进行了限制管理，严格规定了在洪泛区开发工程的洪水风险不能转移给其他利益相关方。而在英国，更加注重非工程防洪策略，并建立洪水损失补偿基金，灾害救济基金，洪水保险，洪水风险分区，洪水预报和警报系统等 5 个有效的措施来有效防洪。

（二）完善防汛基础设施建设

目前上海基本形成了千里海塘、千里江堤、区域除涝、城市排水系统为主的防汛基础设施体系。但还存在一些问题，主要表现为，部分海塘和江堤的防汛标准有待提高；中心城区雨污合流，全市仍有 30% 规划中的排水系统未建成。同时前文所述，随着上海地貌形变等因素的不断演化，防汛墙等基础设施存在安全隐患。

整体来看，城市排水系统基础设施建设是未来需要不断加强和完善的领域。主要发达国家的排水系统也是经过数十年的发展不断完善其功能的。法国巴黎的下水道系统历经数百年的传承和发展，依然为该市的排水发挥着巨大的作用。它不仅规模宏大，长约 2347 公里，远超过巴黎的地铁系统规模，而且设计和管理也极为周到。城区下水管道的布局是：在中间布置宽约 3 米的排水道，两边布置宽约 1 米、供检修人员通行的便道。这种布局设计体现了多功能设计理念：宽大的排水系统不仅保障了排水的快速，也便于布局电力、通信设施线路。具体到细

节，通过充分考量地面雨水流量，城区主干道的雨水井盖孔直径较大，分布较密；住宅区内的下水道入口设计成簸箕状，直径也较大。城区下水管道多达 2.6 万个下水道盖，并且 6000 多个地下蓄水池均统一编号，负责维护的专业人员多达 1300 多名。发达的排水系统使巴黎可以从容应对各类强降雨。

为改善城市排涝能力，近年来，德国建立了新型雨水处理系统——“洼地—渗渠系统”。该系统主要是由各个就地设置的洼地、渗渠等设施与带有孔洞的排水管道连接，从而形成该新型分散的雨水处理系统。强降雨袭来时，雨水可在低洼草地中短期储存和在渗渠中的长期储存来保证其尽可能地下渗。该系统在“径流零增长”的新理念指导下，使城市中的排水量尽可能地接近城市化之前的降雨径流状况。德国新型的“洼地—渗渠系统”大大地减少了因城市化而增加的雨洪径流量，起到了一定程度的防灾减灾作用；同时大量雨水下渗，补充了地下水，有效地防止了地面沉降，促进了城市生态系统的良性循环。

上海的排水系统从长远而言，应该实现雨、污水的输送、调蓄和处理的多管齐下，既保证防汛排水安全，又减少乃至消除污染的点源和面源对水体的污染，真正实现“安全、资源、环境”三位一体协调发展的目标。

（三）重视多种调蓄系统对城市防汛的作用

城市防洪防汛除了在大范围集中降雨之后的排出，还应从积极重视多种调蓄系统进行疏导。例如，可通过调蓄系统调节，削减径流量，不让大量雨水短时间内集中涌入承载量有限的排水管道。当暴雨来袭，先把超出排水能力的雨水集中引到一个“缓存区”，等径流量稳定后，再把雨水引入排水管道。在调蓄系统内加装必要装置，挡住被雨水裹挟的树叶、杂物，还有助于保持排水管道通畅，确保其排水能力不受影响。

在雨水调蓄系统建设方面，日本是一个杰出的范例。日本于 1963 年开始兴建滞洪和储蓄雨水的蓄洪池，并于 1992 年颁布了“第二代城市下水总体规划”，正式将雨水渗沟、渗塘及透水地面作为城市总体规划的组成部分，要求新建和改建的大型公共建筑群必须设置雨水就地下渗设施。该规划规定，城市每公顷新开发的土地中，应建设 500 平方米的雨洪调蓄池。充分利用一切可利用的空间调蓄雨洪，包括公共场所、住宅、院落、地下室、地下隧洞等。具体措施包括：通过工程方法，降低操场、公园、绿地、花坛、楼间空地的地面高程，通常低于地面 0.5 ~

1.0米，在强降雨时可迅速地蓄滞雨洪；在停车场、广场等公共空间铺设透水路面或碎石路面，建设利于雨水渗流的渗水井；在运动场下修建大型地下水库，将高层建筑的地下室作为水库调蓄雨；在东京、大阪等特大城市建设直径10余米，长度数十公里的地下河，用来导入低洼地区的雨水，最后排入大海；在城市上游侧修建分洪水路，在城市河道宽度较狭窄处修筑旁通水道，防止上游雨洪涌入市区；在低洼处建设大型的每秒排水量达到200～300平方米的泵站；等等。①

除工程方法以外，自然生态方法也是行之有效的策略。比如一种方法是多造绿地。有数据显示，1平方公里绿地可蓄水约1万立方米，雨水渗至地下涵养地下水，降雨结束后多余的水可快速排除。遗憾的是，上海不少绿地选址在地势相对较高处，无法引导雨水流入绿地。

（四）防汛事业与其他产业融合

1. 防汛金融

尽管我国面临着非常严重的洪灾风险，但至今没有单独的洪水保险，灾后融资仍以政府救济为主。从世界范围内来看，作为巨灾的一种，洪水风险近年来在世界各国发生的频率远高于地震等其他巨灾，因此各国都十分重视开发洪水金融尤其是洪水保险来应对洪水灾害产生的不利影响。

如美国是实行洪水保险较早的国家。1956年美国国会通过了《联邦洪水保险法》，1969年通过《国家洪水保险法》，1969年通过《应急洪水保险法》，并逐步将洪水保险从自愿保险转向强制保险。其保险计划运作主要由政府主导，政府要求处于高洪水风险地区的房屋和建筑物必须购买洪水保险，方可向联邦借贷机构申请贷款。政府的社区救助方案（CAP）还帮助合格的社区识别、预防以及解决洪泛区管理存在的问题。此外，若某个年份损失特别巨大，超过历年平均赔付水平时，NFIP（全国洪水保险计划）有权向政府申请贷款，或向国会要求提供特别拨款。由于政府的积极推进，美国的洪水保险保费稳步增长，2009年保费收入大约为32亿美元。②

---

① 中国科学院国家科学图书馆：《科学研究动态监测快报——资源环境科学专辑》2010年第11期。

② 庞利华、胡良：《美国国家洪水保险计划及其对我国的启示》，《保险研究时间与探索》2010年第6期。

2. 旅游业

事实上，在发达国家，以防汛工程为代表的防汛基础设施早已走过“墙”的时代，与城市景观融为一体，成为世界各地滨水城市最重要的景观。中国香港著名的星光大道，其实也是防汛工程。在北欧国家，对阳光如饥似渴的欧洲人，最喜欢把防汛工程建造成公园。在法国，由于其下水道系统设计合理，整洁美观且规模宏大，已经成为法国代表性的景观。上海新外滩的建设也是基于城市景观的考量，游客拾级而上，登上高高的观光平台，脚下的平台其实就是防汛工程。

除防汛墙外，上海历年为防洪防汛所建设的基础设施，如千里海塘、千里江堤，本身即是与波澜壮阔的海域融为一体的旅游资源。以政府投资防洪防汛工程建设为主导，以企业投资旅游业态为依托，以发展极具海派文化特色为基础，加快建设集防洪工程、生态工程、景观工程、水面工程、休闲娱乐工程、海派文化特色工程建设步伐，打造一流的生态风貌带、防汛工程景观带和旅游产业带。

参考文献

《上海水利志》编纂委员会：《上海水利志》，上海社会科学院出版社，1997。

丁曜：《上海市城市防汛排水若干问题的思考》，《城市道桥与防洪》2007 年第 5 期。

李珍明：《上海苏州河市区段防汛墙的加固改造》，《中小河流治理》2010 年第 18 期。

上海市水务局：《2009、2010、2011 年汛期（6～9 月）上海地区水情总结》。

B.8
黄浦江上游饮用水源地保护机制研究

刘平养　戴星翼　杨爱辉*

摘　要： 黄浦江上游水源地的有效保护直接影响到上海国际大都市的用水安全和社会稳定。上海市政府采取了一系列的措施，并取得了显著的成效。但是，由于上游来水的水质不稳定、农村生活污水和农业面源污染的影响、外来人口的大量涌入带来的压力等问题尚未得到彻底解决，目前黄浦江上游水源地的保护形势仍较为严峻。我们认为，在上游来水水质保持稳定甚至逐渐改善的前提下，水源地的有效保护应当放在快速城市化的背景下，通过社会经济的全面发展来解决，而核心就是不断降低黄浦江上游水源地的社会经济强度，主要措施包括：（1）优先扶持水源区的城市化进程，推动农民进城和资本下乡。（2）推动水源区传统农业生产方式向环境友好型转变，并且通过农业生产服务体系的重构，为农民提供深入田间地头的技术支持。（3）扶持村委会、农业合作社、专业协会等农民合作组织的发展，提高农业生产的组织化程度，建立“对内有效管理、对外集体行动”机制。（4）政府在水源地保护中应当承担主导责任，建立相应的生态补偿机制，以激励环境友好型农业生产方式的普及和扩散，以及水源区内人口密度和产业经济活动强度等的不断降低。

关键词： 水源地保护　生产方式转型　生态补偿机制

一　黄浦江上游饮用水源地形势

上海地处长江口，水网密布，水系发达，但是受高强度的社会经济活动的影

* 刘平养，博士，复旦大学环境科学与工程系讲师；戴星翼，复旦大学环境科学与工程系教授；杨爱辉，世界自然基金会（瑞士）北京代表处上海项目办公室项目经理。

响，上海水环境污染情况较为严重，是典型的水质型缺水城市。如何保障上海市近2000万常住人口的饮用水安全，一直是上海市面临的严峻考验，直接影响到人民群众的生命财产安全和社会的稳定。

上海市委、市政府历来高度重视饮用水源地的保护。早在1985年上海市就建立黄浦江上游水源保护区，并颁布了《上海市黄浦江上游水源保护条例》，1987年又颁布了《上海市黄浦江上游水源保护条例实施细则》，1999年进一步在保护区内划出“一级水源保护区”以强化核心水源保护，同时又扩大“准水源保护区”使得整个保护区面积达到1058平方公里。2010年3月1日，经调整后的《上海市饮用水水源保护条例》正式生效，确定了黄浦江上游、青草沙、陈行和东风西沙四大饮用水水源保护区，总面积进一步增加到1365.4平方公里，占全市总面积的19.4%。其中一级保护区面积约90.2平方公里，二级保护区面积约358.8平方公里，准保护区面积约916.3平方公里，将进一步改善上海市的饮用水安全形势。

在青草沙水库投入使用之前，黄浦江上游是上海市最重要的饮用水水源地。2004年，上海市总取水量为778万立方米/日，其中黄浦江上游水源地取水规模为622万立方米/日，占全市原水供应量的80%，水质总体评价为Ⅲ～Ⅳ类①。根据最新发布的《上海市饮用水水源保护条例》，黄浦江上游饮用水源地面积仍达到1200平方公里左右，占全部水源地面积的88%。

“十二五”期间，青草沙水库将建成并使用。根据规划，青草沙未来日供水量可达719万立方米，并且水质在Ⅰ类至Ⅱ类之间，将取代黄浦江上游水源成为上海市最主要的饮用水源地。即便如此，由于长江口潮汐对青草沙水库的影响，黄浦江上游水源地仍然是上海市未来饮用水源“两江并举、多源互补”格局中必不可少的组成部分。一方面是因为青草沙水库受长江口潮汐的影响，会出现一定周期的水质波动，需要黄浦江上游水源的替代和补充；另一方面，鉴于我国水环境污染形势还很严峻，从维持上海国际大都市饮用水安全的角度出发，“多源互补”还是非常必要的。

黄浦江上游水源保护区包括一级、二级水源保护区和准水源保护区，其范围如图1所示。近年来，上海市采取了一系列措施，加大水源保护力度。其努力主要包括两个方面：

---

① 张嘉毅：《上海市水源安全保障战略》，《太湖高级论坛交流文集》，2004，第125～128页。

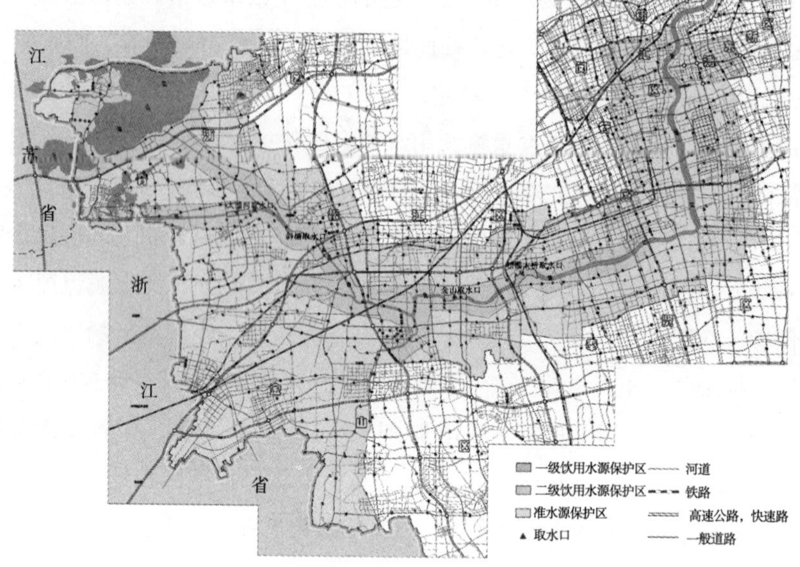

图1　黄浦江上游水源保护区范围

一是严格控制水源保护区内的各种经济行为，采取严格的强制性保护措施。主要包括：

（1）在一级水源保护区内，禁止一切可能污染饮用水水体的活动。包括新建、改建、扩建与供水设施和保护水源无关的建设项目，网箱养殖、旅游、游泳和垂钓，船舶航行、停泊、装卸（特许除外），以及使用化肥和化学农药，等等。已经建成的与供水设施和保护水源无关的建设项目，必须限期拆除或关闭。

（2）在二级水源保护区内，禁止可能向水体排放污染水体物质的所有活动。包括：设置排污口和新建、改建、扩建排放污染物的建设项目；设置固体废弃物储存、堆放场所；设置畜禽养殖场；危险品水上过驳作业；向水体排放生活垃圾、污水；在水体清洗车辆；在水体清洗装储过油类或者有毒有害污染物的容器和包装器材；冲洗船舶甲板，向水体排放船舶洗舱水、压舱水；在黄浦江上游饮用水水源保护区中的淀山湖、元荡内从事投饵养殖；等等。已建成的排放污染物的建设项目必须限期拆除或关闭。

（3）在准保护区内，禁止下列行为：新建、扩建污染水体的建设项目或者会增加排污量的改建项目；设置危险废物、生活垃圾堆放场所和处置场所；在水体清洗装储过油类或者有毒有害污染物的车辆、容器和包装器材；向水体排放含

重金属、病原体、油类、酸碱类污水等有毒有害物质；堆放、倾倒和填埋粉煤灰、废渣、放射性物品、有毒有害物品等各种固体废物；新设规模化畜禽养殖场。

二是加强水源地污染控制，增加水源保护区及其周边的环境基础设施建设（主要是污水处理厂网系统建设）以及生态修复工程的建设。主要包括：

（1）建成朱家角、枫泾、大昆、九亭、泖港、商榻、金泽、西岑、兴塔等9座污水处理厂，扩建朱泾、青浦第二污水处理厂，完善练塘污水处理厂污水管网系统建设，建设亭卫排海工程，建成金山张堰污水收集系统工程和松江浦南叶榭南排工程。

（2）针对农村生活面源污染问题，在第四轮“环保三年行动计划”中，青西地区将对农村实施“截污纳管”工程。到2012年，将使得60%以上的农村生活污水能够进入污水管网或者建立独立的处理设施。

（3）在黄浦江上游水源保护区，特别是淀山湖水域周边规划建设了大型生态片林和生态湿地。其中，一期大莲湖湿地生态修复工程于2008年正式在青浦淀山湖畔启动。

（4）加快建设黄浦江上游水源涵养林，其总面积已达到58481亩。

（5）上马了以疏浚清污、污水处理、沟通水系、美化河岸、河道保洁、修复生态为六大工作目标的万河整治工程。

经过多年的整治，黄浦江上游水源地的水质情况基本稳定，但总体情况仍不容乐观。以位于上海黄浦江上游水源地的青浦地区为例。2008年青浦1293条段、1322公里河道三类水比例11.3%，劣五类比例16.9%①。水体富营养化的情况仍然较为严重。

二　影响黄浦江上游水源地水质的因素分析

黄浦江上游水源保护区是一个开放式系统，很难像其他水源保护区那样实行封闭式管理；同时其承载的社会经济活动强度高，水环境质量受到许多因素的影响，治理、改善的难度很大。

据估计，目前黄浦江水源水质和苏州河水质的变化，80%以上的因素受上游

① 《青浦“千河整治”重现江南水乡韵味》，2009年03月20日《文汇报》。

来水的控制。例如，2000～2007年，黄浦江上游的氨氮浓度从0.5毫克/升飙升到2.0毫克/升，污染趋势非常明显，其中绝大部分是上游来水贡献的①。

黄浦江上游70%的水量来自太浦河，而太浦河的水直接来自水质较好的东太湖。虽然东太湖的水基本维持在Ⅲ类水左右，但来水要经过苏州或嘉兴的河网进入上海。苏州方面，目前东太湖的好水通过太浦河经过苏州流入上海境内水质下降很快，经苏州境内流入上海的河流水质更差，基本不达标，大部分都属于劣Ⅴ类（见图2）。嘉兴方面的情况也基本类似。虽然省界水体的水质相对苏沪边界较好，但总体也不达标。枫泾塘、清凉港、惠高泾、六里塘、上海塘等水体水质也以劣Ⅴ类为主，红旗塘、坟头港、俞汇塘水质相对较好。虽然“十二五”期间苏州地区和嘉兴地区对太湖流域水环境治理的措施和力度都在不断加大，但是整体效果仍然有待时间的检验。

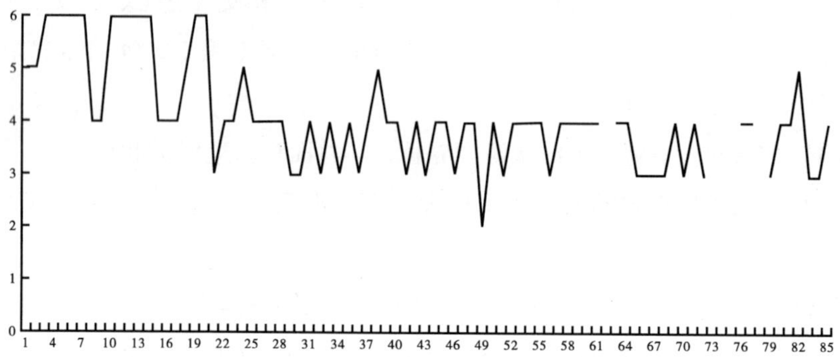

图2　太浦河汾湖大桥断面水质情况

资料来源：太湖流域管理局。其中纵轴表示水质，1～5分别表示Ⅰ类水到Ⅴ类水，6表示劣Ⅴ类水；横轴为观测时间，1代表起始月份2002年6月，85代表终止月份2009年6月。

（一）农村生活污染的影响

黄浦江上游水源保护区是传统的农业地区，经过长期的治理，工业污染等点源污染已经得到较好的控制。但是大量的面源污染问题迄今仍未得到有效解决。尽管上海市已经出台了许多严厉的强制性保护规定，但是具体实施情况和实施效

① 上海市水务局、环保局等调研数据。

果并不令人满意。主要原因在于，面源污染的污染源高度分散，监管的成本很高，需要因地制宜的综合性的治理技术。以往针对点源污染的工程性治理措施在解决面源污染问题时往往是无效的。

农村生活污染就是黄浦江上游水源保护区面临的突出问题之一。目前上海市农村生活污水纳管处理刚刚起步。根据第四轮三年环保行动计划安排，到2011年上海将累计完成68个自然村（约10万户）的生活污水治理任务。假使这一目标能够顺利实现，到2011年底，上海农村生活污水处理率也仅为10.4%。在此之前，包括二级水源保护区和准保护区的许多农村地区，农村生活污染仍处于直接排放或者经化粪池等一级处理后排放的状态。

一些已建成的小型农村社会污水处理设施，谁来运营、谁负责维护、成本如何分摊等问题都尚待解决。这也在很大程度上影响了污水处理的效果。并且，在水源保护区内，虽然污染水体的行为被禁止，但是实际中很难落实。例如，保护区内的群众还经常在河里洗衣物甚至洗马桶，洗碗、洗菜等生活废水直接排河的现象也屡见不鲜。

（二）农业面源污染的影响

农业面源污染是当前世界各国水环境保护和整治的重点和难点，迄今仍存在许多问题。《第一次全国污染源普查公报》显示，我国农业源污染物排放对水环境的影响较大，其化学需氧量排放量为1324.09万吨，占化学需氧量排放总量的43.7%。农业源也是总氮、总磷排放的主要来源，其排放量分别为270.46万吨和28.47万吨，分别占排放总量的57.2%和67.4%①。

农业面源污染也是黄浦江上游水源地的主要污染源之一。在2005年上海市郊区禽畜整治之前，原水源保护区内农田、畜禽养殖和水产养殖各主要污染源对总氮的贡献率分别为38.95%、24.56%和15.26%（其余21.24%来自农村生活污染），对总磷的贡献率分别为17.50%、54.49%和10.43%（其余17.58%来自农村生活污染）②。

---

① 《第一次全国污染源普查公报》。

② 金海洋、姚政、徐四新等：《黄浦江水源保护区农业面源污染控制对策研究》，《上海农业学报》2007年第1期。

2005年后上海市明确禁止饮用水源区的禽畜养殖，并关闭了所有规模养殖场，水源区内禽畜养殖的污染负荷得以减轻。尽管如此，水源保护区内依然存在不少农户自家散养或圈养鸡鸭的情况，并且很难彻底禁止，仍有可能影响到水源保护的效果。

农药化肥方面，上海市农村越来越少的耕地承担着国家20亿斤粮食的生产任务，以及本地70%的绿叶菜供应，亩均产出压力是全国的3～3.5倍。由此导致化肥和农药的施用强度常年居高不下。2008年，上海市单位面积耕地化肥施用水平约为600公斤/公顷/年（其中纯氮约为450公斤/公顷/年，纯磷约为150公斤/公顷/年），是全国平均水平的1.5倍甚至更多；单位面积农药施用水平约为35公斤/公顷/年（其中水溶性农药约占10%），为全国平均水平的3倍左右①。

在水源保护区内，农民收入水平偏低，农业占主导地位。由于农民普遍缺乏科学种田的技能，又对农业收入有较大的依赖，因此化肥农业的施用压力更大。尽管上海市已经出台了许多控制水源区农药化肥施用量的规定，但是操作起来十分困难。目前由于农药是政府通过村委会发给村民，控制起来相对容易；但化肥价格低，农民可以自发购买、自行使用，控制的难度很大。加上水源保护区内从事农业的很多是外地人，管理就更加困难。

水产养殖方面，主要是在夏季和冬季鱼塘换水时，高浓度的养殖废水直排入河产生的污染；以及夏季降雨集中时，养殖废水的外溢。目前据邵一平等人在对上海市郊区18家水产养殖（鱼塘）水域的实地调查和水质监测的估算，认为水产养殖污染排污系数为99.9吨/平方公里。按上海市陆域淡水养殖总面积3.75万公顷计算，水产养殖业COD cr的排放负荷约为3.2万吨/年、氨氮约为430吨/年。根据最新的水源区保护条例，已经禁止淀山湖、元荡内的投饵养殖，但是二级保护区和准保护区的水产养殖依然是允许的。如果没有相应的管理措施，由此产生的污染负荷仍将对严峻的水源保护区产生较大影响。

（三）外来人口的影响

水源保护区的人口流动的总体趋势是，本地人口不断流出，外来人口不断进

① 根据《上海统计年鉴2009》计算。

入。例如，在一级水源保护区内的闵行区马桥镇彭渡村10组，内有户籍人口98户共126人，但是外来人口却有1758人①。这也对水源区的有效保护产生了深远的影响。

首先，外来人口的大量进入增加了水源保护区的污染排放。进入水源区的外来人口主要有两类：一是进附近工厂打工的，另一类是种植蔬菜、水果或者养鱼的。前者一般租本地农民闲置的房子，一个月几十块钱的租金，连基本的家具都没有。他们对生活的地方没有认同感，千方百计减少各种生活的开销，于是就出现了少用自来水而尽可能用河水、垃圾乱丢、随地大小便等现象，并且基本上无法管理。后者往往在田边或者鱼塘边搭一个简易的草棚，一家几口人就一直生活在里面。由此产生的垃圾、生活废水等全部直接排放。并且，为了追求高收益，外来人口几乎全部采用高强度的农业生产方式，大量使用塑料大棚，化肥、农药以及鱼塘饵料的施用强度都远比当地人高。

更为深刻的影响在于，外来人口的大量进入和本地人口的流出导致农村社会结构逐渐发生改变。原来邻里之间经常走动的现象少了，一群人聚集在一起谈天说地的情况也少了很多。本地村民之间的联系越来越少，而本地人与外地人之间几乎没有交流。原先作为一个集体存在的农村就逐渐演变成为一家一户的松散联合体，社区的色彩越来越淡漠了。另一方面，农村仍然延续着过去的管理机制。而无论是村委会还是村党支部，都已经无法有效地组织和管理单家独户的村民和外来人员。与此相关的社区层面的公共物品的供给机制也逐步消亡了。

三　黄浦江上游饮用水源地保护的挑战

综合以上分析，可以看出，黄浦江上游饮用水源地保护的形式仍然不容乐观。一方面，由于上游来水和本地农村面源污染的影响，水源地的污染负荷仍然比较高；另一方面，水源地所承载的经济活动强度并没有有效地削减。

目前，上海市郊区上马兴建了许多污水处理厂，管网的建设也在逐步推进，这对于减少整个农村地区的污染排放具有一定的作用。但是，一般污水处理厂去除的主要污染物是化学需氧量，如果加上脱氮除磷的工艺，处理的成本将大幅度

① 实地调研采集的数据。

增加。并且，在农村地区大规模铺设污水管网，也是不切实际的。由于面源污染数量多、污染源小且高度分散，常规的工程性治理思路往往是无效的；并且由于面源污染成分多变，单一的治理技术很难奏效，往往需要综合性的、因地制宜的技术集成，这进一步加大了治理的难度。

已建和待建的工程项目都有长效管理的需求，而当前绝大部分工程项目对此问题都缺乏足够的重视。

整体而言，黄浦江上游水源保护地的经济活动强度过高，还存在许多环境不友好的生产和生活方式。如果这些行为得不到改变，那么水源地的污染负荷就无法得到有效的削减，水环境恶化的威胁始终存在。

因此，除了常规的保护措施之外，如何有效地降低黄浦江上游的污染负荷，就显得尤为重要。而污染负荷往往是跟这个区域的人口密度和经济活动强度高度相关。

在青浦区，目前一个很好的趋势是人口和产业越来越多地集中到青东地区，主体是水源保护区的青西地区作为生态功能区的定位也日益清晰。但是由于城乡二元结构的影响，农村土地产权的结构仍然没有变化，人口的流动更多的是一个自发的进程，并且本地人口的流出伴随着无法控制的外来人口的流入。这些问题短期内仍然很难解决。因此，进一步加强水源区保护的重点就落在削减农村、农业面源污染方面，也就是说，如何改变这一传统农业地区的生产、生活方式，使之更加环境友好且可持续，并且能提高本地群众的整体福利水平。

（一）水源地的代价

饮用水源地从上海整体的饮用水安全的角度出发，经济发展受到了许多限制。这对于原本就是经济较为落后的传统农业地区而言，代价是沉重的。农民们把这些发展的代价归结为一句话：“一产只能种，二产不能动，三产空对空”。一系列为保护水环境质量的措施，却在一定程度上制约了水源地的经济社会的发展和农民生活水平的提高。以青西地区为例，其受到的限制主要体现在以下几个方面：

1. 第二产业：“关、停、并、转”，限制招商引资

在水源保护区内，工业的发展受到严格限制。一方面，新进工业项目绝大部分被禁止；另一方面，已有的工业企业也被“关、停、转、迁”。仅2007年，水

源保护区就关、迁了17家可能造成水体污染的危险化学品生产、储存企业。

工业化进程对传统农业地区的发展影响举足轻重。而水源区由于第二产业的发展受到严格限制，农业在产业结构中的比重较大，经济发展水平相对周边地区较为落后。以青西的金泽镇、练塘镇和朱家角镇为例。这三镇面积占青浦区的50.7%，人口占37.5%，而工业生产总值却只有青浦区的13%，人均工农业生产总值在全区各镇中排名最后三位，人均GDP、人均工农业总产值与全区平均水平差距巨大（见表1）。

表1　2008年青浦区水源保护区三镇经济发展状况

区　域	农民人均年纯收入(元)	人均GDP(万元)
朱家角镇	7365	6.55
练 塘 镇	9806	7.66
金 泽 镇	9950	6.46
青 浦 区	10924	10.45
上 海 市	11385	7.3124

资料来源：《2009年上海市统计年鉴》和《2009年青浦区统计年鉴》。

2. 农业：种植

水源保护地农业的发展也受到诸多限制。自2005年以来，水源保护区的禽畜养殖被全面禁止。仅青西地区在“十五”期间就整治、关闭大中型畜禽养殖场26家，小型养殖场1431家，退养生猪10.46万头①。按照2010年新生效的饮用水源区保护条例，一级和二级水源保护区都严禁禽畜养殖。

水产养殖也是如此。在上海第三轮环保三年行动计划（2003～2005年）中，青浦区投入巨额资金，全面整治了淀山湖的网箱养殖，并且在新的饮用水源地保护条例中，将淀山湖、元荡的投饵养殖一并禁止。并且实际上，在水源保护区内新挖鱼塘养殖的申请也全部不予批准。

水源保护区的农业绝大部分是种植业。据统计，目前青西地区从事农业生产的家庭91%还是以生产种植业为主，只有少量的渔业和林业。而相对于养殖业，种植业的利润空间要小得多（见图3）。

---

① 上海市绿化市容局：《〈太湖流域水环境综合治理总体方案〉林业专题报告》，http://lhsr.sh.gov.cn/Front/Zhencefagui_Content/index.html?par1=1188par2=129。

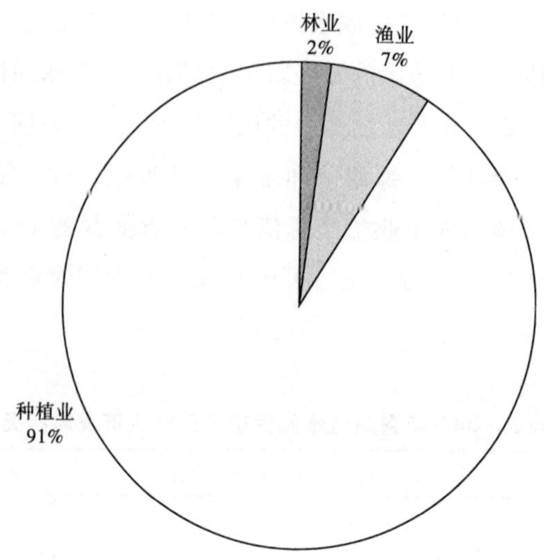

图3　青西地区从事农业生产的家庭户数构成

（二）责任的分担问题

在饮用水源地保护中，上海市近2000万市民是主要受益者，而饮用水源地区的群众则是损失的主要承担者。农民有树不能伐，有水不能用，经济发展的空间受到限制，加剧区域发展的不平衡和区域间利益冲突。

饮用水源地的群众丧失的不是简单的经济利益，而是一种发展的权利。政府作为公共利益的代表，应当承担绝大部分责任。事实上，上海市政府已经投入了大量的资金，上马了诸多治理工程，但这仅是其责任的一部分。水源地的群众本质上是替上海市政府承担了保护水源地的责任，因此，对于他们的发展权的损失，政府必须给予相应的补偿。如果当地群众的发展问题没有得到有效的解决，那么当地群众始终存在追求各种经济利益的动力，各种滥用自然资源和生态环境的行为就不可能得到有效遏制；但政府的各种管理措施，由于群众不买账，致使监督成本过高，可能很难落到实处。以水源地的“禁养令”为例。在青西绝大部分农村，虽然成规模的养殖已经被清理，但是家家户户养鸡养鸭的情况并不鲜见。

需要注意的是，发展权损失的补偿并不等于将群众给养起来。这是因为，发展权中部分也是自身的责任。如果一个地区的人不热爱自己的家园，无论外力如何作用，始终都很难将这一地区建设好。传统的社区机制消失，基层组织的行政

化趋势，在农田随时可能被征用而且征地补偿和农田景观的好坏无关的情况下，追求眼前经济收益的农户基本上也丧失了精耕细作的传统生产、生活方式，各种合作组织缺乏利益驱动力，使得问题更加复杂化。因此，政府进行生态补偿，不应当仅仅是将这部分群众“养起来”，而应当通过合理的政策安排，为当地群众提供能够过上体面生活的发展机会，帮助他们重建美好家园。需要在社区的力量、农民的力量、政府的力量的共同作用下，使得水源保护区的群众可以通过自己的手，在自己的家园里，看得到未来的希望。

四　在发展中解决发展面临的各种问题

从黄浦江上游水源地保护的整体形势看，保护区内的污染负荷仍然比较高。在上游来水的水质在短期内不太可能出现质的变化的情况下，降低污染负荷的主要希望就寄托在本地面源污染的控制上，包括农村生活污染和农业生产污染的控制。这本质上要求按照饮用水源地保护的要求，重构农村社区的生产、生活方式。

但是这种转变很难在自发情况下发生。因为在缺乏强有力的组织机制的条件下，无论是基层政府、社区组织还是农民，都缺乏治理面源污染的激励。面源污染的治理是一个长期的过程，除了一次性工程投入之外，还需要长期管理运营的投入。按照我国的财政投入机制，前者资金来源渠道广，国家、上海市和青浦区都可能有专项资金支持；但后者基本由基层政府承担。而面源污染治理的收益却是由整个上海市分享的。于是就产生了正外部性。对社区组织和农民而言也是如此。它们从面源污染控制中能够直接获利的很少，但是为此付出的机会成本却不低。因此，如何界定相关主体的责任边界、并建立相应的责任分担机制，就显得尤为重要。

（一）产业转型与人的发展

黄浦江水源地保护区当前面临的水源地保护与自身社会经济发展需求相冲突的困境，在我国，尤其是东部发达地区的水源保护区具有很强的代表性。这些区域往往都属于平原河网地形，河网综合交错，但水流缓慢，上下游不明显。由于水源保护的限制，所在区域不得不以种植业为主。同时，发展机会的缺失，也使得本地人口不断外迁。

虽然相对于工业，种植业对生态环境的破坏、污染物的排放强度都要低得多，但是种植业并不是天然有利于水源保护的。这是因为，一方面种植业的土地利用强度仍然比较高，尤其是在社会经济比较落后、本地群众经济发展需求迫切的地区。为了追求更高的产出，人们往往选择施用更多的农药、化肥；另一方面，相对于工业点源污染，种植业的面源污染治理难度更大。迄今为止，面源污染的监测、管理和治理等各个环节还存在大量无法解决的问题。在水源保护区，尤其是在上游来水质量已经堪忧的情况下，如何削减本地因为人口压力、发展压力下的种植业产生的污染负荷，已经成为本地饮用水源地保护的关键问题之一。

除此之外，农村生活污染也是水源保护区的本地主要污染源之一。尽管政府加大了农村环境基础设施建设的力度，但是由于社区机制的缺失，村民的积极性并没有被充分调动起来。而仅仅依靠工程是很难达到目的的。

因此，本地饮用水源地的保护问题，同时也是发展问题；不但要实现产业的发展，还要坚持不懈地推动本地人的发展和社区的发展。这是一个“重振河山”的系统工程。具体而言，就是实现高强度、低附加值的种植业向环境友好、高附加值的服务化农业转变；在这个过程中，重新将一盘散沙的农民组织起来，共同建设美好家园。

（二）结合郊区的快速城镇化过程，推动农业要素流转

对黄浦江上游水源区的有效保护，决定性的措施可以归结为：“人出来、钱进去”。这是因为，相对于饮用水源区面临的供水数量和质量的压力，饮用水源区的污染负荷依然过高，而其中很大一部分是由于人的活动所引发的。黄浦江上游水源区的人口密度，不但相对于发达国家的水源地显得过高，而且在东部沿海地区的水源地中，也不算低。另外，资本以及资本带动的其他要素进入农村，是实现农村振兴的关键。而要吸引资本进入农村，必须能够实现农村要素的流转，以实现优化配置。每家每户一亩三分地的小农经济模式，会导致发展的交易成本的大幅度增加，也降低了对资本的吸引力。

在水源保护区内，本地群众对土地的依赖程度已经非常低。在家庭收入结构中，直接来自土地经营的收入甚至可以忽略不计。绝大多数农民仅种植足够一家的口粮，而将大部分的耕地租给外地人经营。类似的，农村建设用地的浪费也比

较严重。一方面，许多家庭实际上都已经不住在农村，但是他们仍然保留着自家的房子和宅基地；另一方面，农村还有不少人因为各种理由要新建房，许多生产队甚至已经将公共空间（如打谷场）全部建完了。

农民之所以不愿意放弃耕地和房屋，一方面是因为普遍的对政府动迁的预期。他们希望从中最大化自己的收益；另一方面是因为，在当前的城乡二元体制下，这部分属于他们的资源还无法有效地流转，由此产生的不利后果是显而易见的。农村沦落为村民逐利的平台，大量资源被浪费，资本不愿意进入，也无法进入。

因此，结合郊区的快速城市化进程，应积极为想离开的村民创造条件。第一种方法是依托农民合作组织，按照双方自愿协商的价格，将耕地资源逐步集中起来；再由合作组织与资本进行谈判协商。农民可以将耕地出租，收取租金；也可以将耕地入股，每年获取分红。无论租金还是分红，都可以根据农民的需要，给予实物（解决各家各户的口粮问题）或者现金。这样做的好处是可以实现规模化的经营，采取统一的生产标准，管理也相对方便。并且，放弃耕地的农民也可以到合作组织中打工。第二种方法是成立土地收储基金，推动宅基地的置换。可以考虑在镇区建造联排楼，以相对合理的价格置换农民的宅基地。从当前的情况看，不应采取简单地按照人均住房面积补偿或者按照面积补偿的方式，而应当通过谈判协商来确定。如果双方都可以接受，则交易达成；如果有一方不能接受，就交易继续闲置。只要最终能够使水源保护区的人口密度控制在一个合理的范围之内即可。因此，在镇政府乃至区政府一级，成立水源保护区土地收储基金是必要的：一方面可以避免农民漫天要价，另一方面也为想放弃农村土地资源的农民提供一个出路。最终实现区域土地资源的配置的优化。

（三）生产服务体系的重建

农业面源污染的控制，对于缓解黄浦江上游水源区的污染负荷至关重要。推进的关键是如何在不影响农业收入（而不是产量）的情况下减少农药、化肥的施用。目前主要的路径是有机肥的推广使用以及精准施肥、配方施肥等技术的推广。但是，目前农村的普遍情况是农民的受教育水平低，绝大多数依靠经验种田。加上农村人力资本大量外流的影响，剩下从事农业生产的都是老年农民。他们很难接受并应用各种新技术。

目前上海市农技服务体系不完善，尤其是越往基层效率越低。直接在田间地头为农民提供技术服务的基本没有。同时我国农业生产服务体系普遍存在体制不一、人才缺乏、年龄结构老化、人才断层明显、队伍缺乏技术培训、服务观念和知识结构均落后于现实需求等问题，无法满足农村面源污染控制的需要，更无力为生态农业等环境友好的生产方式的发展提供有力的支撑。

因此，当前迫切需要重建农村的生产服务体系。其长期目标是，实现每个村配备一个农业技术人员的目标。短期内，可以采取的措施包括：

（1）依托“大学生村官”活动，让这部分下乡的大学生担负教导农民正确施肥的职责。

（2）继续推广“为农综合服务站”，免费为农民提供各种农技培训。

（3）通过种植能手、农业合作组织等的示范作用，激发农民参与的积极性；并且采取补贴等鼓励方式，扶持种植能手和农业合作组织为农民提供田间地头的实践指导。

农业生产服务还应当重新考虑对化肥、农药的销售渠道进行控制。在开放的化肥供给体系下，由于化肥价格较低，农民的逐利行为会导致滥用化肥的现象始终存在。而采取一定程度的管制措施的农药的滥用情况相对较少。在日本，70%的农资是通过农协购买和配发的，其中农药达到70%，化肥达到92%①。鉴于农药、化肥的施用对水源保护区的严重影响，对其销售渠道进行必要的控制是合理的。例如，可以由每个村的农业技术人员根据土地情况确定农药化肥的购买配额，从源头上控制农民乱施化肥的行为。

（四）提高农民的组织化程度，重构社区集体行动机制

无论是饮用水源地的保护还是社区的振兴，一个基本前提是提高农民的组织化程度。因为没有有效的集体行动机制，那么，滥用开放性社区或更高层面的资源（如社区生态农业品牌、水源水质等）的行为就不可能杜绝；环境友好的行为（如河道清淤、生态农业的开发、家园保洁等）就会越来越少。

不同的发展路径对农民的组织化程度要求不一样，其实施的难度也不一样。根据莲湖村的实际情况，可以采取以下两种方式：

① 数据来自：《山东省赴日本农民专业合作经济组织考察报告（2）》。

（1）在农民自愿的基础上推动农民合作组织的发展。通过为农民合作组织在技能培训、技术指导、市场营销以及生态补偿等方面提供免费扶持等方式，激励农民加入合作组织。由农村合作组织实现对内的自我管理，对外与政府和市场进行沟通和谈判，例如政府的补贴，技术、资本的进入，等等。

（2）重建村委会的村民自治的功能，加强村干部与村民之间的联系；村干部、党员在共建美好家园中应当充分发挥带头作用。一个重要的途径是避免集体公共物品供给的过度市场化倾向，努力恢复集体行动、共建共享的传统，逐步恢复河道清淤、村容保洁、修路筑桥等社区事务的“义工”机制。其中一般的群众给予误工补贴，党员干部则以身作则、义务劳动。以此重建党员、干部的威望和影响力。

充分发挥村规民约的作用，真正做到集体制定、集体通过、集体执行。村规民约不是宣传口号，必须能够用于解决村集体行动相关的各种问题。它必须是在村民多次谈判、协商的基础上形成的，如此才能真正做到共同遵守、共同监督。

（五）完善水源保护区的生态补偿机制

自 2008 年开始，上海市已经着手探索建立水源保护区、基本农田和生态公益林的生态补偿机制。从目前实施的情况看，主要集中在市—区—镇三级政府的转移支付层面。村集体也获得了部分财政转移支付，但其中多少属于生态补偿资金不得而知。从实施效果看，对水源区保护影响最大的村民与生态补偿之间并没有联系起来，村民对生态补偿知之甚少，自然也没有多少积极性。村干部也认为，实际上政府的生态补偿到镇政府层面就结束了，并没有惠及村集体和村民。

因此，要建立长效的水源区保护机制，推动社区的发展和振兴，必须进一步完善当前的生态补偿机制。

1. 生态补偿的导向

相对于发达国家，我国东部地区的水源保护区面积偏小，内部经济活动强度偏高。黄浦江上游水源地也不例外。因此，生态补偿必须有助于经济活动强度的不断降低。

对莲湖村而言，经济活动强度的降低主要有两个路径：一是人口密度的降低。在城镇化的拉动以及农村发展机遇不足的推动下，水源保护区的本地常住人口已经出现了明显的外流趋势。这是社会发展的潮流。生态补偿机制应当促进这一进程而不是反之。二是由高强度的土地利用方式转向低强度的土地利用方式。在莲湖村，集中体现在传统农业向生态农业的转变上。由于这种转变在生态产品的市场还很不完善的情况下很难自发地发生，环境友好的生产方式对生态环境保护的贡献无法通过市场交易得到实现。这种正外部性的存在，就是水源保护区的生态补偿机制所应当努力消除的。

2. 生态补偿的方式

对于人口外迁的生态补偿机制，可以在镇政府或区政府层面，设立专项基金，为进城的水源地农民提供全方位的扶持，其中包括：免费的劳动技能培训，免息或者低息贷款提供创业支持，宅基地置换或者购房补贴，等等。绝大部分外迁的人群的主要目的是为子女提供更好的教育条件，这也可以作为政府的生态补偿方式之一。这部分生态补偿的对象是那些愿意从水源保护区搬出来的人。目前区政府为进入青东打工的本地群众（基本工资低于2000元/月）提供400元/月的交通补贴，在现阶段也对拉动水源区居民的外流具有较大的作用，可以一并纳入生态补偿专项基金中。

对农业产业转型的生态补偿情况更复杂一些。在这里，补偿的对象不应是村民，而是各种环境友好的生产活动。具体包括有机肥的生产和使用、河道的疏浚、土地的休耕或间耕等。

对农民从事生态农业的行为，也应当给予补偿。考虑到生态农业发展的特殊性，仅依靠直接的生态补偿不足以提供足够强的激励；并且，生态农业的发展，必须建立在农民的组织化的基础上，要么依托农民合作组织，要么依托企业，相应的生态补偿也应当以这种组织为主要载体。可以考虑的形式包括：

（1）政府为生态农业所需的各项技术的引入和推广埋单，并重建农业生产服务体系；

（2）政府以采购、或者结对子等形式，要求相关部门、事业单位的食堂与莲湖村建立长期合作关系，定点购买莲湖村的各种有机农产品；

（3）政府对莲湖村有机农产品的品牌培育、营销渠道建设给予强有力的支持，并补贴部分成本。

3. 生态补偿的标准

生态补偿标准历来是最有争议的。“十补九不足”，就接受补偿的村民和村集体而言，补偿总是越多越好。但是过高的补偿标准，一方面加大了政府的财政

负担，另一方面也未必能够产生正确的激励。例如，对生态农业的补偿，如果农民算下来比外出打工还轻松、合算，那么农村人口的外流反而被阻止了。甚至可能有些已经迁走的那部分人的实质性回流，就像为了得到更多的征地补偿，许多人将户口重新迁回莲湖村一样。因此，更为合适的方式是以替代成本法进行补偿。也就是说，各种环境友好的行为，根据其削减的污染物的排放量以及对水源保护的贡献，计算如果采用其他工程性方式需要花费的成本（如兴建污水处理厂，其建设、运营、配套管网和长期的管理投入等方面的成本）。这部分作为生态补偿的总量，然后根据村民参与环境友好行为的程度进行个体的补偿。

总体标准方面，日本对山区按照要求从事林业生产经营的农民的生态补偿方式值得借鉴。即：使从事环境友好型产业（生态农业）的总体收入水平，与城镇蓝领工人的收入水平大致相当。这一水平并不会对有能力外迁的居民产生很大的影响，同时又能弥补水源保护区的群众发展机会的损失。

4. 生态补偿的运作方式

在政府层面，市—区—镇三级政府之间，主要通过转移支付实现，即上海市财政代表上海2000多万常住人口的饮用水安全对水源保护区进行转移支付，以生态补偿专项基金的方式向区政府转移支付；区政府按比例进行配套投入，并对水源保护区的乡镇进行转移支付。最后由乡镇对各村进行补偿。

补偿的直接对象，较好的选择是村民合作组织。只有加入村民合作组织的村民才能够得到全额的补偿。这是因为，村民合作组织对村民更加了解，无论是分配还是互相监督都更加有效，不存在政府与村民之间的信息不对称问题；同时也可以鼓励农民成立合作组织，提高农民的组织化程度。

另外，对人口外迁的补偿，可以选择区政府设立专项基金的方式进行。凡是符合条件的人都可以通过村委会—镇政府向上申请，也可以单独申请。获得补偿的人必须放弃农村户口。

参考文献

徐祖信、黄沈发、罗海林等：《黄浦江上游水源保护区污染成因分析》，《上海环境科学》2003年第21期。

徐祖信、沈根祥、黄沈发等:《上海市畜禽养殖业环境承载能力分析》,《上海环境科学》2003 年第 21 期。

邵一平、矫吉珍、林卫青:《上海市水环境污染现状以及水环境容量核算研究》,《环境污染与防治》2005 年第 27 卷。

黄沈发、吴建强、杨泽生等:《黄浦江上游地区水环境污染负荷特征》,《中国人口·资源与环境》2007 年第 1 期。

黄沈发、王敏、杨泽生等:《黄浦江上游地区水环境质量演变趋势》,《中国人口·资源与环境》2007 年第 2 期。

王艳、杨洁:《日本的农业产业化服务体系运作模式及启示》,《河北理工大学学报》(社会科学版) 2009 年第 2 期。

李慧、刘平养:《以降低经济活动强度为支点　撬动水源区保护》,《环境保护》2010 年第 5 期。

刘平养:《发达国家和发展中国家生态补偿机制比较分析》,《干旱区资源与环境》2010 年第 9 期。

金书秦、魏珣、王军霞等:《发达国家控制农业面源污染经验借鉴》,《环境保护》2009 年第 20 期。

李秀芬、朱金兆、顾晓君等:《农业面源污染现状与防治进展》,《中国人口·资源与环境》2010 年第 4 期。

B.9

加强湿地保护与修复，探索海岸带开发与保护平衡之路

汤 伟*

摘　要： 城市化对湿地和海岸带造成诸多负面影响。国内外城市湿地区域不约而同地出现了面积减少、质量下降、功能退化的情况。上海是建立在湿地之上的城市，也出现了同样的问题。湿地保护的政策框架是通过将湿地系统纳入城市规划体系，推进立法、相关政策创新，争取日常环境保护行动协同互动。为了开发和保护海岸带，上海专门制定联席会议制度，将海岸带产业结构与“十二五”的创新驱动、转型发展联系起来。四大中心的建设对湿地和海岸带的管理提出更高要求，而目前的管理仍存在诸多不足。本文提出除了规划层面的考量外还应改善政策管理体制、统一领导，推动公共参与管理，加大资金投入等若干政策建议。

关键词： 湿地　海岸带　城市发展　政策框架

一　城市发展对湿地和海岸带的压力

城市化是地球上最显著的现象，虽然2008年全球一半人口居住于城市，但根据联合国的估计，这一数字到2030年将上升至60%～70%。随着更多的人口进入城市，对土地资源的需求也就日益增加，周边的农田、植被和水体等自然生态系统载体也逐渐成为没有水汽蒸发和挥发性的金属、沥青和混凝土（李娟娟，2007）。湿地是自然界三大生态系统之一，或净化污染物、或调节微气候、或改

* 汤伟，上海社会科学院生态经济与可持续发展研究中心助理研究员，博士。

善环境，为动植物提供了丰富多样的栖息地，也为居民提供休闲娱乐和受教育场所，被科学家称为“地球之肾”。然而城市化推动下，湿地逐渐沦为“土地后备资源”，逐渐成为城市开发的对象。根据地理遥感数据，国内外城市不约而同地出现面积缩小、化整为零、分布不均匀的情况，孤岛式的斑块链接度显著降低，生态功能受损严重。比如早在20世纪60年代北京市尚有湿地12万公顷，到2010年已只剩48000多公顷，占北京土地面积由15%多降至2.93%，现在已很难找到一块自然形成的水域；杭州西溪湿地也经历类似变化，公园建成之前被周边蚕食，面积从新中国成立初期的60平方公里减少到目前的10.08平方公里。城市化对湿地的影响不仅仅是面积的侵蚀和外观形状的割裂，对湿地的功能、水质也造成不可逆转的负面效果。比如工业废水、生活污染和农业等有害物质的大量排入，形成富营养化的水环境，浮游生物和藻类大规模爆发性生长，严重损害了湿地原有的功能和生物多样性。此外，一些城市还以公园的形式对湿地进行观光旅游、休闲娱乐开发，导致湿地环境在功能和结构上都有所恶化。如果说湿地与陆地、海洋并称为地球上三大生态系统，那么将这三种生态系统有效链接的便是海岸带。海岸带，即陆地、河流、海洋交汇的地方。这个地方资源丰富、环境优美、交通便利，天然适宜工业发展和经济增长（许学工、彭慧芳、徐勤政，2006）。在全球一体化驱动下，海岸带的人口和经济活动日益增多。围海造田的无序、房地产项目的仓促上马、物流港口建设使得海岸带也开始面临湿地一样的困境：土地资源紧张和环境问题日益增多。废水、废气、固体废弃物侵入海水使得海洋污染严重恶化；化工项目大量上马随时可能酿致重大环境危机；捕捞、养殖等对生物和非生物资源不计后果的利用破坏了原有的生态服务功能。湿地和海岸带在保护和开发之间究竟如何平衡成为各方不得不思考的焦点问题。

二　上海湿地和海岸带的现状与问题

（一）湿地现状

上海地处太平洋西岸、亚洲大陆东端，东临东海，北界长江，属长江三角洲，是北亚热带季风性气候。根据1997～2000年湿地资源普查，上海市湿地总面积319714公顷，一级湿地类型中：滨海湿地305421公顷，占95.53%；河流

湿地 7191 公顷，占 2.25%；湖泊湿地 6803 平方公里，占 2.13%；库塘湿地 299 公顷，占 0.09%。二级湿地类型中：潮间淤泥海滩滨海湿地 13495 公顷，占 4.22%；岩石性海岸滨海湿地 2502 公顷，占 0.78%；河口水域滨海湿地总面积 289425 公顷，占 90.53%；永久性河流湿地 7191 公顷，占 2.25%，永久性淡水湖泊湿地 6803 公顷，占 2.13%；水库湿地 299 公顷，占 0.09%。根据上海市林业局 2010 年的调查信息，目前 100 公顷以上的湿地 27 块，主要分布在杭州湾北岸、长江河口地区的近海及海岸湿地，苏州河、黄浦江沿岸的河流湿地，淀山湖及周边湖泊的湖泊湿地和宝钢水库、陈行水库等库塘湿地，崇明东滩是至今痕迹可见最为明显的一块巨大湿地。如果我们坐上飞机从空中鸟瞰，就不难发现上海是一个建立在湿地之上的城市。丰富的湿地资源必然带来丰富和明显的生物多样性，迄今为止植物共 160 种，动物 269 种，其中鸟类尤为丰富，有 150 多种，占了全国 60% 以上，也占了在 1992 年国际重要湿地《拉姆萨公约》中所罗列水鸟的 1/6。湿地还为 250 多种的鱼类、200 多种的底栖动物和近 150 种的水生植物提供了良好的栖息地。长江口、杭州湾湿地每年要接纳 200 多种近百万只次的迁徙鸟类在此停歇、觅食和越冬。

（二）湿地问题

新闻媒体上、网络上我们经常可以看到这样的说法：上海湿地的面积在减少、功能在退化、质量在下降。这些减少、退化、下降的具体表现是湿地区域用途的变化、水质变差、生物多样性丧失，逐步成为不适合动植物的栖息地。

图 1 是原本被称为“上海之肾”的新江湾城的卫星对比图，左图江湾城是原来湿地的状态，面积共 945 公顷，湿地总体绿地率超过 50%，基本不存在污染和破坏问题，是市区内唯一的一块生态湿地；右图则清晰显示房地产开发对湿地面积构成的显著影响，楼盘的加速入侵使绿地面积消失 1/3，连政府唯一承诺保护的、面积极小的 18 公顷原生态湿地也已遭到各种人工设施的破坏，原生湿地系统几乎消失。实际上不但江湾湿地，包括河流、湖泊、水库、边滩、稻田、养殖池塘、景观水面的整个内陆湿地都处于持续减少的状态，根据地理遥感监测数据，从 1990 年到 2000 年内陆湿地面积减少 12396 公顷，而 2000～2007 年内陆湿地减少 7695 公顷，几乎每年以 10% 的速度递减，减少量为 100～120 公顷。

表1　上海湿地资源分布

单位：hm^2

湿地类型和名称		分布范围	面积	面积小计	备注	自然保护区	2007年遥感数据
河流湿地	黄浦江*	从松江区米市渡至吴淞口	3797.97	7190.71	自米市渡至吴淞口		3539
	苏州河	自朱家山之东由江苏流入上海在外白渡注入黄浦江	243				322
	蕴藻浜	其上游于孟泾附近与吴淞江汇合，在吴淞注入黄浦江	142.27				256
	定浦河	始于淀山湖，在龙华长桥注入黄浦江	207.41				208
	拦路港至竖潦泾	黄浦江主要源河	954.02		含泖河—斜塘—横潦泾	1985年第一个湿地类型的黄浦江上游饮用水源保护区	708
	大蒸塘—园泄泾	黄浦江源河之一	193.77				225
	太浦河	黄浦江源河之一	255.3				264
	大泖港—胥浦塘	黄浦江源河之一	196.98		含掘石港		236
	急水港	位于淀山湖之西商榻乡	1200				148
湖泊湿地	淀山湖*	江苏省和上海市交界处，跨青浦、昆山两区	4760	6803.11	上海最大天然湖泊		4855
	元荡	青浦金泽镇北泗与江苏共有	324.75				220
	雪落荡	金泽镇的西边，与江苏共有	129.2				53
	汪洋荡	金泽镇的北偏西，与江苏共有	21.3				101
	大莲湖	金泽镇之北	147.4				71
	大葑漾	金泽镇以东	1420.46		含小葑漾、北横港、火泽荡、李家荡		365
库塘	宝钢水库	长江南支南岸近宝钢侧	164	299.00	原名石洞口水库		190
	陈行水库	位于长江南支南岸近宝钢侧	135				135

续表

湿地类型和名称			分布范围	面积	面积小计	备注	自然保护区	2007 年遥感数据
近海及海岸湿地	杭州湾北岸	金山区边滩	西始于金丝娘桥东至南汇的汇角	5703. 15	13494. 97			3417
		奉贤县边滩		5954. 7				
		南汇县边滩		1837. 12				
	大小金山三岛*		金山边滩南东海域，距金山咀 6. 6km	2501. 85	2501. 85	原自然保护区申请 45hm²	省级自然保护区中国重要湿地	404
	崇明东滩		北八滧起向东、南至奚家港	71896. 77	289424. 57	含佘山岛	国家级自然保护区国际重要湿地	60070
	崇明岛周缘		除东滩外，崇明岛北缘、西缘、南缘、滩涂	41188. 24		北含黄瓜沙，南含扁担沙		31663
	长兴岛周缘		主体为长兴岛北部、西部滩涂	15483. 91		含青草沙、中央沙、新浏河沙	中国重要湿地	15001
	横沙岛周缘		主体为位于横沙岛以东滩涂	50549. 87		含横沙浅滩、白条子沙	中国重要湿地	44517
	吴淞口北宝山边滩		吴淞口北至浏河口	5654. 07				1455
	吴淞口南	浦东新区边滩	吴淞口至浦东机场	5954. 7				3344
		南汇边滩	浦东机场至汇角	53086. 13		含铜沙沙咀		39246
	九段沙*		横沙岛与川沙南汇边滩间	40610. 88			国家级自然保护区	37734
总计					319714. 2			248819

资料来源：汪松年主编《上海市湿地利用和保护》，上海科学技术出版社，2003，第 15～17 页；*表示重点湿地。2007 年遥感数据来自上海市林业局、华东师范大学：《上海湿地资源调查与监测评估体系研究》，2010。

图1　江湾城湿地鸟瞰对比（2007～2010年）

资料来源：储静伟等，《东方早报》。

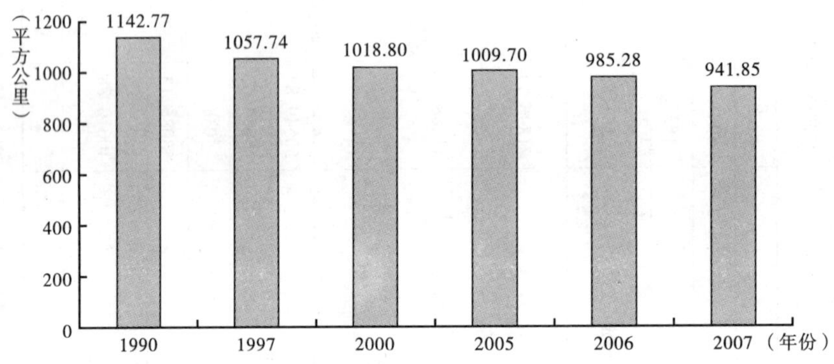

图2　内陆湿地面积

资料来源：上海市绿化市容局、华东师范大学：《上海湿地资源调查与监测评估体系研究》，2010。

根据地理遥感监测，2007年湿地面积为248819公顷，比2002年的调查结果319714公顷减少22.2%，整整减少了70895公顷。减少的地方主要在上海近海及海岸湿地，如崇明东滩从71896.77公顷减少到了60070公顷，崇明岛周缘从41188.24公顷减少到31663公顷，横沙岛周缘从50549.87公顷减少到44517公顷，浦东新区边滩则从5954.7公顷减少到3344公顷，南汇边滩则从58086.13公顷减少到39246公顷。相对"减少"的问题，功能"退化"可能较为突出，而退化的主要缘由是污水污染加剧、富营养化现象突出，这方面的证据是上海其他地方的芦苇越来越稀疏、长得越来越细小，水质变差、污染变多、有机物含量

变少、鸟类和生物多样性越来越稀少。根据上海市绿化和市容管理局 2011 年 3 月 31 日发布的 2010 年上海水鸟资源监测报告：2006 ~ 2010 年，上海水鸟数量正从 2006 年度的 20 多万只次，减少到目前的不足 15 万只次，其中冬候鸟和旅鸟的数量减少最为明显。除奉贤边滩和崇明东滩保护区的数量呈现少量上升趋势以外，其余各区域的水鸟数量均出现了下降，其中崇明东滩鱼蟹塘和九段沙保护区最为明显。“下降”的具体表现便是外来物种入侵，大量证据表明美国引进的互花米草虽存在促淤、消浪、护岸功能，但却对崇明东滩湿地的生态状态造成较为恶劣的负面影响，对其他动植物生存和栖息地质量造成了显而易见的伤害。

（三）海岸带现状

上海湿地接近 96% 属于滨海湿地，而滨海湿地相当部分属于海岸带的范畴，因此对湿地的有效保护必须与整个海岸带的保护与开发联系起来。虽然学术界对海岸带存在多种定义和标准，无论从何种定义出发，上海都是海岸带资源异常丰富的河口城市①。其海岸带资源主要分为两类：一为长江口岸滩，二为杭州湾北岸滩。长江口岸滩主要分为长兴岛北岸、崇明岛南岸、长江南支南岸、横沙、长兴岛、南槽、白龙港—南汇咀；杭州湾北岸滩分为南汇岸段、奉贤岸段、金山岸段。表 2 是海岸带利用结构分类的列表（联合国环境规划署，1995）。

根据表 2 和图 3 上海海岸带的利用结构主要为深水岸线的水域空间、航运运输和滩涂资源。首先是深水岸线的水域空间，国际航运中心的城市功能要求提升整个港口的吞吐能力、扩建港区，港区扩建必然带动周边陆域空间的经济价值，如铁路、公路、仓储、车恶战、工业区和新城等等。目前洋山深水港正成为港口货物吞吐、外轮进出、物流的重要出海口和现代化新型港区（李蓉，2009）；其次是航运运输，即航道承载量的问题；最后是滩涂，也是最重要的利用类型，上海市的滩涂由长江带下的流沙冲积而成，大体可分为三段：南汇岸段、奉贤岸段、崇明岸段，而滩涂的基本情形是：杭州湾北岸基本稳定，东部淤涨；长江南岸东南逐渐淤涨，西部稳定；崇明岛东部、北部淤涨很快，南部大体稳定；江中沙洲变化频发，淤多冲少。

① 海岸带的宽度目前没有统一的规定，我国对海岸带调查所确定的宽度范围为向陆延伸 10 公里，向海延伸到 10 ~ 15 公里。上海海岸带因滩涂围垦，不同时段的岸线均有所变化，目前仍没有统一的规定，1989 年近海陆域行政边界向内 5 公里为内边界，外边界为各年影像中可以目视解译的水陆交界线为边界。

表 2　海岸带利用结构分类

夏威夷海洋资源管理计划,1991 年	联合国环境规划署(UNEP),1991 年	瓦勒卡(Vallega),1992 年	
研究	城市和乡村中心系统	海港	防御
娱乐	开发空间	航运、运输	娱乐
海港	农业用地	运输路线	滨海
渔业	林业	航运、导航	人事建筑
海洋生态系统保护	矿业	海洋管道	废物处理
海滩和海岸侵蚀	工业地区	电缆、光缆	研究
废物管理	居住区	空运	研究
水产业	旅游和休闲地区	生物资源	考古
能源	海洋利用	碳氢化合物	环境保护
海洋矿产	交通走廊和地区	金属可更新资源	
其他基础设施	可再生能源资源		

资料来源:《联合国环境规划署区域海洋研究报告》, 1995。

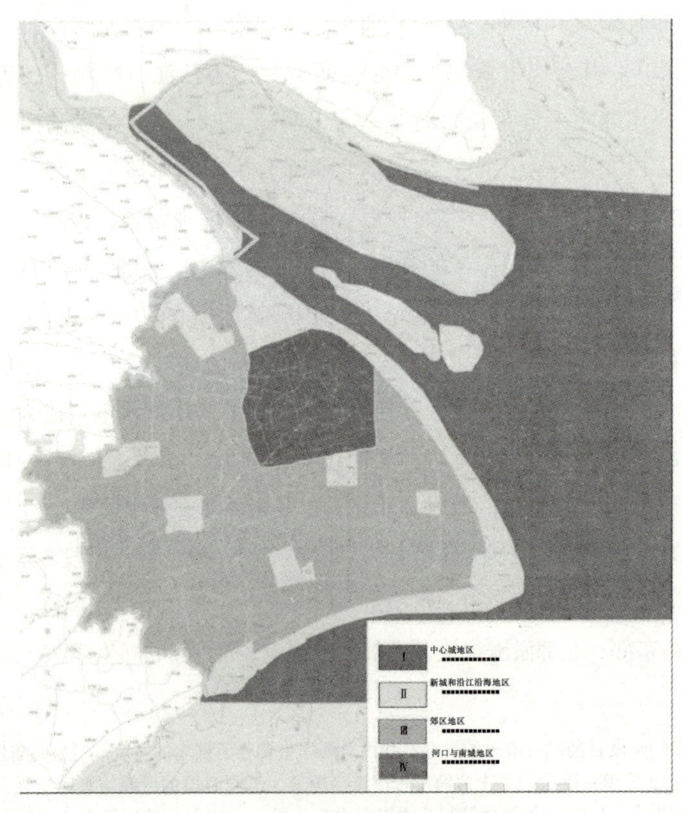

图 3　上海土地资源利用结构和类型

（四）海岸带问题

虽然海岸带包括了航道、水体和土地，但最重要的还在于滩涂的使用问题。实际上在历史上滩涂对上海城市发展作出过巨大贡献，1949～2001 年全市圈围滩涂 875.7 平方公里。其分布情况是，崇明岛 55420 公顷，长兴、横沙两岛 4050 公顷，长江口南岸 14660 公顷，吴淞口以北 580 公顷，浦东 4550 公顷，南汇 9530 公顷，杭州湾北岸 13440 公顷，金山 233 公顷，奉贤 1110 公顷（汪松年，2004），使得土地面积增长了 14%，相当于嘉定、闵行面积总和（金忠贤，2003）。2000 年以来上海最重要项目的土地利用也主要通过滩涂圈围实现的，例如，工业基地（宝钢、金山化工基地）、空港基地（浦东机场）、休闲娱乐业基地（浦东三甲港华夏文化旅游区、奉贤“南上海水上乐园”、南汇东海影视乐园）、市政用地（老港垃圾堆场、陈行水库、石洞口水库）、综合农业基地（崇明、长兴、南汇、奉贤等诸多国有农场、林场、渔场及其他综合农业后备基地）、港区（浦东新区外高桥港区、南汇芦潮港港区、洋山保税港区、宝钢铁矿石港区）等，如表 3 所示（施玉麒，2003）。在滩涂上建立农垦区、工厂企业、市政设施和自然保护区必然在海岸带上形成多样化的景观构造。学术界通过多时相遥感影像解译的土地利用数据研究了 1994～2005 年上海海岸带的景观动态变化，发现海岸带农田面积持续减少，原有优势明显降低，反映城市化的人工景观类型（如工业用地、交通用地、公共设施用地、居住用地）面积不断增加，其他建设用地不断增加，景观的破碎化程度提高，斑块隔离程度、多样性也增强。尽管如此，为满足城市化对土地资源的需求，上海市对沿海滩涂不断进行围垦。2003 年上海市政府又决定到 2010 年在海边岸线再促淤滩涂 73330 公顷，使滩涂圈围达 40000 公顷，面积相当于 40 个黄浦区，总体面积扩大 6.31%。这一规划目前已得到国务院批准，并列入《上海市土地利用总体规划》。

大型项目、大型工厂及其相关附属服务机构被吸引到海岸带，使得海岸带城市化进程加快的同时也对当地的环境造成难以避免的污染叠加效应，比如，农业区施用的农药、化肥与除草剂，城市径流及能源生产中的油类和工业生产过程中的汞、铬、镉、铅、砷等有毒化学物质，等等（侯西勇等，2010）。许学工等人从环境污染、底栖生物量和珍稀鸟类 3 个指标测算了近海生态系统发现上海海岸带的污染物确实大量增加，河口及其近邻海域环境没有得到根本性改善，生物多样性有所降低，海洋资源和环境承载力有所下降（刘兴坡、丁永生，2010）。此外，海平

表 3　上海滩涂开发利用规划

单位：公顷

"九五"期间				2001～2010 年				2011～2020 年			
围垦		促淤		围垦		促淤		围垦		促淤	
地点	面积	地点	面积	地点	面积	地点	面积	地点	面积	地点	面积
崇明	4453	崇明东风西沙	467	崇明	8533	崇明	26670	崇明	24667	崇明	20000
长兴	467	崇明北东滩	3333	长兴横沙	873	南汇边滩	13300	南汇边滩	13300	南汇边滩	20000
横沙	53	长兴横沙	100	浏河—吴淞	453	杭州湾北岸	3330	杭州湾北岸	3330	九段沙	13300
浦东	293	浦东机场一期	1000	吴淞—五号沟	300	铜沙	3330	横沙东滩	2000	铜沙	13300
芦潮港至汇角	233	浦东机场二期	10000	五号沟—汇角	14000	九段沙	6670	铜沙	3330		
化工区	1000	南汇边滩	12000	杭州湾	2667			九段沙	0		
		奉贤	40	中央沙青草沙	3000						
		金山	153	铜沙	667						
		九段沙	2667	九段沙	2667						
			1000								
总计	6498		21760		33160		53300		46627		66600

资料来源：施玉麒等：《上海市海岸带资源现状与未来趋势》，《上海地质》2003 年第 1 期。

面上升、咸潮入侵、入海泥沙量的减少对海岸段土壤质量造成若干负面影响。综合以上，笔者以为上海海岸带保护和开发过程中主要存在三对矛盾：城市建设用地扩张与滩涂围垦的矛盾，城市化和经济增长的产业布局与环境保护的矛盾，土地需求量的提高与土壤质量退化的矛盾（许学工、彭慧芳、徐勤政，2006）。

三　上海对湿地保护和修复、海岸带开发与保护的整体政策框架与思路

（一）上海市湿地保护、海岸带开发的理论基础

城市发展与湿地、海岸带应是一种耦合关系。目前对湿地保护和海岸带治理普

遍遵循的是一种技术路线，即适宜性分析基础上通过生态规划方式达到湿地保护和修复的目的。虽然湿地保护的技术治理异常关键，但这种技术治理绩效具有可持续性就必须深入到利益攸关者的治理和经济社会发展的动力机制。事实上要持续有效地保护湿地并不在于技术路线而在于经济增长驱动下的城市发展对湿地造成的系统性负荷，即必须弄清系统性负荷来源、程度，然后找到并切断这种系统性负荷的办法，这样系统性分析成为必需。驱动力—压力—状态—影响—反应是城市环境研究的基本办法，涵盖经济—社会—环境三要素，并内在的包括这一因果链：社会、经济、人口发展长期作用于环境，对环境产生压力，引起环境状态变化，这又促使人类做出反应进而改变环境的驱动力。上海湿地和海岸带的保护和开发就产生出两个角度：一个角度是驱动力机制，经济社会发展模式和经济增长对环境容量需求；另一个角度是约束机制，即明确可行不可行的界限和政策。前一种需要经济社会发展方式的转变属于“主动式”，难度较大，周期较长，在中国完成现代化、城市化任务之前基本无可能实现；后一种属于行政措施的“被动式”，短期内较为有效，因此如何建立长期发展与湿地保护、海岸带合理开发的协同型就成为湿地保护、海岸带平衡与开发的关键。虽然目前很多城市的主管领导都已深刻认识到湿地和海岸带是城市生态系统不可或缺的组成部分，是城市可持续发展最重要的保障之一，但在实践过程中并未将湿地纳入城市整体规划，反而对城市河道、湿地、滩涂、滨海采用譬如砌墙、掩盖、填埋等简单的物理措施，这些措施或许可以短暂地实现美化城市生态服务功能和社会利用价值，但是很快被证明不可持续，因此无论湿地还是海岸带都并不能仅仅依靠技术手段，更重要的是政策框架和管理措施。

（二）湿地保护的政策框架与措施

就湿地修复和保护来说，上海主要的政策措施目前主要有以下几方面：

1. 将湿地系统纳入城市规划体系，明确湿地规划目标，分阶段推进

上海市林业局通过《上海市湿地保护和恢复规划（2006～2015年）》，表示要在崇明东滩东旺沙B滩国家级湿地生态示范区的基础上，继续开展对已破坏或退化湿地的修复和重建工作。拟从河口、内陆湖泊和河流湿地三个层次规划建设南汇东滩、淀山湖、黄浦江上游饮用水源区三个国家或地方水平的湿地修复和重建示范区，总面积约为20000公顷。高宇在2006年的研究认为，要以上海世博会为契机，到2010年上海受保护和管理的基础生态空间须达到9万公顷，约占国土面积的9.57%；到2015年，保护和管理的基础生态空间达到10万公顷，比例达到10.64%；到2020年，保护和管理的基础生态空间达到12万公顷，约占国土面积的比例达到12.77%，接近全国2004年自然保护区占国土面积比例14%的平均水平。他们还指出目前上海市自然湿地保有率为22.4%，为保证可持续性的实现，沿江沿海湿地的圈围速度应低于自然湿地年增长率1~2个百分点，确保完整的河流、湖泊湿地和人工湿地景观存在。他们还提出根据“十一五”、“十二五”、“十三五”的土地利用趋势，准备到2010年，建设自然保护区、湿地公园、具有特殊科研价值的栖息地18300公顷，使自然保护区占国土面积的比例达到9.57%，湿地保有率从现有的22%提高到30%，初步形成国际重要湿地、国家重要湿地、自然保护区以及具有特殊科研研究价值栖息地的网络，规划建设项目有横沙东滩湿地自然保护区、南汇庙港海岸带自然保护区、长兴青草沙水源地、崇明北湖湿地公园、崇明东滩湿地公园5处。到2015年，规划建设自然保护区、湿地公园、具有特殊科研价值的栖息地1001.83公顷，使自然保护区占上海国土面积的比例达到10.64%；湿地保有率从2010年的30%提高到40%，基本形成国际重要湿地、国家重要湿地、自然保护区以及具有特殊科研研究价值栖息地的网络，规划建设项目有崇明绿化栖息地、沪崇苏越江大通道湿地公园、横沙岛湿地修复和重建示范区、南汇海港新城人工湿地污水处理示范区、南汇海港新城湿地公园和杭州湾北岸湿地自然保护区6处。2020年，规划建设湿地公园，具有特殊科研价值的栖息地2万公顷，使自然保护区占国土面积的比例达到12.777%，湿地保有率从2015年的40%提高到50%（高宇，2006）。

2. 推进立法

我国在湿地保护方面的行动并不晚，1992年就加入联合国《拉姆萨湿地保护公约》，《中国21世纪议程》将湿地保护和合理利用以优先项目列入议程。2000年3月，国家林业局等17个部委共同制定并公布实施《中国湿地保护行动计划》为湿地保护提供行动指南，并明确把湿地建设的总目标定为：保护湿地，发挥湿地的综合效益，保证湿地资源永续利用，造福当代，惠及子孙。2003年国务院通过《全国湿地保护工程规划》，明确要求到2030年，中国湿地自然保护区发展到713个，国际重要湿地80个，使90%以上的天然湿地都得到有效保护。2004年国务院办公厅又发布《关于加强湿地保护管理的通知》，2005年国家建设部（今住房和城乡建设部）制定了《国家城市湿地公园管理办法》（试

行），2005 年 6 月国家建设部（今住房和城乡建设部）城建司《城市湿地公园规划设计导则》，2005 年 6 月国家林业局签发了《国家林业局关于做好湿地公园发展建设工作的通知》，2005 年建设部会同中国风景园林协会起草《中国城市湿地公园保护纲要》，2005 年国务院批准《全国湿地保护工程实施规划》。2005 年崇明东滩国际湿地公司示范区竣工，这是我国在国际重要湿地基础上根据大都市城市生态系统构架的需要构建的滨海河口型城市湿地公园，由此湿地公园成为各地湿地的最重要形式之一。然而遗憾的是，湿地公园作为城市湿地保护与合理利用的模式被各地接收推广还不足 10 年，对湿地的研究，无论广度、深度、历史还是影响力都很落后。经过长期的探索，2008 年 3 月《国家湿地公园评估标准》和《国家湿地公园建设规范》终于通过专家审定。除了上述行政法规中国还逐步构建了中央政府和地方政府多部门参与、多层次运作的湿地保护法律体系。2004 年《中华人民共和国固体废物污染环境防治法》，2006 年《中华人民共和国水法》，2008 年《中华人民共和国水污染防治法》、《中华人民共和国环境保护法》都极大地促进了湿地的保护。上海地方通过的一系列与湿地保护相关的法律法规有：1985 年《上海黄浦江上游水源保护条例》、1986 年《上海市滩涂管理暂行规定》、1994 年《上海市公园管理条例》、1996 年《上海市排水管理条例》、2000 年《上海市闲置土地临时绿化管理暂行办法》、2003 年《上海市崇明东滩鸟类自然保护区管理办法》、2003 年《上海市城市规划条例》、2004 年《上海市水域环境卫生管理规定》、2004 年《上海市河道管理条例》、2005 年《上海市湿地保护和恢复规划（2006～2015 年）》、2006 年《上海市环境保护条例》、2006 年《上海市水域环境卫生管理规定行政处罚实施办法》、2008 年《上海植树造林绿化管理条例》。2011 年上海市绿化和市容管理局又与世界自然基金会签订《关于上海湿地保护合作备忘录（2011～2015 年）》，使国际非政府组织正式进入湿地管理领域。

3. 相关政策创新，与日常环境保护形成协同联动

最明显的就是体现在“上海市环保三年行动计划”，在湿地保护区域内部开展了一系列行动，包括环境基础设施建设、农业污染控制、涵养林建设等，并关闭几乎全部的规模型畜禽牧场（蔡友铭，2007）。政府还意识到湿地保护和周边配套措施特别是产业布局、污水处理存在极大关系，于是在湿地周边开始建造了城镇污水处理厂及配套网管，通过关闭、迁移了一大批的高耗能、高污染企业。除此之后还重点支持人工湿地处理污水项目的规划、建设，搭建了城市湿地公园的信息系统。

（三）海岸带保护的政策框架与措施

就海岸带开发与保护来说，核心问题就是城市建设用地扩张与滩涂围垦的矛盾，城市化和经济增长的产业布局与环境污染的冲突，土地需求量的提高与土地质量退化的矛盾（许学工、彭慧芳、徐勤政，2006），而这三大问题又根源于两大问题：管理体制、城市发展与环境保护如何协同的问题。和许多领域的管理一样，我国对海洋带的管理也是条块分割，纵向是由中央行政部门负责相关资源的宏观管理，各级地方政府设置的行政或业务部门负责所辖区域海岸带资源的具体管理；横向就是不同部门围绕同一区域而出现的职能分配，这其中最大的问题是职能行使过程中出现交叉重叠。正是在上述基础上，上海充分认识到体制对海岸带管理的重要性，专门建立了市领导负责、海洋局和市发改委23家涉海部门参加的海洋经济发展联席会议制度，而浦东、南汇等行政区域合并既从整体上优化海岸带资源的整体布局，也方便对这两块区域的整体管理。职能划分方面，以法律规范为主，主要有1996年的《上海港防止船舶污染水域管理办法》，2005年通过的《上海市海域使用管理办法》，2008年的《上海市海域使用金征收管理办法》，2011年制定修订了《上海市海洋功能区划》，针对赤潮成立专门性的《上海市赤潮防治工作预案》，编制了《海上溢油应急措施》，加上2010年全国人大颁布的《海岛保护法》初步形成了完善的地方性法律，大体解决了管理体制不顺、所有者和管理者缺位的问题。

海岸带的城市发展和环境保护的协同本质上是个经济社会发展的系统问题，这个问题既与产业的发展模式（如工业园区、渔业、农业与林业开发，水产养殖开发、旅游业等等）有关，也与公众的生活居住方式等紧密相连。从上海的海岸带产业结构来说，传统产业尤其是海洋交通运输业和海洋船舶工业所占比重大，港口货物吞吐量、船舶制造和海上交通运输位居全国首位，从而造成海上溢油和重化工业的固体垃圾对海岸带的土壤和近海水体质侵蚀甚大。因此，上海总体战略是将海岸带开发与“十二五”的创新驱动、转型发展联系起来，推动绿色经济，比如东海大桥100MW海上风电场项目，上海海岸带休闲旅游产业（浦东三甲港华夏文化旅游区、南汇鲜花港、滨海高尔夫球场、南汇观海公园、金山城市沙滩、奉贤碧海金沙），临港新城航运基地建设，浦东外高桥的港口建设，金山的石化产业，宝山的钢铁以及吴淞口油轮母港建设，奉贤的国际游艇母港基地建设和浦东机场枢纽，等等。除了产业政策，上海还积极政策创新，主要有三

方面的举措：空间组团、森林公园和数字信息。上海海岸带的空间组团主要有航运组团、化工组团、港航组团以及岛屿联动组团，成功实施了“浦东机场+九段沙湿地自然保护区”的功能置换。森林公园方面主要有东平森林公园、世纪森林公园、海湾国家爱森林公园、滨海森林公园、炮台森林公园。海岸带数字信息方面，编制了《上海海洋信息化“十二五”规划》，实施了国家海洋局“数字海洋”上海示范区建设项目。从2001年起还连续发布了《上海市海洋环境质量公报》、《上海海洋经济“十一五”规划》、《上海市滩涂开发利用规划》等等为海岸带使用提供了依据。长江口事关整个长江流域的环境治理和经济发展，同时也事关上海的湿地保护和海岸带发展，对产业政策和政策创新都提出了较高要求，总体上上海以国务院批准的《长江口综合整治开发规划》为依据，加快长江口的综合治理、资源开发和生态保护，也积极对淤泥冲积、滩涂的围垦、脆弱性进行全方位研究，未来如何协调上下游关系建立统筹协调机制和生态补偿机制仍有待严肃深入的思考。

四　案例：崇明东滩

（一）崇明东滩现状和目标

崇明岛是我国第三大岛，世界上最大的河口沙岛，也是上海与长江三角洲地区独一无二的集水、土、空气为一体的大岛，面积1200平方公里，约占上海市总面积的1/5。由于位于处于海洋、河流、陆地、岛屿的交汇地带，生物种类极为复杂与独特，养育了上海地区70%～80%的物种。三岛沿江沿海岸线总长460公里，绝大部分为淤泥质海岸。考虑到崇明特殊的地理位置和生态环境，2002年上海市第八次党代会提出了“积极做好崇明开发准备”，最后编制了“崇明岛屿总体规划纲要”；2004年国家主席胡锦涛对上海市提出的将“崇明岛建设成现代化综合性生态岛”给予肯定；2005年，长兴横沙划归崇明县，《崇明岛域规划》也相应调整为《崇明三岛总体规划》，明确了三岛的功能定位并明确要求将崇明建设成为环境和谐优美、资源集约利用、经济社会协调发展的现代生态岛区；2008年上海市政府编制了《崇明生态岛建设纲要（2010～2020年）》要求2020年崇明基本建成国内领先、国际一流的人类生态环境与生态活动示范岛区（马涛，2011）。目前“保护”、“预留”、“储备”成为崇明岛生态建设的三大关

键，而三岛面积的55%已被划定为永久保护区，禁止开发建设，其中包括东滩国际湿地保护区、候鸟保护区、中华鲟保护区、永久粮田和环岛保护林带；三岛面积中的10% ~15%被划为战略储备区，为未来重大项目预留出空间（见图4）。

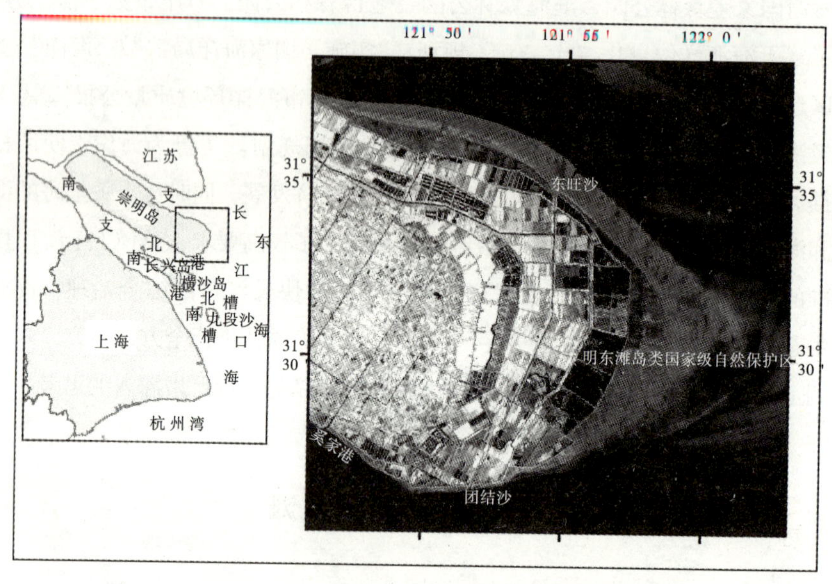

图4　崇明东滩湿地的地理位置和景观区

资料来源：高宇、赵斌：《人类围垦活动对上海崇明东滩滩涂发育的影响》，《中国农学通报》2006年第8期。

按照岛屿总体规划，东滩位于崇明东区，分成了全岛标志性的生态示范区、入口景观区和休闲运动区。其中东滩湿地主要作为湿地观光公园、候鸟观赏保护区；休闲运动区发展大流量的休闲运动功能，建设上海国际公共高尔夫中心、马术活动中心；按生态社区标准建设的上海实业生态度假园区和陈家镇生态示范镇，以旅游度假、科教研发、会议会展功能为依托，推进有机农业、循环工业和清洁能源。这里特别重要的是东滩国际重要湿地，湿地位于东经121°50′~122°05′，北纬31°25′~31°38′之间，西起悉家港和北八滧港之间，以1968年修建的海堤为界，北、东、南面以吴淞零米线以东3公里为界，总面积326平方公里。该区域其实总体上可分为两个部分：一部分为堤坝上的自然湿地，包括滩涂和水域，即崇明自然保护区所涵盖的区域，面积大约为24155公顷；另外一部分为堤坝内已围垦的区域，包括农田、河汊、水产养殖区等，该区域面积大约为8500公顷。东滩

鸟类自然保护区24155公顷又可分为核心区、缓冲区和实验区三部分。核心区面积为16592公顷，西以1998年修筑的人工围堤外侧500米和2001年修筑的人工围堤外侧200米为界，北至东旺沙水闸出口，南至团结沙水闸出口，东以吴淞零米线以外3公里为界，其中包括潮间带滩涂湿地7480公顷，潮下带9112公顷。缓冲区面积为1070公顷。西至1998年和2001年的修组的围堤，北至东旺沙水闸出口，南至团结沙水闸，东部边界与核心区相接。保护区的核心区域和缓冲区主要由潮间带和潮下带滩涂组成，该区域目前基本没有固定居民，临时人员均以收获水生生物、放牧和收割芦苇等活动为生。核心区和缓冲区以外的区域为实验区，面积为6493公顷。具体包括保护区北部东旺沙水闸出口至北八滧港之间的区域和保护区南部团结沙水闸出口至悉家港之间的区域（马云安，2006）。

（二）崇明东滩的问题

与上海城市发展造成的土地紧缺一样，崇明东滩开发、利用也主要通过围垦实现。20世纪90年代就先后进行两次大规模围垦活动：1991年围垦团结沙，1992年围垦东旺沙，堤坝围到了海三棱藨草带，甚至筑到了海三棱藨草带外带即保护区的核心位置，属于高滩围垦，围垦面积613公顷，1998年在东旺沙和团结沙外建成现在的98大堤，属于中滩围垦，围垦高度2.5米，围垦面积约22平方公里，围垦后主要用于农业生产和种植（见表4）。

表4　崇明历史上围垦滩涂的的面积、年围垦率

单位：公顷/年，年份

时　间	围垦面积	年围垦率	湿地减少面积	湿地年减少率
1987～1988	135.61	135.61	2354.03	2354.03
1988～1990	644.28	322.14	867.39	433.7
1990～1993	6077.27	2025.76	5998.70	1999.57
1993～1996	109.91	36.64	2569.74	642.44
1996～1997	914.06	457.03		
1997～1998			2001.11	2001.11
1998～1999	2313.09	2313.09	854.73	854.73
1999～2000	132.58	132.58	232.62	232.62
2000～2002	609.46	304.73	53.69	26.85
1987～2002	10936.26	729.08	14932.01	995.47

资料来源：高宇、赵斌：《人类围垦活动对上海崇明东滩滩涂发育的影响》，《中国农学通报》2006年第8期。

几次围垦再加上堤坝建设，使得园区内从东向西，无论动植物分布还是人类活动影响都呈现出明显的梯度落差。98大堤外侧的是自然滩涂，生物多样性明显，植物、动物均达数百种，环境极其优美，空气和水质俱佳，还存在大型水鸟，而内侧动植物种类有所减少，大型水鸟几乎没有，但仍然存在一些自然湿地特有的芦苇、海三棱藨草等植物，保有部分自然湿地特征。1992年围垦区域已基本转化为农田，以各种粮食和经济作物为主，人类活动显著强烈。此外，东滩湿地滩涂的不断围垦对湿地本身的生长也构成显著影响，根据统计数据长江每年从其上游带来大约4.86亿吨泥沙，其中50%左右沉积在长江口，使得潮滩具有比较稳定的自然淤涨趋势，每年以100~350米的速度向海延伸（李九发，2003）。进入新世纪，特别是三峡工程和诸多水利竣工之后，据估算入海水量减少20%，入海泥量减少15%，使得滩涂的淤涨速度放慢，南北冲淤明显不平衡更加明显，北部淤涨而南部趋缓。地理遥感数据也显示：崇明东滩面积1990~2000年10年间减少11137公顷，其中围垦了10247公顷，自然衰退89公顷；2000~2005的5年间，共减少9598公顷，其中围垦面积623公顷，自然衰退1795公顷。李行等人对东滩岸线演变进行分析和趋势预测，发现崇明东滩以东南角节点为界，分为北缘和南段的侵蚀岸段和其余的淤涨岸段。北缘侵蚀岸段呈强烈侵蚀，南段呈现弱侵蚀，由于围垦和保护工程的修筑基本保持稳定，淤涨岸段以不同速率向海淤涨。围垦和工程修筑造成的不利后果主要有三种：（一）滩面宽度变窄，影响了自然促淤的速率；（二）围垦导致泥沙减少，地面相对下降，海平面的缓慢上升，生态系统整体恶化；（三）自然植被破坏，海三棱藨草已所剩无几，造成鸟类生活空间和食源大量丧失，如果再加上互米花草对生物资源损害严重，自然湿地的生态功能确实有所退化。关于退化的程度，朱燕玲、过仲阳等人以PSR概念模型和生态承载力理论为基础，分别建立适用于近海、湿地和农田生态系统的3层评价指标。经过指标体系的分析，发现近海和湿地中的东滩鸟类自然保护区鸟类较多，生态系统退化程度较小；而远离鸟类保护区的湿地区域则退化程度较严重；农田生态系统中由于化肥、农药的大量施用导致重金属含量升高，土壤退化最为严重（朱燕玲、过仲阳，2011）。总的评价的是入海水量减少，海水倒灌，渔业开发、农业面源污染、芦苇收割、过度放牧，使得河口生态条件有所改变，东滩实际上已经处于“亚健康”状态，生态系统的破坏已较为严重（杨永兴，2004）。

其实，对东滩湿地构成负面影响的不仅仅滩涂围垦，还有直接的城市化问题。早在2003年，靠近东滩湿地的陈家镇曾被纳入上海“一城九镇”的开发规划，并提出了要在东滩建设一个生态城的设想。2004年南部生态城东滩启动区项目规划全球招标，2005年负责东滩项目的上海实业东滩投资开发（集团）有限公司进一步指出东滩不能实行一种“不进行任何开发的绝对的保护观”，一股脑儿的保护起来是不行的，而应将之办成国际化、知识化、生态化的新城镇（张志群，2005）。同济大学沈清基教授认为东滩要保护、开发和建设应以生态现代化理论作指导，将“城镇—乡村—荒野”作为东滩土地规划利用的基础，并将保护生物多样性作为东滩土地规划重要目标，在规划过程中要尤其注重生态基础设施化，确保其与当地人居环境的其他成分共生共荣，其组合和运转符合东滩地方生态环境，并将湿地纳入保护和平衡的框架，空间上做到状态的趋适性、效率的通达性、关系的共生性、发展的可持续性（沈清基，2005）。2007年上海规划院制定的南部核心小城镇《东滩南部启动区控制性详细规划》得到城市规划管理局批复，拟建设50万人的新城，规划目标就是全球领先的可持续发展城市之一。总面积86平方公里，启动区面积6.5平方公里，启动区人口8万，设计方案包括3个“城市村落”及水道网络布局。在该城市中，建筑最高为8层，屋顶有草坪与绿色植物。“市内”有充足的步行空间，公交车以燃料电池为动力，集水、水处理与再利用系统、固体废弃物实现循环利用，能源方面以海风为动力的风电场为主。可以预期，这座生态新城一旦建成，便会产生自我生长的逻辑，即使运用最先进的生态技术，城市规模的不断扩张也会最终对东滩生态系统和鸟类环境构成巨大压力。幸运的是，由于种种原因，东滩未能将农业用地转化为建设用地，生态新城也最终未正式实施（上海东滩生态城，2011）。2009年崇明越江线已经开通，并与崇启大桥、通启高速连接，一些人就不无忧虑地认为，日益增多的人流、物流将会给崇明以及东滩带来难以预测的环境风险；而目前崇明岛的本地人口不断流出，外地人口大量进入，也可能给资源环境和原生态湿地带来一些缓慢而不易觉察的负荷。

五　依然存在的问题和政策建议

上海的湿地和海岸带发展面临城市空间压缩的挑战，局面严峻。虽然上海也有了较为完善的整体政策框架与思路，但目前上海正建设经济、贸易、航运和金融中心，而这个四个中心尤其航运中心对湿地和海岸段的管理提出了比正常管理更高的要求，使得湿地和海岸带在承担排污、供水、调洪排涝功能的同时还必须承担航运功能和造景旅游功能，因此上海在城市发展与湿地保护、海岸带的保护与开发的过程中仍存在诸多不足，笔者以为主要表现在：

（一）湿地保护与海岸带的开发与保护缺乏整体推进机制，“各自为战”，统筹不足

湿地保护属上海市绿化和市容管理局职能权限，而海岸带开发与保护的权力则掌握在开发区管委会和区政府手里，各自的权力和资源都非常有限，导致的后果是“各干各的”，板块之间缺乏衔接、空间协调性差、要素聚集程度低。在开发、利用过程中，湿地和海岸带也常常沦为政府官员的“政绩”，资源得到极大开发，经济价值过分凸显，而环境保护和人文精神则常常受到忽视。政策管理体制从根本上决定着管理的成效，这里不妨依照海岸带的管理体制，成立市级统筹和市区联动的体制，在功能区规划时将湿地和海岸带纳入其中，城市的土地利用规划设计，明确产业布局、功能分区的整合，严格落实。海岸带不同方位的土地利用、产业聚集、人口数量、公共设施和社会配套必须科学定位和准确估算，以免出现滩涂过度围垦，对生物多样性和其功能造成难以逆转的损害。

（二）公众对湿地和海岸带的认知和参与都很缺乏，一方面导致缺乏实质性的监督制衡机制，另一方面也缺乏保护和开发的深层动力

虽然上海建立多个城市湿地公园，并在海岸带管理方面也引入了信息化管理，但推动公众参与方面进展有限，特别是公众和政府缺乏有效和长期的沟通机制，一方面政府听不到公众的合理诉求，不利于对湿地的保护，另一方面公众愿望也得不到良好的表达，结果政策出现偏差，投入很高，效果却与期望的相距甚远。政府保护的情绪很高，公众却不领情甚至还在无意中破坏了湿地保护的成果。建议在公共政策制定、出台、执行和效果评估过程中定期召开座谈会，座谈会既要讨论决策部门提出的政策措施意图的可行性、政策措施执行过程中的政策工具，还应该讨论政策措施实施的可能后果，通过反复座谈最终形成畅通的反馈机制和交流渠道。这里需特别指出的是利益相关者不仅仅是政府部门、产业部

门、房地产开发企业、当地公众，还包括游客、旅游企业、具有独立性的相关科研机构等等，只有代表足够广泛才能确保倾听到最广泛代表的声音、不同的利益诉求——经济的、社会的、生态的、政治的等。利益主体的多元性、利益诉求重点的差异性、利益团体力量的不均衡等原因，决定了各利益相关者的关注点各异，在湿地保护和管理中承担的责任、义务和获得的收益各异，只有将他们的利益都兼顾起来才能最终实现科学性和可行性的结合。

（三）缺乏颇具地方特色的保护性法规，尽早开展立法建设

由于公众和法律界对湿地和海岸带等方面的认识不足，上海在湿地和海岸带方面还没有形成十分完善同时颇具地方特色的保护性法规，存在的问题主要有以下几点：（1）湿地并没有被当做一个独立的保护对象，现行的环境资源立法并没有综合考虑湿地资源所处的地位以及湿地生态系统的完整性。（2）一些领域没有法律或者法律层次不高，仍仅限于政府规章，导致效力等级太低。湿地具有很强的地域性，地方制定规章等行政规范对“湿地”进行界定时大都根据各自需要来选择具体涵盖的范围，只偏重于个别较重要的，不能满足湿地保护的整体需要。（3）法律法规体系并不配套，比如湿地周边污染物的控制、水源保护等等，由于湿地保护最核心的仍然是土地资源的利用，这里需要迫切明晰湿地和滩涂围垦在什么情况可以，以何种方式、多大代价才能征用或者围垦。（4）尚没有规定湿地资源使用与破坏补偿的标准以及具体实施方法，人们利用湿地资源后的补救意识也不强，使得湿地经常得不到合理补偿和修复，法律必须作出规定。如何结合实际、制定符合本区域特色的地方性湿地保护和海岸带法规是个巨大挑战。

（四）公共投入有限，必须尽快多渠道筹措资金

湿地保护和滩涂资源的动力根源在城市化和经济增长，要保护湿地、实现滩涂资源的合理开发就必须寻找相适应的资金机制，而资金除了公共财政外无适宜的来源。笔者以为可适当考虑以下四种政策创新以建立适宜的资金机制：（1）建立生态补偿机制，对湿地进行全方位的保护。（2）可借鉴“湿地补偿性银行”，选取同一流域或者生态系的湿地，以购买信用方式，集巨资后创造出更完整大面积的湿地，来取代被填埋的湿地，目的是创造或取代因为湿地开发利用而消失或者恶

化的部分。(3) 生态旅游，特别是与文化创意相结合的生态旅游、休闲会议中心、水族博物馆等。生态旅游要坚持适度原则适当分区，核心区、外围区和游览教育区适当分离等。(4) 将城市湿地与土地价值联系起来，湿地明显推升了周边土地价值，城市湿地实际上起到了一种舒适物的作用，可考虑要求房地产企业进行补偿。

(五) 对一些涉及湿地和海岸带管理的新现象、新问题的认知、预防能力有限，必须及时跟踪、推进和研究

目前因人类活动引致的温室气体浓度持续上升引发了生态脆弱性和海平面上升等问题，湿地和海岸带受到的负面影响尤其大。建议相关部门必须尽快就该问题进行全面、系统的研究，特别要加强对湿地水量、水质、生态系统的监测，就海平面上升对海岸带造成的脆弱性进行科学评估，逐步形成时序完整、覆盖全面的监测体系，为气候变化研究积累基础资料，提供科学基础。如果可能需要加强区域内外的联系以交换知识、互通信息、跟进研究，实际上上海已建立了国内首个流域性湿地保护网络，湖北、湖南、安徽、江西、江苏、上海等省（直辖市）的 20 个湿地保护区作为首批成员加入这个网络，总面积已共计 1.2 万平方公里，代表了长江中下游不同类型的湿地。这个网络的建立必然有利于推动湿地的保护和可持续利用，以应对全球气候变化对区域可持续发展带来的影响。未来一段时间这个网络应该发挥更大的作用，定期召开会议、展开研讨，使之朝着区域协调机制的方向迈进，这样上海的湿地保护和海岸带治理才是最有成效的。

参考文献

蔡友铭等：《上海西郊湖泊湿地修复的理论与实践》，科学出版社，2007。

储静伟、周宽玮、韩晓蓉：《江湾湿地缩水质疑又起杨浦回应称未破坏原貌》，2010 年 10 月 21 日《东方早报》。

高宇：《上海湿地建设与发展总体目标》，《上海建设科技》2006 年第 4 期。

侯西勇等：《海岸带陆源非点源污染研究进展》，《地理科学进展》2010 年第 1 期。

李九发：《上海滩涂后备土地资源及其可持续开发途径》，《长江流域资源与环境》2003 年第 1 期。

李娟娟：《上海城市景观格局演变及其生态安全影响研究》，复旦大学博士学位论文，2007。

李蓉等：《快速城市化阶段上海海岸带景观格局的时空动态》，《生态学杂志》2009 年第 28 卷第 11 期。

刘兴坡、丁永生：《上海市海岸带管理的现状、挑战及发展分析》，《长江流域资源与环境》2010 年第 12 期。

马涛：《建设崇明世界级生态岛的新探索》，《生态经济》2011 年第 3 期。

马云安主编《崇明东滩国际重要湿地》，中国林业出版社，2006。

上海东滩生态城：《无法照进现实的理想》，《城市住宅》2011 年第 Z1 期。

马成樑主编《崇明东滩生态化建设高层论文集》，同济大学出版社，2005。

施玉麒等：《上海市海岸带资源现状与未来趋势》，《上海地质》2003 年第 1 期。

汪松年主编《上海湿地利用和保护》，上海科学技术出版社，2003。

汪松年：《深化“促淤圈围”在上海经济和社会发展中的重要作用（下）》，《上海水务》2004 年第 2 期。

许学工、彭慧芳、徐勤政：《海岸带快速城市化的土地资源冲突与协调—以山东半岛为例》，《北京大学学报》（自然科学版）2006 年第 4 期。

杨永兴：《上海市崇明东滩湿地生态服务功能、湿地退化与保护对策》，《现代城市研究》2004 年第 12 期。

张耀光等：《海岸带利用结构与海岸带海洋经济区域差异—以辽宁省为例》，《地理研究》2010 年第 1 期。

朱燕玲、过仲阳：《崇明东滩海岸带生态系统退化诊断体系的构建》，《应用生态学报》2011 年第 22 卷第 2 期。

B.10

推进生活垃圾减量化、资源化、无害化处理的对策建议

孙钟炬*

摘　要：近年来，上海城市生活垃圾总量不断上升，垃圾处理能力相对不足，已成为制约上海城市可持续发展的一大瓶颈。进一步推进生活垃圾减量化、资源化、无害化（文中简称“三化”）处理，是建设国际大都市的必然要求。本文在对上海市生活垃圾处理大量调研的基础上，剖析了上海生活垃圾减量化、资源化、无害化处理工作推进过程中存在的主要问题，提出了推进上海生活垃圾“三化”处理工作，必须充分考虑上海城市发展的阶段性特征和可持续要求，坚持减量化是切入点和着力点，资源化是垃圾减量的重要手段和发展循环经济的重要途径，无害化是全过程的基本要求和末端处理的最终目标。必须明确以减量化为重点，聚焦餐厨垃圾减量化、资源化和无害化处置。

近年来，上海城市化快速发展，人口数量激增，生活垃圾总量不断上升。同时，随着土地资源日趋紧张，垃圾处理设施选址与落地困难，垃圾处理能力配置相对不足，城市环境不堪重负，用于垃圾处理的财政支出负担日益加重，已成为制约上海城市可持续发展的一大瓶颈。提高城市生活垃圾处理减量化、资源化、无害化水平，是城市管理和环境保护的重要内容，是社会文明程度的重要标志，是延续世博效应的具体行动，是建设国际大都市的必然要求，更是创新驱动、转型发展，实现城市再造的重要战略。

* 孙钟炬，上海市政协人口资源环境建设委员会，专职副主任。

根据上海市政协2011年重点工作安排，人口资源环境建设委员会与市妇联、台盟市委联合开展“关于上海生活垃圾减量化、资源化、无害化处理”（以下简称生活垃圾“三化”处理）课题调研，通过专题座谈、视察走访、问卷调查等多种形式的调研活动，实地察看试点社区垃圾分类工作推进现状，基本摸清了上海生活垃圾减量化、资源化、无害化处理工作的基本情况，通过分析存在的主要问题，着眼于“系统设计、远近兼顾、重点突破、全民动员”，从制度层面、能力层面、执行和监管层面、观念习惯层面等为上海破解生活垃圾处理难题建言献策。

一　上海生活垃圾处理工作的基本情况

2010年，上海市政府先后出台了《关于进一步加强上海生活垃圾管理若干意见》（沪府发［2010］9号）和《关于推进上海生活垃圾分类促进源头减量实施意见》（沪府办［2010］62号），对推进上海生活垃圾“三化”工作提出了明确要求。作为市政府2011年实事项目的“百万家庭低碳行，垃圾分类要先行”生活垃圾分类试点，2011年5月份启动后，目前正在全市各区县积极推进。

（一）垃圾清运总量快速增长，人均垃圾清运量下降

随着城市化进程的加快和人口的急剧膨胀，以及市民消费能力的增强和消费结构的变化，上海生活垃圾清运总量不断增长，而人均垃圾清运量有所下降。2000～2010年的10年间，垃圾清运总量增长约40%，日均垃圾清运量从1.43万吨增长到约2万吨，人均垃圾清运量则从2007年最高的1.04公斤/日下降至2010年的0.87公斤/日。据了解，台北的人均生活垃圾清运量于1999年达到最高的1.15公斤/日，2009年则下降至0.7公斤/日。

（二）厨余果皮垃圾含量过半，可回收垃圾约占三成

根据调研了解，上海收集清运的居民日常生活垃圾中厨余果皮约占60%（发达国家通常为30%以下），由于废旧物资回收系统的作用，塑料、纸类、玻璃、金属、废旧衣物等可利用物质，部分已在清运前进入了废品回收系统，因此纸类、塑料等所占比重相对发达国家要小，约为33%。厨余果皮垃圾比

例较高，因而上海生活垃圾具有高混杂性、高含水率、高有机成分、低热值的特点。

（三）垃圾分类持续10余年，分类观念逐步普及

上海从20世纪90年代中期开始探索生活垃圾分类工作，10多年来，大多数市民已逐步认同了垃圾分类投放的观念。尤其是世博会展示的国内外垃圾处理先进经验，更加深了上海市民对垃圾分类重要性和紧迫性的认识。2011年，上海将“百万家庭低碳行，垃圾分类要先行”列为市政府实事项目，正在全市18个街道（镇）的部分社区逐步扩大试点。

（四）垃圾源头减量有进展，白色污染大幅下降

到2011年，通过试点日常生活垃圾投放干湿分离，装修垃圾、餐厨垃圾、绿化垃圾和大件垃圾单独收运，倡导绿色包装、适度消费和建立废品回收体系等措施，特别是实施一次性餐盒回收补贴政策和“禁塑令”以后，“白色污染”大幅减少，全市生活垃圾源头减量工作取得一定进展。

（五）资源化回收系统初步建立，为废品回收再利用创造了条件

据政府有关部门介绍，到2011年上海已初步建立再生资源回收网络，按照“点、站、场”三级回收网络，在全市210个街道（乡、镇）设立了3453个回收网点，配置了311个交投站，并且通过回收人员IC卡管理，初步建立了一支较规范的队伍。同时，通过“在线收废”网络建设和开通上海962300回收热线，实现了收废方式从街头摇铃到鼠标点击、电话连线的转变。特别是通过电子废弃物回收网络建设，促进了家电以旧换新政策的实施，从2009年8月至2011年2月，家电回收拆解总量达到457万台。

（六）垃圾处理能力有所增强，无害化程度明显提高

上海生活垃圾处理从以简易填埋为主，逐步发展为以卫生填埋、焚烧为主，生化处理为辅的多样化处理格局，处理能力逐步增强，无害化程度明显提高。2002年，上海仅有生活垃圾处理设施2座，设计处理能力0.14万吨/日，环卫清运的生活垃圾中90.21%采用简易填埋方式处理，无害化处理率仅为9.8%。到

2010 年，上海共有生活垃圾处理设施 10 座，设计处理能力约 1.115 万吨/日，简易填埋比例下降为 15.08%，无害化处置率提高至 84.9%。

二 上海生活垃圾处理存在的主要问题

经过不断探索和努力，上海生活垃圾减量化、资源化、无害化处理体系已初步建立，“大分流、小分类”系统开始运行，但仍存在减量化成效不明显、资源化利用率较低、无害化处理水平不高等问题。主要体现在以下几个方面：

（一）垃圾全程分类系统未建立

上海探索垃圾分类投放已有 10 多年，但进展并不大，“十一五”垃圾减量化的总体目标未能实现。期间，复杂多变的分类标准让很多市民感到无所适从，例如，10 年中生活垃圾分类变化了 4 次，平均两年多变一次，原有分类标准还未成习惯，新的分类标准又来了。2011 年实施的“百万家庭低碳行，垃圾分类要先行”实事项目，2011 年上半年仅在 203 个小区试点，即使年底将扩大至 1009 个小区，也仅占全市居民小区总量的 10%左右，这还不包括没有物业管理和零星分散的居住小区。

究其原因，主要是与源头分类相匹配的分类收集、分类转运、分类处置设施尚不到位，全程分类的收运系统始终未形成。分类垃圾重新混装、有毒有害垃圾未单独收处、装修垃圾与日常生活垃圾混放等现象仍很普遍，居民进行垃圾分类的积极性受到挫伤。比如，在试点小区瑞南新苑，有居民目睹收运企业将分类垃圾混装运走，经反映，才安排专车收运厨余垃圾，但离开小区后又与其他垃圾混装在一起。有跟踪报道反映，分类垃圾到码头中转时，当某种垃圾储容设施饱和后，其余分类垃圾又被混杂后装船。再如，江桥生活垃圾焚烧厂进入末端焚烧的垃圾中混杂着玻璃、砖块、纸张、塑料等物品，有的燃烧热值过低，焚烧不充分；有的燃烧后会排出二噁英等有毒物质，造成环境污染；有的可回收物也一起进了焚烧炉，增加了焚烧负担，同时大大降低了生活垃圾资源化利用率。收、运、处各环节分类流程没有衔接，导致源头分类效果不明显，且增加了垃圾处置成本。

（二）垃圾减量缺乏配套机制

由于末端处理设施建设成果明显、见效快，源头管理耗时费力、见效难，一直以来生活垃圾处理工作存在“重末端处置，轻源头管理”的倾向。截至2011年，上海虽然已颁布《关于推进上海生活垃圾分类促进源头减量实施意见》，但在实施过程中由于缺乏具有正向调节作用的配套细则，缺乏长效监督管理机制和责任落实机制，执行效果并不理想。例如，过度包装现象仍较普遍，虫草等高档礼品，包装体积和重量往往几十倍于商品本身；再生资源回收系统尚未实现种类全覆盖和规范化管理，再生资源回收种类少，经营管理混乱；生活垃圾投放和收集缺乏过程监管，混投、混装、混运现象较多；垃圾分流管理处置尚未完全纳入操作层面，装修垃圾、餐厨垃圾、大件垃圾等混入生活垃圾的现象仍然存在。上述问题，使原本可以变废为宝的循环利用链发生断裂。

（三）资源化利用处于初级、无序状态

生活垃圾资源化利用缺乏相应的产业扶持政策和税收优惠政策，技术应用、产业发展形不成气候，没有建立系统化、规范化的处置流程。餐厨垃圾、园林垃圾、粪便等资源化处理远远没有实现产业化的目标，其他可资源化利用的垃圾也处于初级处理阶段。比如，纸张、塑料多采用简单再利用技术，缺乏深加工利用；玻璃的再生利用企业收集系统覆盖少、渠道缺，生产规模小，发展缓慢；废旧衣物回收全市仅一家企业具有正规资质，回收量、再生利用规模与产生量相差悬殊。又如，餐厨垃圾源头管理尚未实现全覆盖，部分产生单位因不愿支付60元/桶的处理费，而存在少报、瞒报、不报的情况，甚至为谋利而将餐厨垃圾卖给不具资质的泔脚收购人员。

资源化再生产品缺乏市场，成为限制资源化产业发展的瓶颈。比如，餐厨垃圾经过生化处理制成有机肥料或饲料已有相对成熟的技术，但加工后的肥料和饲料缺乏相应的标准，导致资源再利用受到限制，销路不畅，市场前景并不乐观。其余的资源化利用企业由于尚未形成产业化和规模化，导致生产成本相对较高，再生产品不具备市场发展前景。

回收行业经营混乱。从事废品回收的大多是外来个体“游击队”，而政府扶持的废品回收网点，在居民区少见踪影，服务主动性、灵活性不够。“在线收

废”、“电话收废”等新模式运作尚不规范，有委员亲身体验“电话收废”后发现，上门回收人员仍以外来“游击队”为主。回收人员对电子废弃物，可卖钱的拆下，其余的随处丢弃。这种自发的回收行为缺乏管理、收放无序，隐藏着环境、健康与治安风险。

（四）垃圾处理能力相对不足，无害化程度仍需提高

由于政府对垃圾处理设施的规划和建设投入相对不足，以及土地资源日益紧缺和市民环保维权意识日益增强，造成垃圾处理设施扩建、新建项目落地困难，资源化利用及分类处理缺乏必要的空间条件。因此，尽管上海生活垃圾处理能力已较往年有较大提升，但仍无法满足日益增长的垃圾处理需求。到 2011 年，上海生活垃圾日均实际处理量为 1.89 万吨，超出设计处理能力近 70%，处理设施长期处于超负荷运行状态。即便如此，与日均 2 万吨的清运量相比仍存在不小的缺口。处理能力的相对不足影响到无害化处理率的提高，84.9% 的无害化处理率与环境资源可持续利用的需求和实现 100% 无害化处理的最终目标还有较大距离。

此外，由于政策不完善、不配套，缺乏正向激励机制和差别化收费等制度，也带来许多管理问题。例如，目前对垃圾处理的补贴是按实际处理量计发的，忽略了处理的质量和效果，也没有必要的评估和监督，导致部分处理企业即使已不堪重负，也不愿因减少处理量而少拿政府补贴，其结果往往是处理效果大打折扣，且不能体现引导垃圾处理方式转变的作用。回收利用、资源循环等环节缺乏税收激励和差别化的收费政策，通过废物资源化再生的垃圾减量化措施缺乏内生动力，难以推进和持续。

（五）管理体制不顺畅

到 2011 年，上海生活垃圾“三化”处理工作涉及环卫管理、资源回收产业管理、环保监管、政策配套、土地与规划、资金配套、宣传教育、城管执法、物业与房管管理等多个部门，各部门各管一头，交叉和缺位现象时有暴露，没有形成一套相互衔接、相互配套的管理体系。例如，目前上海垃圾“三化”管理的制度文件中，对于市级各部门的职能分工只是原则性地提了要求，缺乏具体的工作目标、责任界定，难以持续性地形成合力，推动工作。同时，“重条线管理、轻条块合力”的情况也客观存在，区县、街道、镇村由于条块职能划分不清，

责任主体不够明确，使得很多具体工作难以落实，居委、物业、业主之间的关系也有待进一步理顺，物业作为一线最适宜承担垃圾分类管理职能的实体，由于并不隶属于环卫系统，而房管部门又未将垃圾管理纳入对物业的职责考核，缺乏硬约束，加之缺乏财力、物力支撑，难挑此担。

（六）市民观念习惯有待转变

根据课题组对全市18个区县的试点小区开展抽样调查的结果分析，垃圾分类推行难的主要原因，在于“嫌麻烦”（60%）和“不懂怎么分”（24%），说明积习难改以及缺乏必要的分类知识已成为垃圾分类的一大瓶颈。此外，近50%的被调查者认为有必要增设社区垃圾分拣员和分类志愿者，近九成认为主要依靠物业公司管理和街道、居委宣传教育，说明政府引导和媒体宣传的针对性、有效性还不够，居民垃圾分类很大程度上还需依赖外力推动。

此外，社会风气浮躁，消费观念偏颇，公款消费、显富摆阔，造成过度消费、资源浪费等现象随处可见，使垃圾源头减量动力不足，在现阶段必然成为影响生活垃圾分类减量成效的社会惰性。

三　进一步推进生活垃圾“三化”处理的建议

推进上海生活垃圾“三化”处理工作，必须充分考虑上海城市发展的阶段性特征和可持续要求，坚持减量化是切入点和着力点、资源化是垃圾减量的重要手段和发展循环经济的重要途径、无害化是全过程的基本要求和末端处理的最终目标。必须明确以减量化为重点，聚焦餐厨垃圾减量化、资源化和无害化处置。

针对上海生活垃圾“三化”处理中存在的主要问题，提出如下对策建议：

（一）坚持实施生活垃圾“三化”处理的长期战略

研究制定《上海生活垃圾“三化”处理白皮书》。以科学的系统设计为主导，进一步完善体制、机制、法制；以能力建设为突破，优化生活垃圾“三化”处理系统网络；以观念更新为基础，全面营造“垃圾‘三化’，人人有责”的社会氛围。要在切实分析上海生活垃圾分类推进工作几起几落的教训和原因的基础上，科学确定近期和中长期战略性目标，明确在“十二五”、“十三五”期间每

年都纳入市政府实事项目，制定年度进程、三年行动计划、五年规划、十年和二十年战略，明确上海城市生活垃圾管理的原则、目标、政策措施和实施路径及网络布局，作为上海生活垃圾“三化”处理总导则，坚定不移、持之以恒地推进实施。市政协和社会各界要配合市重大工程建设办公室，对生活垃圾“三化”处理实事项目进行跟踪督促。

进一步明确生活垃圾“三化”处理的基本思路。如何从根本上解决城市生活垃圾问题，不仅是环境问题、管理问题，更是民生问题、发展问题。各级领导干部、相关主管职能部门要把抓生活垃圾“三化”处理工作，视为城市创新驱动、转型发展的重要契机，视为城市再造的重要战略。要以制度建设为根本，从系统化、规范化、长效化的角度，重新梳理生活垃圾“三化”处理的各项制度，实现制度之间统分结合、衔接配套；以政策完善为抓手，落实各方责任，从税收、财政资金等方面完善政策、细化激励措施，制定针对性的奖惩和考核体系，形成责任明晰、奖惩分明的管理体系；以监督管理为保障，提高执行效果，建立一套系统化的监督管理体系，形成一支规范化运作的监督管理队伍，确保各环节、各主体规范操作；以公众参与为动力，广泛开展全民动员，加强社会宣传教育，提高公众参与环境改善的行为能力。

强化生活垃圾“三化”处理全过程综合管理。部分委员认为，做好生活垃圾“三化”处理工作，要坚持“从‘顶’管到‘底’”，明确战略性的顶层设计，指导基层开展工作；坚持“从‘后’推到‘头’”，建立由终端处理方式决定流程及源头的系统；坚持“从‘官’做到‘民’”，先从领导机关、领导干部做起，引导市民自觉遵守；坚持“从‘我’回到‘我’”，谁产生的垃圾，谁负责消化处理，确保垃圾分类落到实处、进行到底。

完善法规规章和相关标准规范。要优先考虑将制定、修订与生活垃圾“三化”处理相关的地方性法规纳入立法计划，健全相关管理制度、标准规范，尽快形成地方法规、政府规章、行业政策和相关标准配套的法规政策标准体系。要尽早出台和完善《上海市生活垃圾管理条例》、《上海市再生资源回收管理办法》，修订《上海市餐厨垃圾处理管理办法》、《上海市一次性塑料饭盒管理办法》，进一步规范全市生活垃圾分类投放、收集、运输、回收利用和末端处置管理。

（二）建立以最终处置为主导的分类收集、运输系统

坚持以最终处置方式确定相应的收运系统。要以最终处置方式为出发点，决定采用何种收运体系，切实杜绝混装、混运现象。要按照不同的处置方式制定分地域（中心城区、近郊区、远郊区）、分住宅类型（老公房、商品房、别墅等）的分类收集标准、方法和管理办法细则，真正实现分类投放、分类收集、分类运输、分类处置的全程分类系统。

加强全过程各环节监督管理。要着力推进机关、企事业单位和居民源头分类投放、环卫作业部门专业化分拣和分类收集运输，明确物业管理企业配合环卫作业部门做好分类，给予物业管理企业政策、资金支持，保证全过程各环节分类处理。要加强市场监管、行业监管，加大执法检查力度，落实奖惩规定和责任制，督促生活垃圾分类投放、运输、处置的执行。

扎实推进生活垃圾分类试点工作。要深入开展“百万家庭低碳行，垃圾分类要先行”活动，及时总结经验，逐步扩大试点小区的类型和数量，放大试点工作的正面效应。分类运输和分类处置要与试点小区紧密配合、紧紧跟上，使试点小区的垃圾分类能持之以恒，取得实效。要抓紧匹配资金、设备、人员，落实配套政策措施，建立健全考核评价激励机制，促进试点工作系统化、制度化。要严格落实属地化管理的责任，加强对区（县）、街道（镇）的考核，推动各地区生活垃圾分类工作。

（三）建立以减量化为目标的全程管理系统

加强餐厨垃圾源头减量。要倡导绿色餐饮消费，提倡上饭店适量点菜、剩余菜肴打包回家，积极引导节俭消费、适度消费，减少餐厨垃圾。要建立体现公益性的利益引导机制，取消既有的餐厨垃圾处理的收费制度，确立具有正向调节作用的奖励机制，激励食品加工、饮食经营、单位食堂等餐厨垃圾产生单位守法经营，堵塞贩向地下泔脚收购的渠道，实现餐厨垃圾源头管理全覆盖。要研究制定与《上海市餐厨垃圾处理管理办法》相配套的实施细则，建立对地区、主管部门、企业等的责任考核机制、长效监督管理机制。要建立餐厨垃圾回收处理的准入制，严格控制综合利用加工点和回收中转站的数量，全市宜设 3 ~ 5 个布局合理的综合利用加工点，保障正规餐厨垃圾回收企业的原料来源，提高餐厨垃圾集

中回收处理能力。

促进商售系统源头减量。要尽快出台包装法及配套措施，严格量化规定，保证执法工作的可操作性；通过对“欺骗性包装”的认定和处罚，为消费者提供侵权救济的途径；强制实行抵押金制度，引导人们改掉使用一次性材料包装的消费习惯；激发生产商简化包装的内在动力。要鼓励生产和零售企业开展“收旧售新”、“以旧换新”、“包装回收”业务。借鉴瑞典的做法，开展以立法的方式建立“生产者责任制”的试点，规定生产者应在其产品上详细说明产品被消费后的回收方式和再利用方式，消费者则有义务按照此说明对废弃产品进行分类投放。

推动全社会源头减量。要进一步发挥财政的引导和调节功能，建立生活垃圾“减量激励、超量制裁”机制，完善各区县生活垃圾产生量与区级财政支出挂钩联动的办法，研究针对垃圾收运企业的减量激励措施。政府机关要率先推行“绿色采购”、“绿色办公”，倡导全社会减少浪费、使用再生产品等绿色生活方式。倡导市民适度装修住宅，减少装修垃圾。通过批发市场预处理等环节，大力推进净菜上市，拓展适用范围，减少果蔬垃圾。

（四）完善生活垃圾资源化利用系统

积极推进餐厨垃圾资源化利用。要尽快研究制定餐厨垃圾加工成饲料、肥料的标准，畅通餐厨垃圾资源化利用的出路，开发大规模处理餐厨垃圾的设备与工艺。借鉴北京的经验，在餐饮街、大学城等餐厨垃圾产生集中的地区建设餐厨垃圾资源化处理站，在大型果蔬批发市场建立果蔬垃圾资源化处理站。要促进有机生活垃圾的就地生化处理和源头减量，积极从规划、建设、运行资金上支持在新建或有条件的大型居住区、酒店、宾馆、饭店，试点采用生活垃圾生化处理器。借鉴英国的做法，推广应用厨余垃圾发电技术，将难以直接焚烧的厨余垃圾通过厌氧技术变成沼气，进行燃烧发电，促进资源化利用。要探索在有条件的新建居住小区安装家庭食品垃圾处理器，使厨余垃圾不进入分类清运系统，粉碎后直接排入下水管道，减少生活垃圾产生量。

加快推进再生资源回收体系规范化建设。要强制性地推进全市废品回收网点、交投站、分拣加工中心三级网络建设，畅通废品回收渠道及中转网络，加快形成布局合理、网络健全、设施适用、功能齐全、管理科学的再生资源回收体系。要整顿和规范废品回收市场，明确废品回收业的管理主体，建立主渠道废品回收公司，加强对分散的“回收经营者”收编和队伍的就业培训及规范管理。

扶持生活垃圾资源化产业。坚持以循环经济产业化促进生活垃圾“三化”处理，制定扶持垃圾资源化利用的产业政策、财税优惠政策、就业扶持政策，聚焦废旧金属、电子废弃物、废旧衣物、废玻璃、废纸、废塑料等专项领域，加快培育垃圾资源化利用企业，形成若干个综合性回收企业和一批面向市场的再生资源利用企业。要设立专项资金，支持生活垃圾专项管理领域的技术改造项目，加快推广应用先进装备和技术，提高管理效率和再生资源利用率。

（五）完善适应城市发展阶段特征的多模式处置系统

完善多模式处置系统。要根据垃圾特性、垃圾源特点，明确目标，分类别制定政策，分阶段、分区域试点推进。近期为进一步减量化，可以适当增加焚烧设施比例，优化发展生化处理技术，逐步减少原生垃圾填埋量，力争无害化处理率达100%。长期来看，随着生活垃圾分类在全社会的推广落实，应当以资源性转化为主，完善和普及运用生化处理技术，使生化处理过程中可回收利用的资源最大化，无用和通过焚烧作无害化处置的垃圾最小化，尽可能减少焚烧量和填埋量。

科学规划建设生活垃圾“三化”处理用地和设施。要加强规划控制，制定专项规划，为垃圾处置设施建设预留空间，保障用地需求。要健全财政保障机制，加大政府对生活垃圾“三化”处理的资金投入力度，保障处置能力，并且在资金投向上由末端处置向前端的分类系统建设倾斜。要在新建小区设立“社区垃圾分类处理站”，较为分散的旧小区在改造过程中要给予支持，安排地块设立垃圾分类处理站。

建立以公益化为引导、市场运作为基础的管理机制。要综合运用经济、社会、舆论等力量，采用适当的奖惩手段，建立政府和市民互动机制，形成全过程衔接处理机制。要统一城乡生活垃圾处理收费标准，理顺垃圾处理经费管理机制，实行促进郊区生活垃圾处理的财政补贴机制。要实行环境补偿机制，采取财政转移支付、垃圾产生区向垃圾处理区缴纳经济补偿费、生态修复、建造公共服务设施等措施。

（六）完善领导体制，强化社会公众参与

建立市生活垃圾“三化”处理工作领导小组。借鉴北京的做法，由市委或市政府主要领导担任组长，市委宣传部长、分管副市长担任副组长，成员由市绿化市容局、发改委、经信委、商务委、教委、科委、财政局、税务局、建交委、农委、环保局、规土局、旅游局、房管局、食药监局、市委宣传部、文明办、文广局、监察局和各区县主要领导组成。领导小组办公室设在市建设交通委，由对应的市政府副秘书长兼任办公室主任。建立联席会议制度，强化在重大问题的决策、执行上达成共识，加强部门协同，明确职责分工，增强工作合力。

加强部门之间综合协调、条块之间综合联动。在市级层面要建立市建设交通委牵头、其他部门协调配合的工作体系，在制度建设、标准规范建立等方面形成体系，在工作实施执行方面形成合力。充分发挥“两级政府、三级管理”体制的作用，健全与生活垃圾“三化”处理相对应的各级政府责任分担体系和垂直贯通的平台，完善条块结合、条块联动的运作模式，“条”实施专业管理、行业管理，“块”实施综合管理、监督管理，着重发挥街道的第三级管理平台和居委会的第四级管理网络的作用。

着力从制度上明确各方职责。要加强制度建设，将“减量和分类”作为相关法人和自然人的责任，进一步明晰权利、义务和奖罚措施，明确各方职责、作业流程和处理行为，保证生活垃圾分类收集、处置的推广和实施。要制定生活垃圾分类收集管理实施细则，强制单位和居民进行生活垃圾的分类投放、环卫作业部门进行分类收运和处置、物业管理企业配合环卫作业部门做好分类收运，将分类工作纳入制度化、规范化管理渠道。

激发公众对生活垃圾“三化”处理的积极性。建立由市委宣传部、市文明办牵头，工青妇等人民团体和社会组织共同参与的宣传机制。全城发动，全民发动，有组织地在机关、社区、学校、公共场所广泛进行教育普及，确保生活垃圾分类收集的知晓率。要倡导环保理念和公益意识等价值观，扭转单靠政府投巨资的偏向。要加强示范引导，从领导机关和领导干部带头做起，从中小学生“小手牵大手”活动抓起，引导市民转变生活消费观念和习惯。要增强公众的责任和意识，创新公众参与途径，提高垃圾分类在文明小区、文明社区、文明单位、文明行业等创建活动考核指标中的权重，使垃圾分类投放人人皆知、人人行动。

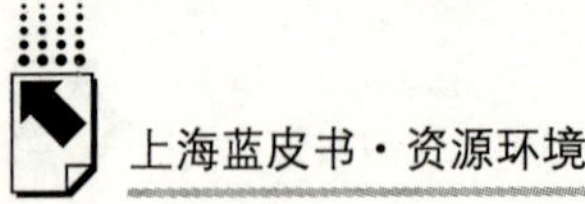

加强专业队伍和社区志愿者队伍建设。要成立生活垃圾分类指导和监督队伍，建立稳定的生活垃圾分类收集的专业队伍和协管员队伍，加强生活垃圾分类投放、分类运输、分类处理的全过程、全方位管理。要以街道（镇）为单位建立属地化的生活垃圾分类社区志愿者队伍（尤其是老年志愿者），加强对居民和分拣队伍的分类指导。

生活垃圾处理关乎民生，关乎上海的未来。推进生活垃圾减量化、资源化、无害化，对上海的转型发展、功能再造、形态重塑，有着重要的意义。当前，要重点聚焦生活垃圾分类、餐厨垃圾减量、再生资源回收体系规范化建设，持续努力，扎实推进，不断提高生活垃圾“三化”处理水平，为实现城市生态建设可持续发展，促进人、社会与环境和谐作出贡献。

管　理　篇

Management Practices

B.11
参与式生态环境管理体系的构建

刘新宇　雍怡　陈璘*

摘　要： 河口城市的生态环境问题十分艰巨和复杂，那种单纯依靠政府的生态环境管理模式显得力不从心。因此，有必要建立整合政府、企业、民众、社会组织等各方力量的参与式生态环境管理体系。其中，社会组织扮演着政府和企业、民众之间的中间层以及政府助手等重要角色。本报告以 WWF 中国和上海绿洲生态保护交流中心两个案例说明了社会组织在生态环境管理中的积极作用。政府要充分发挥社会组织的积极作用，就需要进行相关制度设计，包括政府和社会组织的协商机制，以及委托社会组织管理部分生态环境事务的授权和监督机制。

关键词： 参与式　生态环境管理体系　政府　社会组织

河口城市的生态环境问题十分艰巨和复杂，那种单纯依靠政府的生态环境管

* 刘新宇，上海社会科学院生态经济与可持续发展研究中心助理研究员，博士；雍怡，世界自然基金会高级项目官员，博士；陈璘，上海绿洲生态保护交流中心，博士。

理模式显得力不从心。因此，河口城市的生态环境管理体系必须是一种“参与式”的，整合包括政府、企业、市民、社会组织等多个利益相关方的力量，在一套良好的框架和规则之下，精诚合作，共同应对各种生态环境挑战。

一　河口城市生态环境问题的艰巨性和复杂性

河口城市有着特殊的生态脆弱性，同时受到来自海洋的威胁、上游的干扰和自身经济发展的压力。因此，河口城市的生态环境问题相当艰巨和复杂，单纯依靠政府的单方面努力，难以使这些问题得到圆满的解决；保障河口城市的生态环境安全，需要政府、企业、民众、社会组织等各方面的共同参与。

近年来，全球变暖有进一步加剧的趋势，由此会使海洋环境发生显著的变化，导致河口城市面临的海洋灾害风险增加。1978～2007年，上海沿海海平面上升了115毫米，高于全国沿海海平面平均上升幅度90毫米。相对于2010年，2030年上海相对海平面将上升120毫米，到2050年将上升250毫米。除非采取积极应对措施，到2050年，上海很可能遭受海水入侵，未来若干年咸潮入侵频率将呈现明显增加趋势。①由于气候带的北移，西北太平洋上台风的主导路径呈现较显著的向西、向北飘移趋势，将使登陆或影响上海的台风增多。而且，随着洋山深水港、东海大桥、临港新城等相继建成，上海的经济重心正逐渐从陆域向东南沿海转移，使上海的经济、社会、人口更易受到海洋灾害的冲击。②

河口城市还容易受到上游水文变化和水体污染的干扰。就上海而言，由气候变化导致的干旱，会使长江上游来水减少，海水会相应地上溯形成咸潮。2011年5月，由于湘鄂皖赣一带持续干旱，长江口水量减至正常年份的一半左右，导致海水倒灌入长江，形成罕见的夏季咸潮。③ 此外，尽管上海在水环境治理方面做了大量工作，但是对控制太湖流域上游的来水污染却是无能为力。太湖流域上游的苏南和浙北是我国人口最为密集、经济最为发达的地区之一，相应的，各种

① 倪明：《报告称上海海平面上升　到2050年存海水侵入可能》，2009年12月7日《广州日报》。

② 葛志浩：《上海遭台风袭击几率增大　专家呼吁需做防御预案》，2006年9月4日《新闻晨报》。

③ 吴浩瑾：《长江中下游大旱波及上海　干旱引发咸潮袭沪》，2011年5月25日《东方早报》。

工业、农业和生活污染较重。自20世纪90年代中期至2010年，太湖流域上游来水中氨氮、总磷、总氮、五日生化需氧量等指标总体呈上升趋势，明显影响上海境内黄浦江上游水源地的水质。①

而且，许多河口城市因为其优越的区位成为产业和人口的集聚地，给当地生态环境带来了巨大压力。在历史上，上海的苏州河就像伦敦的泰晤士河一样，由于不堪承受城区内的工业污染而变成一条臭河浜。虽然近年来上海采取了一系列环境治理措施，成效卓著；但是持续的经济和人口增长，给上海资源环境带来了相当重的负荷。到2020年，上海常住人口很有可能达到3000万，由此产生的原水需求将达到2100万~2200万立方米/日。但是，“十二五”期间青草沙、东风西沙水库全部建成后，上海四大水源地的极限原水供应能力大约为2000万~2100万立方米/日，上海原水供应能力显得捉襟见肘。②此外，2000~2010年间，上海能源消费增长1.04倍，年均增长7.37%，③必然导致生态足迹大幅增长，给当地生态承载力带来越来越大的压力，或者产生越来越大的生态赤字。

正因为河口城市生态环境治理的艰巨性和复杂性，以往那种单纯依赖政府一方努力的生态环境治理模式，显得力不从心，应当通过构建制度框架，引入企业、市民、社会组织等更多力量参与，形成一个更为强有力的参与式管理体系。

二　参与式生态环境管理体系中的各种角色

参与式生态环境管理体系中，最核心的角色自然是政府。它的首要职责是制定并执行各种规则。另一个重要角色——企业的责任在于，积极履行社会责任，

---

① 松江区环保局：《黄浦江上游（松江段）饮用水资源保护研究》，松江区委统战部网站，2011年1月21日。

② 童大焕：《北京上海应为3000万人口做准备》，2007年12月15日《中国青年报》；赵维光：《工程进入实质建设阶段　青草沙将成上海主导水源地》，2008年3月26日《文汇报》；邓丽：《上海构筑饮用水安全保障体系》，2008年8月6日《21世纪经济报道》；沈文敏、孙小静：《青草沙水源地正式供水　上海市民有望告别咸潮水》，2010年12月2日《人民日报》；《市水务局领导冒高温现场踏勘东风西沙水库》，上海市水务局网站，2011年7月7日。

③ 《2011年上海市能源统计年鉴》。

尤其是环境责任。普通民众除了要自觉遵守各种环保法规，还要通过建议、投诉等方式，在规则制定和执行等环节，向政府提供支持。而社会组织则是介于政府和企业、市民之间的中间层，大大降低了政府和其他主体间的协调成本。因此，它也能在很多方面充当政府的助手。

（一）政府：制定并执行规则

尽管参与式生态环境管理体系需要引入其他利益相关方的力量，但政府的核心地位仍然是不可动摇的。其首要职能是制定并执行各种规则，这里的规则包括两个方面，一种是规范企业和个人环境行为的规则，一种是确保参与式生态环境管理体系内部顺利运转的规则，而前一种规则在制定和执行环节都需要其他利益相关方的合作。其次，政府掌握了大量公共财政资源，各种工程性措施的大规模投入还要是依靠政府。

1. 借助法定强制力，制定和执行相关规则

在参与式生态环境管理体系中，每个主体都积极发挥自己的优势，同时善于利用他人的优势来弥补自身劣势，由此形成良性合作的格局。而政府的最大优势则在于其法定的强制力，这是其他主体所不可能拥有的。基于这一优势，政府能够制定和执行各种相关规则，这些规则既是在整个社会层面维护生态环境秩序的基础，也是保障参与式生态环境管理体系内部顺畅运转的基础。

第一个方面的规则是消除外部性，激励企业和市民保护生态环境，并对其污染环境、消耗资源的行为加以约束的规则。众所周知，生态环境问题的产生是源于各种正负外部性，环境友好行为得不到应有奖励，即形成正外部性；环境不友好行为得不到应有惩罚，即形成负外部性。由此导致人们对节能减排缺乏积极性，对污染环境、消耗资源则肆无忌惮。面对这种问题，政府就需要制定各种消除外部性的规则，并借助各种经济、法律、行政手段来实施这些规则，以矫正企业和市民的环境行为。

常见的资源节约、环境保护规则包括：（1）创造各种资源环境产权市场，让各种资源开发权和污染排放权像其他生产要素一样进入市场，让它们的价值充分反映在其市场价格上，以激励企业和个人节约这些生产要素。（2）对消耗资源和污染环境的行为征收税费，对节约资源和减少污染的行为提供补贴（广义的补贴还包括税费减免和贷款贴息）。（3）制定强制性的环保或技术标准，如工

厂的排污标准、建筑物的节能标准。①

制定规则之后，还需要执行规则，除了运行各种资源环境产权市场，落实各种税费征收和补贴发放外，更重要的还是严格执法，做到“有法必依，执法必严，违法必究”。这其实也是保障各种资源环境产权市场、税费、补贴等政策顺利运转的重要基础。例如，如果各种偷排污染物的行为得不到遏制，企业为何要到市场上去购买排污权指标；或者，企业就可以瞒报排污量，少缴排污费。

第二个方面的规则是保障参与式生态环境管理体系内部顺利运转的规则。

首先就要明确界定体系内各个主体（包括政府、企业、市民、社会组织）之间的权利责任边界。任何一个主体都要做到既不缺位，又不越界，才能形成良性的合作格局。政府如果越界，就会对市场经济造成扭曲，也会抑制企业、市民和社会组织参与生态环境治理的积极性。而其他主体如果越界，就会对政府的权威造成影响，干扰其实施各种生态环境管理措施。

其次，要为参与式生态环境管理体系内各个主体之间的互动制定一套规则。企业、市民、社会组织向政府反映问题，以及政府对此作出回应，应该有一套信息处理规则；政府和企业、市民、社会组织之间协商，应该有一套议事规则；政府把一部分生态环境管理职能委托给社会组织，应该有一套授权和监督规则……。只有建立了这些规则，参与式生态环境管理体系的运行才能有序。

2. 借助公共财政实力，实施各种工程性措施

政府所掌握的巨额公共财政资源，也是企业、市民、社会组织等其他主体所无法比拟的。虽然企业也拥有大量资金，但其绝大部分都要用于生产经营活动，用于赞助公益事业或履行社会责任的只能是其中很小一部分。社会组织固然可以通过接受捐赠来筹集资金，但是与政府通过强制性的税费征收获得的公共财政资源相比，还是不可同日而语。因此，大规模的工程性项目建设还是要依靠政府。即使在项目建设和运营过程中，引入了私人资本，那也只是利用了市场化的竞争机制来提高效率、降低成本，项目的买单者往往还是政府，如用 BOT（建设－运营－转让）方式营建的垃圾焚烧厂、污水处理厂等。

近年来，上海市环境质量之所以显著改善，政府的巨额投入是主要原因之

---

① 周冯琦、刘新宇等：《资源节约型、环境友好型社会建设》，上海人民出版社，2007，第 119～145 页。

一。自2000年到2011年，上海市滚动实施了四轮环保三年行动计划，其中所包含的各个项目都需要耗费大量资金。2006年，上海市政府一年内投入环境保护的资金第一次超过300亿元，以后每年的环境保护投资都占当年GDP的3%左右。其中，2010年的环境保护投资为507.54亿元，占当年GDP的2.96%。[①] 以苏州河环境综合整治为例，1999年底到2003年初的一期工程包括10个子项目，共耗资近70亿元；[②] 2003年4月到2005年底的二期工程，共包含8个子项目，总投资近40亿元；[③] 2007年11月，三期整治工程正式启动，截至2011年1月初已投入140亿元。[④]

（二）企业：履行环境责任

企业不仅仅是为股东谋取最大经济利益的工具，而且是社会大家庭的一分子。良好的社会环境能够促进企业的发展，企业也就有责任回报社会、共同参与营造良好的社会环境，做一个合格的“企业公民”，其中就包括积极履行环境责任。

1. 履行环境责任利人利己

只有大多数企业积极履行自己的环境责任，即“公民”义务，才能将可持续发展事业推向一个新的高度，促进人与自然的和谐。企业采用各种方式开发、改造节能、节材、环保项目，把生产经营过程中消耗的资源尽可能地再回收和再利用，能够降低整个社会的资源消耗量和污染排放量，实现人与自然的和谐。如果大多数企业都忽视自己的“公民”义务，唯利是图、损人利己、目光短浅、急功近利，资源消耗、环境污染的趋势就会加剧，地球生态会更加不堪重负，最终殃及企业自身。

而且，企业应当认识到，履行环境责任，在推动社会整体进步的同时，对促进自身发展也大有裨益。其一，改善企业形象，博取顾客好感，强化消费者对自己品牌的忠诚度，也有利于增强投资者对企业的信心。其二，和其他企业共同努

① 《2011年上海市统计年鉴》。

② 徐左正：《苏州河环境综合整治——上海城市环境建设的标志》，中国环境文化促进会网站，2007年5月24日。

③ 《苏州河治理：大手笔创造大奇迹》，“金融之星”网站，2006年3月11日。

④ 《苏州河综合整治三期启动　俞正声宣布开工》，新华网，2007年11月8日；黄勇娣：《苏州河百年底泥开始疏浚》，2011年1月7日《解放日报》。

力，改良社会整体环境，也是为自己创造一个更加健康的营商环境。其三，“一流企业做标准”，一些先进的企业借助其示范引领作用，在环保等领域推广更严格的标准，有利于打击那些难以达标的竞争者。其四，对有志于“走出去”的国内企业而言，积极履行环境责任是与世界先进企业合作，赢得发达国家消费者认同，和国际接轨的必要措施之一。

2. 履行环境责任的三种方式

企业履行环境责任，既包括在自身的生产经营过程中注意节约资源、保护环境，也包括生产、销售节能环保性能较好的产品；一些大企业还应当利用自己在产业链上的影响力，督促和帮助业务伙伴积极履责①。

首先，企业要根据自身生产经营过程的特点，加强内部的生态环境管理，以减少资源消耗和污染排放，即通常所说的清洁生产。以宝钢集团为例，该集团通过建立清洁生产内审员队伍，制订《清洁生产审核推进工作计划》，计划在2010～2012年对20家下属企业进行清洁生产审计。其中，在2010年开展的能源环保等专项审计工作包括：宝钢股份直属厂部范围内的固体废弃物管理专项审计，并以此为契机推进钢渣、含铁尘泥项目建设；在一次能源管理专项审计中，改善了对一次能源消耗的计量，尤其是对天然气消耗的计量；为促进能源审计流程的常规化，推出了“外部能源审计和内部能效检测”管理办法；组织抽查4家非钢企业的能源审计，4家公司在能源审计报告中提出挖掘节电能力、提高燃烧效率、实行能源定额管理等28项整改建议②。

其次，企业要更多地生产、销售节能环保性能较好的产品，从而减少产品使用环节的能源消耗、污染排放（包括碳排放）等。这方面的典型案例有上汽集团为研发、生产、推广新能源汽车付出的努力。2010年，上海汽车在新能源汽车项目上的新增投入达到11.40亿元，比2009增长48.63%。2010年恰巧是上海的世博年，上海汽车提供了1125辆新能源汽车服务世博会，包括在世博园区内运行的100辆燃料电池观光车、6辆燃料电池客车、68辆燃料电池轿车、270辆纯电动场馆车、120辆纯电动客车、61辆超级电容车，以及在世博园区周边服务的150辆混合动力客车、350辆混合动力轿车。这一举措不仅有利于上汽集团

① 上海市生态经济学会：《生态经济与可持续发展动态》，2011年11月。

② 《宝钢集团2010年社会责任报告》，2011年7月。

自身的新能源汽车品牌塑造，而且有利于通过亲身体验在民众当中推广使用新能源汽车的理念，促进交通领域的节能减排。

此外，有些有着较大影响力的企业应当借助自己在产业链上的优势地位，督促业务伙伴积极履行环境责任，或者对它们履行环境责任的行动提供支持。其中典型的案例包括绿色信贷和绿色供应链管理。对于银行等金融机构来说，履行环境责任不能仅限于自身节能减排，更重要的是运用绿色信贷等手段，对生产企业的节能减排施加压力。绿色信贷既包括对高消耗、高污染企业限制甚至拒绝发放贷款，也包括在贷款业务上向环境友好企业倾斜。① 在2010、2011两年信贷额度总体偏紧的情况下，上海多家银行为绿色低碳行业拨出专门的信贷额度，上海绿色信贷授信总量大、增速快。截至2011年5月末，上海市表内外的绿色信贷授信投放量高达572.32亿元，同比增长16.91%。2011年前5个月，上海绿色低碳行业贷款余额增加17.78亿元，同比增长9.64%。②

对于大型零售商或制造商来说，不仅要保证自己生产经营过程中的节能减排，以及自己的产品具有较好的节能环保性能；而且要拒绝从环境表现不佳的供应商购买原材料、中间产品或有待进入零售网点的成品等，这就是绿色供应链管理的核心内容。例如，上海通用发挥汽车整车制造商的龙头作用，带动上下游产业链共建绿色产业“生态系统”，这也是该公司“绿动未来”战略的一部分。上海通用投资近1000万元推行“绿色供应链”项目，促使其供应商投资2.73亿元实施节能环保项目，共同推动汽车制造产业链的绿色转型。截至2010年，上海通用的业务伙伴中，已经有126家成为荣获WEC（世界环境中心）认证的绿色供应商。该公司计划，到2015年，带动300家以上供应商加入绿色供应链体系。而且，该公司还要求下游的经销商推行节能减排计划，计划到2015年，使经销商的单车能源消耗比2010年下降22%。③

（三）民众：守法并对政府提供支持

作为单个个体，民众参与生态环境管理的力量是很微弱的；但是，他们仍然

① 林心颖等：《中国银行业环境责任现状》，《环境保护》2011年第11期。

② 吴善阳：《上海市“绿色信贷”业务快速健康发展》，中国广播网，2011年7月15日。

③ 曾业辉：《上海通用“绿动未来”战略“硬着陆”》，2010年6月24日第005版《中国经济时报》。

可以在有限的能力范围内，为改善生态环境作贡献。

其一，民众应该自觉遵守生态环境法规，减少自身向外界的污染物排放。

其二，在节约能源、垃圾分类、少购买环境不友好的产品（如过度包装的产品、高耗能的电器）等方面，积极响应政府和环保组织的号召。例如，2011 年 5 月，在上海市妇联倡导下，上海发起了以“低碳生活，垃圾减量”为主题的“百万家庭低碳行”活动。只要每个民众都积极响应号召，在生活的每一个细节上就注意节能减碳，汇集到整个社会层面上，就能减少大量的温室气体排放。

其三，民众还应当通过建议、投诉等形式参与生态环境规则的制定和执行过程。在节能环保法规以及环保、能源、城市建设、土地利用等规划的公示征求意见阶段，民众可以通过贡献自己的建议，来提高规则或政策的质量。在环保法规的执法环节，政府的执法力量毕竟是有限的，而民众以投诉的方式向政府提供环境违法行为的信息，无疑为政府的执法部门增添了众多“耳目”。

（四）社会组织：中间层和政府助手

参与式生态环境管理体系需要政府、企业、市民密切合作，但是，企业、市民是高度分散的（市民的分散程度尤其高），政府与他们之间直接协调的交易成本非常高昂。在这种情况下，社会组织作为政府与企业、市民之间的中间层，就显得非常重要。特定的社会组织能够整合一部分企业或市民的利益和意见，然后以一个统一的声音与政府进行协调，能够大大降低交易成本。在这一过程中，各种杂乱无章甚至是非理性的声音会被过滤掉。对于政府发出的声音，社会组织对其进行理性、正确的分析和解读，再传达给其所联系的一部分企业或市民，也有利于减少在理解政府意图方面的思想混乱。

将社会组织引入围绕法规、政策、规划制定的协商过程，代表企业和民众与政府对话，可以显著提高协商效率，有利于改善法规、政策、规划的质量，更好地促进资源节约、环境保护事业。①

正因为社会组织有着重要的中间层性质，政府可以依靠他们在特定的生态环境事务领域，对企业或民众进行管理，比政府直接管理的成本要降低不少。社会组织可以在民众当中倡导有利于资源节约、环境保护的行为方式；可以代

① 王凤：《公众参与环保行为机理研究》，中国环境科学出版社，2008，第 1 ~ 15 页。

表公众的利益敦促企业履行社会责任，甚至对违反环保法规的企业展开诉讼；还可以代表某一或某些行业中的大多数企业，开展行业自律，打击这些行业中违反环保法规的企业，或者为企业履行环境责任提供咨询、培训等服务。①

三 环保非政府组织促进河口城市环境治理的合作交流

环保非政府组织，尤其是国际环保非政府组织，可以利用其长期建立起来的、成熟的关系网络，促进跨城市甚至跨国的河口城市环境治理合作交流，世界自然基金会发起的“世界河口伙伴（World Estuary Alliance）”项目就是一个很好的案例。在上海、鹿特丹、温哥华、纽约、新奥尔良等河口城市的环境治理合作网络构建中，世界自然基金会通过与政府、科研机构、企业、公众等利益相关方建立伙伴关系，发挥着独特而无法替代的作用。环保组织往往能摆脱来自部门、责权、专业等角度的束缚，从更为综合、全局和较长的时间尺度考虑环境事件及其影响，对设计并实施具体的解决方案提供多方位的支持。

（一）推动跨城市的河口城市环境合作交流

许多环保组织在多年的志愿性活动中积累了广泛的合作关系网络，它们能够利用这种网络推动跨城市的河口城市环境治理合作交流，为政府提供各种有用的信息和技术支持。

世界自然基金会作为全球最大的环保类非政府组织，自1961年成立以来一直致力于全球各地的自然保护事业。世界自然基金会在全球多个重要的河口三角洲开展自然保护工作，并在过去几十年积累了丰富的保护工作经验，例如，莱茵河三角洲的围垦和湿地恢复、多瑙河三角洲流域视角的洄游鱼类保护、泰晤士河口的公众参与计划、易北河口的航运发展可持续解决方案、密西西比河口的湿地恢复和防灾系统、福瑞泽河口的综合管理和合作伙伴网络、桑德班三角洲的跨界保护、中国的长江河口的滩涂湿地动态保护等。在回顾和总结这些工作的过程

① 李志斐：《亚洲环境NGO：全球化背景下的角色分析》，《中共浙江省委党校学报》2010年第4期；李玉娟：《环境民事公益诉讼中环保组织法律地位的反思与重构》，《南昌大学学报》（人文社会科学版）2011年第42卷第1期。

中，发现世界各地的河口三角洲面临着很多共同的问题，也分别拥有很多可供互相学习和借鉴的经验或教训。很多工作都局限于就地开展，解决当地面临的具体问题，世界河口三角洲之间就自然保护特别是保护与发展之间关系的平衡问题的交流非常缺乏。

因此，世界自然基金会中国与世界自然基金会荷兰立足于各自在长江河口和莱茵河口的扎实工作基础，于2009年启动了“世界河口伙伴”项目。该项目旨在为世界各地的河口三角洲的保护工作者、科学家、管理者和公众，搭建一个国际化的信息分享、经验交流、项目合作的平台，推动世界河口三角洲共同思考在全球气候变化背景下如何探索并实践未来的发展之路。如何更好地尊重自然，和谐发展，寻求当地社会经济的绿色转型，寻求自然与人类，城市与湿地的共同成长。

该项目得到了上海市政府和南荷兰省政府的大力支持，包括世界自然基金会、三角洲联盟（Delta Alliance）、连接河口城市（Connecting Delta Cities）等国际组织也都积极参与到推动伙伴网络成立的事业中来。经过一年多的不懈努力，2010年6月5日，在2010年上海世博会世界自然基金会荣誉日的庆典上，世界自然基金会全球总干事 Jim Leape 宣布“世界河口伙伴”正式成立。荷兰南荷兰省副省长等来自全球13个河口城市的科学家、管理者、自然保护者、环保组织代表等参加了此次成立大会，见证了这一光荣的时刻。

2010年6月5日，世界自然基金会中国的《长江河口愿景》和世界自然基金会印度的《桑德班三角洲愿景》联合发布。与此同时，由上海市浦东新区人民政府、上海市绿化和市容管理局、华东师范大学和世界自然基金会共同合作，在南汇东滩野生动物禁猎区举行了上海本地种獐（Chinese Water Deer，国家二级保护动物）的野放仪式。这种已在上海消失超过百年的最大的野生哺乳动物的回归，不仅标志着这一物种保护工作取得阶段性的突破，更可作为河口湿地和生物多样性恢复工作的指示性物种，它的回归是对长江口过去保护工作的认可，而它能否在此生存繁衍，真正重归故里，是对长江河口未来的自然保护工作最合适的评价指标。

（二）推动跨城市的三角洲保护交流

三角洲保护是河口城市环境治理的主要任务之一，环保组织在推动跨城市的河口城市环境合作交流方面，也往往将三角洲保护作为最主要的议题之一。

"世界河口伙伴"项目的成立，为世界河口三角洲之间的沟通和交流打开了一扇大门，并活跃在各种国际性的环保活动中，以期使越来越多的人认识到河口三角洲的价值，并参与到共同的保护事业中来。

2010年10月，"三角洲联盟"在荷兰鹿特丹正式成立，世界自然基金会长江河口代表出席启动仪式并向来自埃及、印度尼西亚、美国、越南等国家的代表介绍了上海在长江河口综合管理中的经验和案例，启动期间，会议代表共同签署了河口及三角洲保护的共同声明。"三角洲联盟"是世界河口联盟在全球最重要的合作伙伴之一，是世界河口联盟拓展国际网络资源的重要窗口。

同月，"美国湿地（American Wetlands）"在美国新奥尔良举行了2010年三角洲国际论坛，讨论"后卡特里娜时代"的密西西比河口如何减少人类生态足迹并应对气候变化，世界河口联盟代表长江河口参加了讨论，将新奥尔良的经历及后续措施带回中国，也为进一步推动上海与新奥尔良之间的交流做了意向性沟通及初步准备。

2011年3月，世界自然基金会长江河口代表参加了在越南河内举办的"气候变化下河口及三角洲的适应管理"国际论坛，向10余个国家的参会代表分享了长江河口的保护工作经验及前景展望。会议期间，世界河口联盟参与编写的《世界河口及三角洲对比分析》正式发布。该报告选取了世界上10个重点河口及三角洲区域，从自然资源利用、人类活动压力及环境回弹力等方面综合评估各个域所受威胁情况，报告指出：长江河口在土地利用及自然资源两个方面面临较大压力，在气候变化下受到中度威胁。

2011年8月，世界自然基金会德国协同世界自然基金会全球淡水项目发布"大城市、大水系、大挑战——全球城市化趋势下的水问题（Big City，Big Water，Big Challenge——Water in an Urbanizing World）"研究报告。报告着力探讨全球城市化的浪潮下，位于大水系，特别是河口三角洲的特大型城市发展中共同面临的水危机，并挑选上海、墨西哥城等6个代表性城市，分别探讨城市发展的水资源解决方案。报告指出，在人类社会不断发展，全球气候变化的趋势日益显著的背景下，人与自然之间矛盾最突出的表现在对自然资源的过度索取问题上，而曾被认为是可再生的水资源成为表现最直接、问题最尖锐的领域。如果人类不能从水问题上学到应有的教训，越来越多的自然和环境问题还将接踵而至。

2011年5月，在世界自然基金会的邀请和组织下，上海市政府代表团访问北美，展开河口自然保护考察之旅，与温哥华市（福瑞泽河口）、纽约市（哈德

逊河口)、新奥尔良市（密西西比河口）的市政府及相关部门就河口城市的保护与发展开展交流和研讨。纽约市长办公室长期规划和可持续发展高级政策顾问 Dickinson 先生在会见后表示：上海和纽约之前的交流互访很多，但大多数以金融和经济交流为主题。以环境保护为主题，这是第一次。此次交流，让纽约看到一个全新的上海。

新奥尔良与上海分别坐落于美国和中国最大河流的河口。两个城市在环境保护和城市安全领域面临着很多相似的问题。2005 年卡特里娜飓风给新奥尔良市带来毁灭性的打击，这也为全世界坐落在河口海岸地区的城市敲响了警钟。新奥尔良市的灾后重建以及密西西比河流域的应急防灾体系也都对其他世界河口具有借鉴价值。此次访问期间，新奥尔良市市长 Landrieu 专门设招待会欢迎考察团的到访，会上，新奥尔良市和上海市正式签署了在水管理领域的城市间合作框架。这也是“世界河口伙伴”成立以来第一个河口城市之间以水管理为主题的合作框架。上海市政府的此次北美河口城市考察之旅，也有力地推动了中国河口城市与北美河口城市之间的交流合作。

（三）培育河口生态安全及环保意识

公众宣传和环境教育也是环保组织，特别是具有较广网络分布的国际环保组织的特长所在。世界自然基金会在上海开展工作期间，一直将河口城市的生态安全作为整个上海保护团队工作的重点目标，包括河口综合管理、水源地保护、低碳城市建设等项目在内的所有工作，都以保障河口生态安全，助力上海绿色转型、推动区域可持续发展为目标。

1. 以论坛形式促进跨区域和跨部门的流域合作交流

2009 年 4 月 20 日，由上海市人民政府和水利部长江水利委员会主办，世界自然基金会等机构和组织支持的第三届长江论坛在上海举办。此次论坛的主题为“长江・河口・城市”，包括国家有关部委、上海市及长江流域各省（自治区）的领导出席此次论坛。论坛旨在探讨如何充分发挥长江口的资源优势，加大协作力度，建立长效机制，实施沿江产业结构调整和优化沿江产业布局，共同推进长江口综合整治开发和保护。这是长江论坛召开以来首次以流域某一地区，而不是整个流域的普遍问题作为主题，凸显了从上海到整个流域及国家的水务部门对河口问题的重视。

2. 以会展形式传播河口城市环保理念

2010年5月，上海世博会召开。世界自然基金会作为唯一受到上海世博局邀请参展的国际环保类非政府组织，其主题为“保护地球，有我一个”的展馆在国际组织联合馆中精彩展出。世博会展示的6个月中，世界自然基金会为每个月设定了不同的参展主题，其中7月的主题就是气候变化适应与河口生态安全。在这个月中，集中展示了一批世界自然基金会的工作团队和合作伙伴为主题月制作的面向公众的宣传展示材料，其中包括：

（1）世界自然基金会河口项目三年成果《河口愿景》报告与世界自然基金会印度力推的《桑德班三角洲愿景》报告在南汇东滩禁猎区举行联合发布仪式，为此配套设计的河口愿景3D宣传片也同期在世博会世界自然基金会馆、世界自然基金会官方网站及著名门户视频网站向公众宣传推广。

（2）世界自然基金会和美国地质调查局（U. S. Geological Survey，简称USGS）联合制作的科普宣教片《全球河口、海湾及城市观测网络》（Bay，Estuary and City Observation Network），直观介绍了世界范围内城市化的河口海湾地区的布局、面临的共同问题和推荐的发展策略。

（3）世界自然基金会与东海水产研究所、长江口中华鲟保护区等合作伙伴共同设计的《小中华鲟找妈妈》动画片在世界自然基金会馆播出。这是中华鲟乃至长江水生生物保护领域第一部动画片，受到了参观游客的广泛好评。

（4）世界自然基金会与长江口航道局、上海河口海岸研究中心等合作伙伴联合制作的纪录片《长江·航道·生态》在世界自然基金会馆举行首发仪式。时值长江口深水航道工程竣工之际，此纪录片的首发让公众认识到在航道建设中对河口生态保护和城市安全的思考以及采取的具体措施。

（5）举办公众喜闻乐见的环保服装创意设计、展示及公众互动活动。世界自然基金会联合上海市服装设计协会在报名的数十位设计师中挑选五位，分别从旧衣改造、一衣多穿、废旧材料再利用、环保时装概念设计、环保家居创意设计的角度创作系列作品，并在每周末举办公众互动活动，让游客亲身尝试一衣多穿、旧衣改造、环保服装DIY等主题，感受到环保给生活带来的无穷乐趣。

3. 协助政府推进制度和能力建设

世界自然基金会作为一个拥有全球保护网络的国际环保组织，国际性的视角及智库资源是它的另一个优势。在上海开展工作期间，世界自然基金会也充分发

挥这方面的优势，推动上海市相关管理领域的能力建设和制度建设工作。

世界自然基金会河口项目于2007年成立中欧河口专家工作组，成员包括来自荷兰、德国、比利时等国以及上海河口保护和开发各领域的专家。工作组从2007年到2010年一直支持整个河口项目从项目设计、预研究、对策开发和示范点选择等工作，并直接参与了《河口愿景》报告的具体编写工作，为报告输入大量国外的经验和教训案例，以及“与自然共生”等国际上领先的河口保护和开发的理念。

与此同时，世界自然基金会积极开拓与上海市相关决策单位之间的合作伙伴关系，包括上海市绿化和市容管理局、上海市环保局、上海市水务局、上海市气象局、上海市外办、东海区渔政局、长江口航道管理局等，浦东新区政府、青浦区政府，并通过签订备忘录、高层互动、项目合作等方式发展紧密的合作关系。世界自然基金会还直接与上海市绿化和市容管理局、上海市环保局、上海节能监察中心、上海市发改委研究院、上海市合同能源项目办等机构共同开展面向相关部门官员、实施具体工作的企事业单位、智库、公众和媒体的教育和培训活动。并在上海市制定或修订《上海市水源地管理条例》、《上海市建筑节能条例》，以及正在修订和申报中的《上海市湿地管理条例》中都发挥了重要的支持作用。

四　环保组织在社区环境治理中发挥积极作用

在河口城市的生态环境治理中，环保组织除了协助政府制定环保政策，敦促企事业单位履行环境责任，并在全市层面对公众进行宣传教育外；还可以深入社区，帮助居民治理社区环境，从每一个分散的污染源入手，减少全市层面的污染排放。不少环保组织在社区环境治理中注重动员居民积极参与，一方面可以获得更多资源和提高决策质量，同时可以让居民在社区中获得归属感和主人翁意识，提高投身社区可持续发展事业的积极性。例如，上海绿洲生态保护交流中心就在社区水环境治理中取得了成功经验。

（一）利用专业优势，向社区、学校、相关部门提供技术支持

环保组织可以借助自身的专业知识和人才优势，向社区、学校、相关部门提供信息、建议等，或设计解决问题的方案，由此建立良好合作关系。上海绿洲生态保护交流中心（以下简称上海绿洲）在上海开展的几个社区水生态治理示范

工程，就采取了这样一种做法。

上海绿洲在调查中发现，市场上主流的水体维护和修复技术以物理设备和化学试剂为主，长期运营中发现，不但维护成本高，而且还容易出现耐药性和水质污染等问题。虽然调查中也不乏有些水体中种植了一些水生植物，但是生态方法主要还是点缀，效果并不明显。因此，在调查完毕后上海绿洲相继在闵行区浦江镇、徐汇区逸夫小学、华东师范大学附属第二中学、万科城市花园社区、春江锦庐社区内开展了5个水生态治理示范工程，以证明生态治理技术的推广运用价值。项目组同时邀请了华东师范大学和上海海洋大学的教授担任技术顾问。项目成果得到了大家的一致认可，经过治理后的水体水质基本达到国家地表水四类标准，生态环境恢复良好。

（二）鼓励居民亲身参与环保，对其行为规范加以引导

社区水体的维护不是一个单纯的技术问题，而是要对社区居民的行为规范加以正确引导。例如，在调查中，上海绿洲还发现，不少居民会将家中阳台的水管直接通往池塘，也有的将垃圾随意抛弃在河内；另外，由于中国人非常喜欢锦鲤鱼，居民过度的投食，也都会导致水体富营养化发展。这就涉及居民的行为规范问题，环保组织可以通过鼓励居民亲身参与各种环保行动，在体验过程中对其行为规范加以引导。

2009年5月，上海绿洲首次在春江锦庐社区内组建了居民参与社区池塘治理和维护工作坊。在这个工作坊中，上海绿洲不但邀请了专家，向居民介绍了池塘改造的方案；还邀请居民代表对专家的方案发表了意见和建议；并就当时池塘在日常维护中出现的一些问题进行了讨论和分析。当天的发言很踊跃，居民们充分表达了希望池塘健康发展的意愿，并且提出了很多好的建议。这种亲身参与的过程也是一种自我教育的过程，在一定程度上，比单纯的教育来得更有价值和意义。工作坊的最后一部分是实践活动，上海绿洲安排了一些种植沉水植物、挺水植物和放养螺蛳的志愿工作，这也是社区参与的重要组成部分。

（三）引导公众参与专业性较强的环境保护行动

有些环境保护行动专业性较强，一般公众难以参与；但只要环保组织引导得当，还是可以让普通民众在了解的基础上贡献自己的智慧，上海绿洲在上海科技馆附近开展的湿地保护行动就是一个很好的案例。

2007年底的一场大雪，让上海绿洲开始和科技馆旁的湿地结下了不解之缘。

当时有一位志愿者发现科技馆停车场内一片废弃的湿地，里面栖息着 20 多只野生黑水鸡。而由于天气寒冷，志愿者们担心这些水鸟无法安全越冬，于是组织了自然观察小组，自发对其生存状态进行监测。之后，“上海绿洲”发现这片被废弃的湿地，却成为了上海鲜有的野生动植物庇护所，十分适合开展自然观察活动。但由于面积较小，且缺乏人员适当维护，因此，整个池塘的面积逐年在缩小，陆地上的植物也面临着被外来物种和本地恶性杂草入侵的危害。因此，为了保护这片市中心区域内少有的自然环境，绿洲志愿者从 2008 年起，开始陆续进行了外来物种加拿大一枝黄花、空心莲子草以及满江红的清理工作。这些工作也引起了公众、媒体的关注。在 2008 ~ 2011 年三年中，上海绿洲的行动获得了近 30 篇媒体报道，不少志愿者都自发前来参加活动。而连续两年清剿加拿大一枝黄花的行动，也引起了管理部门的重视，2011 年他们已经将湿地周边的加拿大一枝黄花全部清除完毕，为本土生物物种恢复创造了空间。

科技馆湿地虽然是一块公共绿地，但是其环境维护却获得了众多市民的关注与参与，表明目前大家的环境保护意识已有显著提高，只是环保工作具有一定专业性，需要专业的机构进行引导，而“绿洲”就在其中扮演这样一个角色。虽然水体治理项目往往被认为是非常专业的工作，普通公众很难参与。但是上海绿洲一直认为，没有参与就没有了解，没有感悟，也不会真正带来改变。所以上海绿洲在工作中尽量让志愿者、社区公众、学生，参与了解社区池塘发生的问题，共同制订改造计划，提意见和建议，并共同参与维护工作。并在项目过程中，设计一些公众可以参与的活动，如种植水草，放养动物，让他们了解到原来就是这些不起眼的生物，在维持着池塘的运转。而日后公众在整个水环境的后期维护过程中相信会扮演着重要的角色。

五　政府引导社会组织发挥积极作用的制度设计

在参与式生态环境管理体系中，社会组织扮演着政府和企业、民众之间的中间层以及政府助手的重要角色，而政府需要设计能有效发挥社会组织积极作用的制度，包括明确双方合作的基础，建立协商机制，完善委托社会组织管理部分环境事务的授权和监督机制。上海当前社会建设事业的推进，也为政府和社会组织在生态环境领域的合作创造了良好机遇。

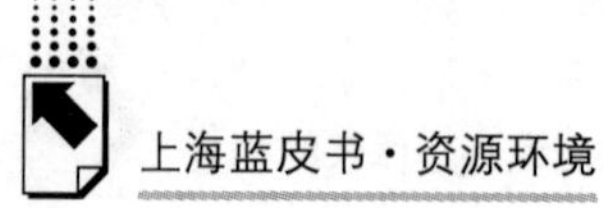

（一）明确双方合作的基础

政府和社会组织合作的基础在于两方面：其一是双方的目标或利益上存在交集；其二是双方掌握的资源上存在互补关系。

就生态环境治理而言，政府和许多社会组织具有共同目标。政府从执政为民的立场出发，自然要致力于改善其辖区内的生态环境。而许多社会组织，或是代表一定区域内民众的环境权益，或是出于热爱可持续发展事业的志愿精神，也要求改善特定区域、国家甚至是全球的生态环境。这就决定了政府和此类社会组织在根本目标上是一致的，只是在具体策略上存在观点差异，需要通过协商来求同存异、取长补短。

政府和社会组织需要合作的另一个重要理由是双方在资源上存在互补性，都希望能利用对方的优势资源。政府的优势资源在于其强制力和公共财政资金，前文已有分析，此处不再赘述。社会组织的优势在于以下几方面：其一，社会组织贴近民众，在很多情况下，能够比政府掌握更多信息，了解具体情况和群众诉求。其二，社会组织往往具有一定的志愿者精神，能够在缺乏经济激励或竞争压力的情况下，仍然积极为环保等公益事业工作。其三，许多社会组织由于长期从事某一领域的环保工作，而积累了丰富的专业知识和经验。

政府和社会组织要紧密合作，首先要实现观念上的转变。双方都要认识到对方的价值所在，而不要过度强调对方与自己意见不一致的地方，以至于产生对立情绪。都要努力去了解对方的业务范围和实际需要，据此明确自身在合作中的定位，并利用好对方的优势。社会组织尤其要向政府充分推销自己，对具体事务提出科学有效的对策建议，彰显自己的专业优势。①

（二）协商机制的建立

政府和社会组织要充分了解对方的意愿和优势，并确定适宜的合作方式，一个良好的协商机制是不可或缺的，而且这种协商机制还要和现有的政府管理体制兼容。比较理想的选择是建立常设的咨询委员会或常态的咨询机制，并且吸收相关社会组织的代表参加。②

---

① 杨晓光、丛玉飞：《低碳经济下我国草根环境 NGO 与政府协同关系构建》，《当代经济研究》2010 年第 11 期。

② 林志远：《建设政府决策咨询机构的历史借鉴》，《中国经济》2010 年第 11 期。

上海于2003年成立了市决策咨询委员会，在上海市委领导下工作，在防止决策工作中的随意性，提高决策质量方面发挥了有效作用。不过，其成员主要是来自各方的专家、学者，尚未形成制度化的吸纳社会组织代表的机制或做法。

从1989年开始，上海市每年举行一届市长国际企业家咨询会议，邀请有影响力和远见卓识的跨国公司领袖，为上海的发展大计出谋划策，对促进上海的发展发挥了重要作用。不过，这一咨询机制的问计对象是产业界人士，主要邀请社会组织代表参加的高端咨询机制尚未建立。

建议仿照以上咨询机制，以上海市环保局为核心，建立主要面向社会组织的年度环境事务咨询会议，或常设性的环境事务咨询委员会，作为构建政府和社会组织协商平台的试点。

（三）委托社会组织管理部分环境事务的授权和监督机制

在某些具体的生态环境事务领域，政府可以根据社会组织的能力、资源等优势，以及自己对社会组织的监管能力，将一部分生态环境管理工作委托给社会组织，这也是推动政府职能转变的一个重要方面。①

政府要委托社会组织管理部分环境事务，首先要有个授权机制，建议采用政府和社会组织签订合约，以购买其服务的形式。为了保证合作的顺畅进行，应当在合约当中对双方的权利义务边界和违约责任都作出详尽规定。为了保证社会组织有足够能力履行合约所规定的管理职责，政府应当给予其足够的资源，这当中既包括资金等物质资源，也应包括权威等精神资源。

社会组织也不是万能的，也可能在管理生态环境事务的过程中发生偏差；政府就需要建立一套监督机制，以及时纠偏。其一，对于负责一定生态环境管理事务的社会组织，应当开放并拓宽公众监督、舆论监督的渠道。其二，政府可以尝试在不同的社会组织之间建立制衡机制。例如，可以指定某一环保志愿者组织管理一定环境事务，同时指定相关居民区的社区组织（如居委会、业委会）对其进行监督。②

---

① 包双叶：《政府职能转变与新社会组织发展》，《理论与现代化》2011年第1期。

② 常丽霞、袁峥嵘、孟晓莉：《刍论生态领域的社会制衡机制》，《商业时代》2009年第2期。

B.12

流域综合管理与上海生态环境安全

雍怡　杨爱辉　王利民　陈宁*

摘　要： 流域是以水为纽带的自然、社会、经济复合生态系统。以流域综合管理的理论、动态发展的视角，通过统筹兼顾、多元合作的方法来管理流域，平衡流域的保护与发展需求，是解决流域整体和河口城市生态安全的必然选择。本文详细梳理了长江流域及太湖流域有关流域综合管理的实践，发现目前各流域区域分割、管理权分割的管理体制和机制是流域综合管理所面临的最大挑战，也是推动流域综合管理必须解决的首要问题。与此同时，上海作为流域经济最发达的地区，近年来对上游经济欠发达地区的支持，已经跳出了传统的资金支援，以及自身产业结构调整后落后产能的跨地区转移等模式，更多地上升为技术集成输出和能力建设为主的新型生态补偿机制。

关键词： 流域综合管理　流域　河口城市　生态安全

一　流域综合管理的重要意义

流域综合管理起源于19世纪，到20世纪中后期建立起较为完整的理论体系。流域综合管理的出发点即是运用系统的视角和综合的方法来解决区域性的环境和发展问题。流域是一个上、中、下游共生的生态系统，而河口由于其地理位置的特殊性，成为流域经济发达而生态脆弱的地区。河口地区的生态安全必须通过整个流域的综合管理才能得到实现和保障。

---

* 雍怡，世界自然基金会高级项目官员；杨爱辉，世界自然基金会项目经理，博士；王利民，世界自然基金会中国运营项目副总监；陈宁，上海社会科学院助理研究员，博士。

（一）流域综合管理思想的形成和发展

流域是一个以水为纽带，由上、中、下游共同组成的复合生态系统。许多流域不仅是生物多样性丰富的地区，往往也是人类社会文明起源和经济文明繁衍的集中地区。也正因为此，以往以单一经济目标为导向的流域资源开发利用模式因为缺乏流域的整体观，忽略了部门间的协调、机构间的合作，以及社会公众的参与，对流域的生态安全和资源可持续利用的认识不足，引发了一系列流域资源环境的问题。这些问题中最有代表性的包括：水土流失与土地退化、流域尺度的水质恶化和季节性水量短缺、湿地的过度围垦和不合理开发利用，以及整个流域生物多样性的退化和减少①。

以上这些困扰人类生存和发展的环境问题的突显引导人类开始反思人与自然的合理关系，特别是流域的管理如何兼顾保护与开发，平衡人和自然的需求。因此，流域综合管理（Integrated River Basin Management，简称 IRBM）的思想应运而生。

早期的流域管理主要关注防洪防灾体系的建立。19 世纪末 20 世纪初，西方国家最早的流域管理的探索开始强调水资源的多功能性，提出要对水资源进行综合利用和开发，河流的开发应以梯级推进、统一布局、功能综合为原则，以期最大限度地利用水资源的综合功能。

20 世纪中叶，环境事件频发，发展与保护的矛盾日益凸显。《寂静的春天》一书的出版，更是唤起了全世界公众对环境污染的关注。这一时期，发达国家的流域水污染问题极端突出，流域管理的内容也开始由综合开发利用向开发与环保兼顾转变。

1987 年，挪威首相布伦特兰夫人代表世界环境与发展委员会提交了《我们共同的未来》研究报告，并第一次正式提出“可持续发展”的概念。1992 年联合国环境与发展大会上正式将可持续发展的概念写入了《里约环境与发展宣言》与《21 世纪议程》。此次环境与发展大会上，特别强调了应该运用系统的视角和综合的方法来解决区域性的环境和发展问题。Lee 在大会中特别提出环境保护应以流域的尺度来实施，而不是以国家、洲等行政边界来进行职权的划分②。

---

① 杨桂山等：《流域综合管理导论》，科学出版社，2004，第 4 ~ 6 页。

② Lee Terence, 1992. “Water Management since the Adoption of the Mar del Plata Action Plan: Lessons for the 1990s”, *Natural Resource Forum*, 16 (1992): 202 - 211.

此后，英国、美国等国在流域综合管理方面从研究、规划、实施到评估等各个环节开展探索与实践。流域综合管理的思想也基本形成，并成为全世界流域管理领域公认的一条基本原则。

（二）流域综合管理的内涵

近年来，不同学者和机构对流域综合管理的概念有多种阐释。概括而言，流域综合管理的理念包括以下方面的内涵（杨桂山等，2004）：

（1）流域综合管理首先将流域视为一个复合生态系统。流域不仅仅是一个局限的水文系统，河流及其集水区域是一个整体，共同构成和界定流域的边界。在流域范围内发生的水文过程应放到整个流域发展的社会经济过程中考虑，将流域的自然、社会、经济活动看做一个复合生态系统。对流域的关注不仅包括水文过程，还包括区域内的生物多样性以及人口、资源、环境、文化、政策多领域的内容。

（2）综合地进行流域的开发和保护。流域的管理应该充分认识流域内部各组成要素间的联系，认识其过程，并依此进行全面的规划和管理。这其中尤其要考虑政府间和跨行业部门间的综合，协调好所有流域范围内的行政单元和涉及流域开发和保护的部门，包括土地利用、环保和污染控制、水文水利、自然保护、航运、水电、农业和渔业，甚至生态旅游、环境教育等相关部门之间的关系，在确保流域生态安全和长远发展的前提下，公平公正的进行流域开发。此外，政府和企业、公众、社会组织等之间也应发展紧密的合作关系，充分利用各种社会资源推动流域保护。实现各利益相关方共同利益的最大化。

（3）流域综合管理强调统筹兼顾，是一个协调协商的过程。其核心任务是建立一种解决问题、协调关系、促进流域保护和发展相协调，加强合作，缓解冲突的协商机制。

（4）流域综合管理是一个动态的发展过程。流域复合生态系统是一个不断变化发展的系统，流域综合管理本身也是一个动态、发展的过程。流域综合管理没有一个绝对的目标或终点，它是一个多利益相关方协调、沟通、合作，并共同推动流域的保护与发展的动态过程。

（5）流域综合管理需要通过行政、法制、市场、公众参与等手段来多元化管理，兼顾流域规划等行政手段、流域资源及环境立法等法制手段，以及环境补

偿、排污权交易等市场手段，并辅之以公众参与和监督，提高管理效率，优化管理手段。

（6）流域综合管理是自下而上和自上而下的结合，兼顾国家层面自上而下的引领，以及地方层面自下而上的推动和工作积累，两者缺一不可。

（三）流域综合管理对河口城市生态安全的重要意义

河口位于流域的末端，水、泥沙、水生生物顺流而下汇入大海，而人类所需的物资货品又从这里溯流而上输送到流域的每个角落。由于河口的特殊区位条件，河口的水质、水量、生物多样性和地形地貌都深受整个流域资源开发和利用方式的影响。因此，来自整个流域的影响及河口地区自身的发展压力使得河口生态系统备显脆弱，河口城市的生态安全很大程度上依赖于整个流域的健康与否。

流域的高强度开发，如森林的破坏、高坝的建设、跨流域的调水、化肥的大量使用等直接影响到河口及其邻近海域。以流域为纽带的人类高强度经济活动赋予流域环境的压力最终向河口转移、会聚，通过物质和能量通量的变化对河口三角洲及其邻近海域的环境产生深刻的影响。由于大量污水排放入海，使得近海海域水质恶化。沿海不少河口、海湾以及大中城市邻近海域环境质量逐年下降，近海污染范围不断扩大，海域污染事件频繁发生。以长江口为例，长江口营养盐入海通量和污染物排海量大幅增加，以致长江口及邻近海域成为我国沿海劣质水分布面积最大、富营养化多发的区域；长江口水质标准不到Ⅳ级。由于水质恶化，沿海赤潮频发，其中东海发生频率最高。富营养化是我国近岸海域面临的主要环境问题。以无机氮、无机磷为代表性营养盐在我国四个海区均严重超标，特别是在城市集中和工业化发展迅速的近岸海域。所有这些都表明，由河流入海物质通量变异引起的河口海岸带环境恶化对河口城市的生态安全造成严重的威胁。

流域水环境的污染使下游河口面临日趋严重的水质型缺水问题。作为长江流域的河口城市，上海主要供水水源是长江口南支和黄浦江中下游河段。由于黄浦江水环境恶化趋势明显，迫使用水集中的上海不得不大量开采地下水，而大规模开采地下水又引起地下水水位漏斗和地面沉降等一系列环境地质问题。同时三峡工程和南水北调工程使入海水量急剧减少，引发了河口地区频发的盐水入侵现象，威胁城市安全。

上海作为全国经济最发达的地区，环保投入也是全国最高的。经过四轮环保行动计划的滚动实施，“十一五”期间，黄浦江、苏州河等主要河道上下游水质差异明显缩小，上游来水对河口水质的影响突出。2010 年 7 个省界来水断面总体水质为Ⅲ类至劣Ⅴ类，均未达到相应的功能区要求。河口城市水环境质量其实是整个流域陆源污染会聚的总体结果。① 上海自身加大环境保护投入力度的工作仅能对本地所产生的污染加以控制，上海区域范围内所产生的各类污染物对河口环境污染的贡献已大幅度下降。但由流域上游省市造成的污染却直接影响上海河口地区的生态环境安全。因此流域综合管理对河口地区的水环境质量和生态安全具有重大的意义。

二　长江流域综合管理的现状与挑战

长江流域幅员广阔，涉及 19 个省（自治区、直辖市），面积达 180 万平方公里。② 唯其流经的地域越多，其对流域的作用也越大，对河口城市产生的影响也就越显著、越复杂。长江流域综合管理历史悠久，探索出了一系列较为有效的流域综合管理的方案和路径。但随着长江流域社会经济发展的演变，长江流域综合管理中一些固有的问题开始逐渐显现并放大，河口城市的生态安全也面临挑战。

（一）长江流域水环境状况及对河口的影响

1. 水质

一般认为，长江是一条水量丰沛的河流，到河口段，长江干流多年平均过境水量仍达到 9.335×10^{11} 立方米，加上太湖流域年均来水量 1.066×10^{10} 立方米，大大弥补了河口城市上海本地水资源不足的问题（年平均水量仅 2.557×10^{9} 立方米）。由于 99.73% 的水资源依赖于过境水，上海的水质深受周边流域用水和排污情况的影响，88.7% 的河道总长的水质为Ⅴ类（20.1%）和劣Ⅴ类（68.6%）③。上海成为中国最典型的水质型缺水城市。要解决水质问题，仅仅依靠地方自身的环境修复、污染控制等措施收效甚微，只有通过推动流域综合

① 《上海市环境质量报告书（2006～2010 年）》，第 210 页。

② 杨桂山、马超德、常思勇主编《长江保护与发展报告 2009》，长江出版社，2009，第 23 页。

③ 汪松年等编《上海市水资源普查报告》，上海科学技术出版社，2001，第 10～11 页。

管理，实现全流域的水质监管和污染控制，才是解决上海水质问题唯一可能的路径。

2. 盐水入侵和河口供水安全

河口海陆交汇、河海相接的特点还决定了河口的水量虽然能保持一定的平衡，但水体的盐度却收到上游来水量、天文大潮、风暴潮等因素的影响，时常发生波动，当海水倒灌达到一定强度时，就会发生盐水入侵。青草沙水库建成以来，上海的供水战略从黄浦江上游转移至长江口，规划到2020年，上海市80%的供水来自长江口（包括青草沙水库和陈行水库、宝钢水库和规划中的崇西水库）这就使得河口水体的盐度变化成为影响上海市供水安全的重要因素。

上游来水的减少是引发盐水入侵的最主要因素。历史上每年冬季枯水期都会有盐水入侵的情况发生。历史上影响最大的一次发生在1978～1979年，徐六泾以下河段遭受盐水侵袭长达5个月以上，吴淞水厂取水口因盐度超标持续142天无法取水，大通站流量最低仅为4620立方米/秒。咸潮还随黄浦江上溯，到时沿江7个取水口无法取水。崇明岛被咸水包围长达3个多月。近10年来最严重的盐水入侵发生在2006年。当年夏季长江流域发生严重干旱，长江下泄流量明显受到影响，大通站平均径流量从2006年10月开始低于20000立方米/秒并持续长达4个多月，其中9月、10月的径流量比多年平均值下降一半以上。当年9月第一次盐潮来袭，比往年记录提前了近3个月。自2006年9月至2007年5月，共发生14次盐水入侵，其中有7次的持续时间超过5天，总累积影响80天8小时①。2011年春夏之交长江中下游发生特大旱灾，与此同时河口地区在4～5月连续出现3次咸潮入侵，其中4月下旬的一次持续时间达9天，再创历史记录以来的新高。由此可见，看似水量丰沛的河口地区，其供水安全深受上游来水的影响。

3. 上游来沙和河口地形地貌

河口三角洲的形成得益于千万年来上游来沙的沉积。长江口是一个仍然处在不断生长状态下的河口，源源不断新生出的土地资源也是河口地区得天独厚的发展优势。然而，近年来随着上游大型水利工程的不断兴建，长江干流的水文过程

---

① 陈吉余等编《2006年长江特枯水情对上海水资源安全的影响研究》，海洋出版社，2009，第22、41～42页。

被改变，大量上游来沙被阻隔在梯级开发的大坝之后，能够汇及河口的泥沙明显减少。根据大通站多年的观测结果，1958～1984 年期间长江入海口的输沙量处于持续高位，平均水平大于 4 亿吨/年。而进入 90 年代以后河口输沙量持续走低，到 2008 年，年输沙量仅为 1.3 亿吨/年，锐减超过 2/3。特别是 2006 年长江出现历史罕见的特枯水情，河口入海泥沙也记录到历史最低值 0.848 亿吨/年。专家普遍认为，这和当年三峡水库蓄水从 135 米上升到 156 米有关。①

上游来沙的锐减，加之人类日益强化的围垦力度，使得河口的滩涂湿地资源大片丧失。例如，崇明北滩湿地严重衰退，北支 0 米以下河槽容积从 1958 年的 16.04 亿立方米减少为 2005 年的 6.99 亿立方米；崇明东滩的东侧虽然仍在增长，但南侧却呈现明显的退化趋势，近 3 年后退速度为 76 米/年；九段沙由于互花米草蔓延（占植被总面积 29%）及长江口深水航道南导堤工程影响，出现明显淤涨抬高，浅滩湿地面积大大减少；近半个世纪为上海市贡献了 201 平方公里土地资源的南汇东滩已经成为一块没有潮间带和植被的滩涂，其生态服务功能明显减弱；杭州湾北岸滩涂部分已经围到 -2 米水域，大部分滩涂已经大堤临水，部分堤下的岸线甚至出现被掏空的明显侵蚀状态。

4. 河口水生生物多样性的急速衰退

长江口独特的生境条件孕育了独特而丰富的生物多样性，是许多生物所依赖的繁殖地、索饵场、洄游和迁徙通道，在整个流域中独一无二，无可替代。根据 20 世纪 80 年代中期到 21 世纪初的调查纪录，统计出长江口出现的鱼卵和仔稚鱼共有 17 目、54 科、140 种（类）②。有记录的在长江口水域生活的鱼类总数达到 329 种，可与整个长江流域的鱼类总数相媲美。

但是，如此丰富的生物多样性却遭受着巨大的威胁。上海的许多重大建设项目依赖于滩涂围垦，上海石油化工总厂、上海港部分港区、老港垃圾堆场等项目都是建设在围垦的滩涂之上。加之近年来深水航道、深水港、隧桥工程等大型水上基础设施的建设，河口从滩涂到底栖生境大规模丧失。此外，长江中上游大型水利工程，如梯级水电开发、围湖造田、挖沙采石、调水工程等，对水生生物多样性的影响也波及河口。这些工程的建设破坏了水生生物的栖息地，阻隔或切断

---

① 恽才兴主编《中国河口三角洲的危机》，海洋出版社，2010，第 6～7 页。

② 庄平：《河口水生生物多样性与可持续发展》，上海科学技术出版社，2008。

了洄游生物的洄游通道，减少了整个流域水生生物的资源量和生物多样性。有研究发现，三峡水库蓄水前后，长江口鱼类浮游生物群落的多样性显著下降，其中2004年春季鱼类浮游生物的丰富仅为2001年的4.3%，河口水生生物的种群结构也发生较大变化，一些原本占优势的河口主要经济鱼种，如石首鱼科的小黄鱼，甚至逐渐沦为常见甚至罕见品种。①

（二）长江流域综合管理的演变

我国对于长江流域的管理历史悠久，形成了由国家水利部主管，长江水利委员会行使日常管理，非政府组织和多种参与主体共同推动的流域综合管理体制。

1. 我国政府对长江流域综合管理的历程

我国很早就设立了跨行政区域，按水系分布进行行业化管理的漕运总督及河道总督。1935年民国政府成立了扬子江水利委员会（后更名长江水利工程局）作为长江流域水资源管理机构。1949年11月，新中国水利部提出各项水利事业必须统筹规划、相互配合、统一领导、统一水政等水管理原则。1950年，新中国政府将长江水利工程局改称为长江水利委员会，该组织是国家水利部在长江流域行使长江涉水事务的派出机构。

我国的流域管理概念最早进入法律是在1988年，这年制定的《水法》中第十一条规定了按照流域进行统一规划，开发利用水资源和防治水害。这是流域管理思想的雏形。1998年1月，新的《中华人民共和国水法》颁布实施，其中正式批准七大江河流域管理机构作为水利部的派出机构，对所在流域行使相应的职责，这标志着我国水资源管理进入法制管理轨道。在2002年修订的《水法》总则部分当中明确地规定了水资源管理实行流域管理和区域管理相结合的管理体制，明确指出流域机构不仅负责流域层面的规划编制与实施，还负责水量调配、水事矛盾调处等问题。规定流域机构在所管辖的范围内行使法律、行政法规规定的和国务院水行政主管部门授予的水资源管理和监督职责，从根本上确立了流域机构的法律地位和管理职责。与地方水行政主管部门的事权划分上，规定流域机

① 刘淑德、线薇薇：《三峡水库蓄水前后春季长江口鱼类浮游生物群落结构特征》，《长江科学院院报》2010年第10期。

构负责以流域为单元制定跨行政区域的水量分配方案和紧急情况下的水量调度方案，该方案一经批准，地方政府必须执行。新法还设立了全国水资源与水土保持领导小组、长江口与太湖流域综合治理领导小组，并负责主持了后续的长江流域规划和太湖流域规划。机构的建立和制度的完善为流域综合管理在中国的大力推广和深入实践奠定了基础。

2. 非政府组织以流域综合管理问题研究与交流推动流域综合管理

在长江流域综合管理的领域，以世界自然基金会为代表的国际环保非政府组织也发挥了重要的推动作用。2002 年，世界自然基金会建议并与中国环境与发展国际合作委员会（国合会）共同资助成立了“国合会流域综合管理课题组”。该课题组主席陈宜瑜院士和荷兰科学家 Smits 教授于 2004 年 10 月向国务院提交了《推进流域综合管理，恢复中国生命之河》的政策建议报告，指出中国江河流域性生态退化和环境污染问题已经成为影响中国发展的突出问题，呼吁中国政府推动基于生态系统的流域综合管理，恢复江河的生命活力，确保大江大河的健康与流域的可持续发展。该报告中总结的 5 条建议中，关于进行流域综合规划修编，以及定期举办长江论坛的建议被采纳。

2005 年 4 月，首届长江论坛在武汉成功举办，通过了《保护与发展——长江宣言》，一致赞同通过对长江流域实施综合管理，来确保实现防洪安全、饮用水安全和生态安全等三大目标。此后，第二届至第四届长江论坛分别于 2007、2009 和 2011 年在长沙、上海和南京举办。长江流域十省一市将轮流作为东道主和长江水利委员会共同举办论坛，所有省市主管领导出席，其涉及政府和部门范围之广，参与级别之高，创下中国历史上以流域管理为主题的同类工作的记录。长江论坛的召开，是一种对流域综合管理理念最好的实践和推动。

3. 各参与主体以示范项目推动流域综合管理

此后，在世界自然基金会荷兰分会、英国分会以及汇丰银行等机构、企业的支持下，世界自然基金会中国在长江流域持续推进综合管理的工作，并挑选赤水河、洞庭湖、鄱阳湖和长江河口四个流域中的代表性区域和关键区域，与当地的政府、研究机构、社会团体、社区和公众开展紧密合作，拓展了流域综合管理的理论，并通过实践建立起一批流域综合管理的示范项目，取得了丰硕的保护成果。

（三）保障上海生态环境安全所面临的长江流域综合管理方面的挑战

尽管长江流域综合管理近10年来的实践和探索取得了一定的成绩，但我们也要看到，随着社会经济的不断发展，长江流域的保护和发展也面临着全新的形势。一方面在“保增长、扩内需、调结构”等一系列重大政策引导下，各种政策利好和资源的汇入使整个流域都迎来了新的发展机遇。但另一方面，经济社会发展对资源环境的压力持续增大，流域内各种开发和建设工程对生态环境产生的直接和潜在影响未得到充分认识。全球气候变化背景下流域水资源的时空分布变化和极端气候事件频发等问题，也使得长江流域的生态环境保护工作面临着史无前例的压力。作为河口城市，上海保障生态环境安全，必须通过流域综合管理，平衡好长江流域保护和发展的关系，在保证社会经济持续稳定发展的同时解决资源环境所面临的危机，以求整个流域未来持续健康的繁荣和发展，新的形势和背景要求我们必须关注以下挑战。

1. 环境持续恶化，发展受到制约

长江流域在对全国的社会经济发展作出重要贡献的同时，自身的生态环境却持续恶化。以水污染为例，2008年，长江流域废污水排放总量为325.1亿吨，比2007年度增加4.6亿吨，增幅为1.4%。2009年，长江流域废污水排放总量为333.2亿吨，较2008年增加2.5%，与2003年的273.3亿吨相比，增长了21.9%。① 根据《2009中国环境状况公报》，长江流域在长江流域的鄱阳湖、太湖、巢湖、洞庭湖、滇池、泸沽湖、程海、东湖、玄武湖、西湖等湖泊中，除泸沽湖水质为Ⅰ类、程海整体水质为Ⅲ类外，其他湖泊水质均为Ⅳ类至劣Ⅴ类，整个流域的水污染问题已经非常严峻，并已直接威胁到河口城市社会经济的可持续发展。“十一五”期间，上海近海海域水环境质量不容乐观，2006、2007和2010年无Ⅰ类海水和Ⅱ类海水，2008年和2009年Ⅱ类海水分别占10.%和20%，2006~2009年Ⅲ类海水均占10%，2010年有所上升，占20%。劣Ⅳ类海水所占比例在60%~80%范围内波动。2006~2010年，上海近海海域水质等级为“极差”。②

① 环境保护部污染物排放总量控制司、中国环境监测总站：《中国环境统计年报（2008~2009）》。

② 上海市环境保护局：《上海市环境质量报告书（2006~2010年）》，第110页。

此外，流域内的各种开发建设项目还造成了多重的环境问题。上游水电的梯级开发阻断了水生生物的洄游通道，大量特有物种濒危甚至灭绝。清水下泄造成中下游河床强烈冲刷，通过改变干流水位影响江湖间的水文关系。河床侵蚀也给沿江地区带来严重的安全隐患。流域对水资源需求的持续增长使得下游及河口的枯季水情持续告急，河口的盐水入侵发生频率及强度都较历史水平不断提高，供水安全受到重大影响，进而因海平面上升、地面沉降、极端气候等因素的叠加影响，对保障河口城市安全形成威胁。

2. 流域所经区域经济社会发展不平衡

长江流域是中国经济文化繁荣的缩影。纵观整个流域，上中下游之间的发展很不平衡，区域间的差异显著。长江干流所经过的 11 个省市中，2010 年上海市人均 GDP 已经超过 1 万美元，达到 1.27 万美元，达到中等发达国家收入水平，是长江流域经济最发达的地区。而长江上游的西藏、四川、青海等地，人均 GDP 不足 3000 美元。从工业化进程来看，长江流域自西向东分别处于工业化中期、工业化中期向工业化后期过渡时期、工业化后期等工业化不同的发展阶段。不同经济发展阶段的经济体在主导产业选择和社会发展诉求方面存在极大的差异。这也滋生了流域内部的不同发展观和资源利用观并存的局面，不仅威胁整个流域生态安全，还影响流域经济的长远和稳定发展。未来必须深入推进流域间的跨界合作，推动资源可持续开发利用和技术输出模式的绿色转型，探索基于保障流域环境流理念的生态补偿试点，全面推进流域一体化的协同发展。

3. 流域上下游之间在环境保护与发展之间存在分歧

长江流域各地区经济社会发展不平衡的直接结果就是流域上下游之间在环境保护和谋求发展之间存在严重分歧。主要表现在：上游地区处于工业化中期，按照一般产业演进规律来看，正是重化工业开始加速发展的阶段。重化工业的发展不可避免地带来资源能源的大量消耗和污染物的排放。而上游地区的经济发展水平相对滞后还不足以在环境保护方面投入更多资源，因此导致上中游地区污染水平加重。处于功能区保护的区域，则要舍弃自身工业化发展的进程而确保水源地的生态，对下游地区转移支付的要求非常强烈。而下游地区通过多年的快速发展以及对环保领域的高投入，对于本区域内的环境治理已经达到较高的水平。本地污染源贡献减小，但上游来水的污染程度不断提高，对下游地区水环境和生态安全的威胁越来越突出。下游地区对上游地区水源保护的要求提上议事日程。因

此，长江流域各地区之间在环境保护和需求发展的之间的分歧越来越大。

4. 缺少流域之间在环境保护和治理方面可行的协调与合作机制

根据我国《水法》等相关法律规定，能够对长江实施管理的部门包括水利部、环保总局、建设部、农业部、发改委、交通部以及卫生部等十几个部委，还包括沿江的11个省、自治区、直辖市。部委里，水利部是水行政主管部门；国家环保总局、建设部、农业部、国家林业局、国家发改委、交通部、卫生部等是各相关职能部门。除了这些涉水部委，长江流域性机构有5个，除了水利部长江水利委员会，还有农业部长江渔业资源管理委员会、交通部长江航务管理局、长江水资源保护局（由水利部和国家环保总局双重领导）以及长江上游水土保持委员会。2002年《水法》重新修订，明确规定国家对水资源实行流域管理与行政区域管理相结合的管理体制。但由于职能和权限设定问题和冲突，长江水利委员会作为派出机构，名义上负责管理长江沿线，包括水资源本身和水利相关的那些岸边陆地。但陆地上的管理则主要由当地的省、市、县的政府机构负责。由于财政分散和地方发展诉求驱动，地方政府的决策往往具有区域性和短期性，对水环境、水资源产生一定的压力。从流域综合管理角度看，最大的难题就是如何创造一种好的机制和体制使各条各块能够统筹合作。这些年，专家、学者、官员都在呼吁，长江流域的最大问题不是管理问题，根本上是协调问题。① 对于长江流域内的发展和环境问题，缺少统一的、系统的规划和协调，也缺乏合理的机构构架。

（四）完善长江流域综合管理、保障上海生态安全的建议

1. 推动建立直属中央的流域综合管理机构

流域综合管理特别要求跨区域、跨部门的合作，而河口的保护要放眼整个流域，积极与流域上中下游各省市加强沟通和合作。位于流域末端的河口地区受到来自整个流域的复杂影响，河口的健康与否依赖整个流域的综合管理，需要上中下游的区域管理能考虑到对河口的影响。河口城市应从流域出口的角度，以关注整个流域的健康的立场呼吁成立一个更多元的河口综合管理机构，直属于长江流域综合管理机构，或直属国务院。所有与之相关的管理机构，包括环保、水务、

---

① 王佳：《九龙治水　长江流域管理协调是难题》，2011年6月4日《中国经营报》。

农业、绿化、气象等各政府部门、全流域各地方政府相关领导、河口保护和管理的研究机构、具体开发建设项目的实施单位执行委员会，相关的国际组织和公众团体等都应有联系人参与机构的决策和管理。该机构应由全流域十省一市的主管领导列席，并轮流做东定期召开联席会议，共同商讨流域综合管理的目标和实施方法。

2. 重新认识河口水安全及评估指标，并入长江流域水资源综合调度调控指标

重新认识长江水资源的现状，致力于尽早建立流域水资源综合调度的机制和方法。学习黄河流域对用水量进行统一分配，对重要取水口和骨干水库统一调度，以仅占全国2%河川径流的水资源，实现全流域全年不断流的水资源综合调度方法。①

特别应考虑重新设定河口水资源监测网络。目前普遍采用大通流量为河口水资源评估指标以跟踪上游来水变化，并实时制定应对措施。一般认为，大通流量低于20000立方米/秒时，河口可能出现盐水入侵；小于15000立方米/秒时，可能受到显著影响；低于12000立方米/秒时，将严重受灾。但近年来，此指标的下限一再被突破。2011年4月，大通流量维持在15000～18000立方米/秒左右，但河口却出现异常的初夏咸潮，其中4月中下旬的一次咸潮持续9天，为近10年来记录中罕见。究其原因，是大通至河口段仍有大量取水行为，大通流量已经完全不能合理标注河口的真实下泄流量。

大通距离河口口门尚有642公里。此河段流经安徽、江苏等经济发达省市，用水需求极大，近年来随着引江济太战略的实施，大通至河口段的取水量不断增加，许多不直接沿江的城市近年也都在通过水系的改造部署长江水源工程。此外，跨区域的调水工程也将对河口供水安全产生巨大影响。根据规划，南水北调的东线工程2020年规划目标为1000立方米/秒，愿景目标1400立方米/秒。这样的调水量在枯季可能达到长江口下泄流量的1/10甚至更多，如再遇旱情或特枯水情，无疑会使河口供水安全雪上加霜。

因此，必须呼吁将河口供水安全列入长江流域水资源综合调度的调控指标，重新评估之前被忽略的河口真实下泄流量和可利用淡水资源。

① 薛松贵、常炳炎：《黄河流域水资源合理分配和优化调度研究综述》，《人民黄河》1996年第8期。

3. 呼吁全流域规范开发和利用自然资源的行为

河口城市必须重新审视自己的开发策略和城市生态安全体系。必须看到，深水航道、深水港、隧桥工程、沿岸港区、集装箱卸载区等涉水基础设施的建设已经对河口生态系统产生了巨大的影响，必须及时采取措施予以恢复。城市规划中对沿海地区的土地利用规划也需要重新反思，特别是沿大堤与城市建设用地直接相连的空间布局可能带来的安全隐患必须予以评估。2005 年卡特里娜飓风袭击新奥尔良市，洪水冲破堤防，首先进入沿岸的石油及化工区，被“调制”成毒水后再涌入居住区，导致洪水的危害被成倍放大。上海南部杭州湾沿线的工业园区和居住区布局在此问题上很有相似性，其安全隐患不容忽略。此外，临港新城的规划方案中沿岸线湿地没有予以明确的功能界定，如果不能保留足够宽度的湿地缓冲带，而是一味地沿岸线推进开发的步伐，这些临海而建的城市副中心的生态安全都无法得到保障。

此外，为了应对上游来水来沙的变化，保障城市和航道安全，长江河口三级分汊，四口入海的总体河势需要得到控制。但切忌违背自然规律去控制河势，特别要避免大堤临水、堤外无湿地过渡缓冲的情况。这种控制措施不仅维护运营成本极高，而且安全系数低，隐患巨大。可以考虑通过合理措施，顺应自然规律，在河势控制的堤防外保留并长期涵养一定宽度的浅滩作为缓冲湿地，既提高区域生态系统的服务功能，也能减少维护运营成本，降低安全隐患。

与此同时，还应呼吁整个流域范围对相关开发和利用自然资源行为的规范化。长江自古以来被认为是中国的黄金水道，长江与中国的东南沿海岸线相连，形成了中国经济最发达的 T 字形产业带。在这条宽阔的河流及其周边的富饶流域范围内，航运、水利工程、挖沙采石等人类开发和利用自然资源的行为触目惊心，而由此产生的水体污染、水文和泥沙下泄变化、河道的淤积和河床的侵蚀、水生生物栖息地大面积退化等问题，都将直接影响到河口的生态安全。

三　太湖流域综合管理探索实践

上海市作为流域下游区域，辖区黄浦江水系是太湖流域最具代表性的平原河网水系，湖荡棋布，河网纵横。黄浦江曾经提供上海市 70% 的城市供水。2010 年青草沙投入使用后，目前超过 50% 的上海市用水仍取自黄浦江，由于快速的经济发展和人口膨胀使黄浦江水源地生境日益恶化，辖区外受太湖流域上游边界源流超标水质和长江口下游入侵咸水之扰，境内受点源性污染与面源污染物随处无序排放之困。可以说，上海市制定“两江并举，多源互补”乃属无奈之举，是动用立法和行政办法能解决和落实的。无论政策法规出台，还是科研财政投入，如保护条例完善修订、三年环保行动计划、污染企业关停并转、淀山湖全面禁养撤围等，力度不可谓不大，但水源生态环境仍不见明显的成效。究其根本原因，问题出在跨流域合作治理机制尚未形成；区域方面更是受制于太湖流域综合整治主体部分（江苏、浙江），彰显孤立与被动。

（一）太湖流域综合管理的现状与挑战

太湖流域突出问题是水质性缺水，流域内河流水质污染十分严重，84.4%的河网水质劣于Ⅲ类，水体水质受到不同程度的污染；太湖等主要湖泊水体总氮、总磷超标明显，富营养化严重，劣Ⅴ类水体有增无减。流域用水排污的问题也一直困扰地处河口的上海，2009年，流域水资源总量达248.1亿立方米，上海市水资源总量仅35.2亿立方米，但用水量却达118.7亿立方米，存在严重的资源缺口。尽管有151.2亿立方米的黄浦江泄水，但水质多在Ⅳ类之上。①

归纳来看，造成目前太湖流域严峻的水环境问题的主要原因包括：

1. 管理权分割

太湖流域涉及了两省一市（江苏省、浙江省和上海市），但在湖泊管理上则主要由浙江和江苏两个省负责实施。从行政管辖的角度来看，太湖近乎全部划归江苏省管辖。在江苏省境内，太湖流经苏州、无锡和常州3市，约70%的水面属于苏州管辖、29%左右的水面属无锡市管辖、常州市辖内的面积则不到1%。浙江省仅有濒湖沿岸线200米的水面的管理权。由于太湖集供水、蓄洪、灌溉、养殖、旅游等功能于一体，不同区域对太湖功能和资源的使用情况有所差异，以至不同城市对太湖主导功能的判断与价值取向不同，对太湖的利用存在较大差异。因此，不同区域在各自管辖范围内对太湖管理的侧重点不同，不同区域的管理在一定程度上有不协调之处。

太湖管理权不仅在不同区域间划分，在不同部门之间也进行了分割，后者主

① 林泽新：《太湖流域水环境变化及缘由分析》，《湖泊科学》2002年第2期。

要依据湖泊资源种类划分。太湖涉水管理部门众多而繁复包括：国务院水行政主管部门、环境保护行政主管部门、林业、交通、国土资源、卫生、建设、农业、渔业等相关部门，太湖流域管理机构，二省一市的水行政主管部门、环境保护行政主管部门及其他相关部门，相关县（市、区）水行政主管部门、环境保护行政主管部门及其他相关部门。

这种管理体制不利于水问题解决主要集中在：a）流域管理法规体系基本以相关部门、行业以及地方立法执行和政策实施为框架，机构不健全，职能不完善，标准不统一，长效管理不能有效实施；b）目前太湖流域涉水管理以水利部门和环保部门为主，经贸、农林、建设等多部门共管，呈九龙治水的状态，缺乏统筹各方利益的高效管理协调机制，效率低下；c）在过去的几年中国家和地方对太湖的治理是有成效的，但“重建设，轻管理”的政府治水思路一味强调工程性项目为主导的治理，忽视非工程能够从可持续管理高度出发的治理思路的配套；d）突出专业部门的治理，不注重社会经济资源的整合补充；e）习惯自上而下的行政推进，对自下而上源于企业社区的参与式保护的互补性则不太重视。

2. 现有流域管理机构的局限

由于水利规划发展变化，流域管理机构几经沉浮。1963 年，水利电力部与华东局共同筹建太湖流域水利委员会，于 1964 年底成立太湖水利局，1966 年撤销，1984 年国务院上海经济区规划办公室和水利电力部向国务院报送了《关于扩大长江口开发整治领导小组及成立太湖流域管理局的请示》，太湖流域管理局重新设立，部门行政色彩相当浓厚。从法律地位角度，《水法》（2002 年修改）与《水污染防治法》（2008 年修改）有关条款都规定设立流域管理机构的必要性及其职能。由于现行的太湖涉水管理体制是垂直科层结构，按政府层级构成垂直领导，按行政区域划分管理权限，而《水利部派出的流域机构的主要职责、机构设置和人员编制调整方案》中明确了流域管理机构的工作职责及其地位：太湖流域管理局是水利部的派出机构，是具有行政管理职能的事业单位，即该机构仅处于“协同”的地位，因此从职责和权限的配置及法律地位看，太湖流域管理局并非强有力的统筹协调性流域管理机构。

（二）太湖流域综合管理立法尝试与规划实施

由于成立早，经验丰富，加之流域范围内涉及的省市数量相对较少，且多为经济较发达地区，太湖流域相比我国其他流域，在加强流域综合管理方面具有优势。2010 年 5 月国务院在七大流域中率先批复的《太湖流域水功能区划》，已成为太湖流域落实水功能区限制纳污控制红线，加强排污总量管理的重要依据。我国第一部流域综合性法规《太湖流域管理条例》已经于 2011 年 8 月 24 日由国务院第 169 次常务会议通过，9 月 9 日公布，自 2011 年 11 月 1 日起施行。太湖流域及其省级行政区 2015 年用水总量控制指标方案、水功能区水质目标正在协调。随着最严格水资源管理制度的深入实施，以及水利发展体制机制的不断创新发展，流域管理的领域、深度和广度都将发生重大变化，对提升流域综合管理能力，促进经济发展方式转变，实现经济社会可持续发展都是一次难得的机遇。

1. 流域管理机构的法律地位不断提升

2008 年国务院批复了《太湖流域水环境综合治理总体方案》。为协调推进太湖流域水环境综合治理中的重大问题，国家发改委会同有关部委和省市成立了省部际联席会议，水利部会同有关省市建立了水利工作协调小组，为加强流域管理与治理提供了难得的平台，推动了太湖流域水环境综合治理总体方案的有效实施，在制定《太湖流域水功能区划》（国务院已批复）和《太湖流域水环境综合治理总体方案考核评估办法（初稿）》发挥了单一部门或地方政府不可替代的作用。

2010 年 5 月 17 日，国务院以国函［2010］39 号文批复《太湖流域水功能区划》，原则同意《太湖流域水功能区划（2010～2030）》（以下简称《区划》），并指出《区划》是太湖流域水资源合理开发、有效保护以及水环境综合治理的重要依据，要求严格《区划》的贯彻实施，加强水功能区的监督管理。

温家宝总理于 2011 年 8 月 24 日主持召开国务院常务会议，审议通过了《太湖流域管理条例》。会议指出，太湖流域人口密集、经济发达，为将太湖流域水资源保护和水污染防治工作进一步纳入法制轨道，有必要制定太湖流域管理条例。条例草案对建立饮用水安全保障制度，规范流域水资源配置和保护，加强水域岸线保护，强化水污染防治措施和地方人民政府责任，作了明确规定，对各类违法行为规定了严格的法律责任。

2. 流域综合管理的科学实践持续活跃

“引江济太”调水试验自 2002 年 1 月启动，经 7 年的调水实践证明，引江济太调活了流域水体，增加了流域水资源的有效供给，改善了太湖水体水质和流域

地区河网的水环境。2009年《太湖流域引江济太调度方案》通过了水利部的审批。引江济太旨在统筹流域防洪安全与供水安全，兼顾改善流域水环境需求，在确保流域防洪安全的前提下，以保障流域重要饮用水水源地供水安全为重点，充分发挥流域水利工程的综合作用。引江济太，通过常熟水利枢纽从长江引水，经望亭水利枢纽入太湖，然后由太浦闸向黄浦江流域供水。引江济太在改善流域水质的同时也为流域补充了水资源，一定程度上缓解了流域的水资源危机。

《上海市饮用水水源保护条例》于2010年3月正式施行，本条例除了明确水源地一级保护区将实施封闭式管理，首次运用流域综合管理方法和经济手段，破解水源保护难题。2010年9月，由上海市政府、青浦区政府以及世界自然基金会等相关合作方在青浦大莲湖成功地进行了为期三年黄浦江水源地生态修复的有益尝试和探索，初步建立起一个系统的、可持续的生产模式和更有效的水源保护生态补偿机制，为在整个太湖流域实施科学综合管理奠定了基础。

（三）完善太湖流域综合管理的建议

1. 成立太湖流域综合管理委员会

太湖流域综合管理涉及二省一市，是典型的跨行政区域湖泊。虽然水利部在太湖流域设立了太湖管理局，负责太湖流域的水资源管理。但是太湖流域管理局仅仅是一个具有行政执法权力的事业单位，其所能发挥的监督和协调能力有限。

水资源作为流域资源，常被行政区划分割为不同管辖区域，由不同主体分别行使管理权，故常导致管理体制中重区域机构轻流域机构的弊端。因此加强流域水资源保护机构十分必要，使之能站在全流域保护高度，进行统筹管理。

故而应该在政府层面进行流域管理一体化和统筹设计，建立一个由多方参与的具有高权限的太湖流域管理机构。比如，成立太湖流域管理委员会及其执行机构，委员会由上海市、江苏省、浙江省和水利部、环保部的领导组成，来协调各方面的关系，有高于地方部门的太湖水资源与水环境事务的管理权限，地方各部门在流域管理事务上接受其指导或领导及协调，流域管理委员会下设流域管理执行机构，进行区域直接沟通，要有执法、协调和监督水问题纠纷仲裁的权力，地方各部门有义务为流域管理委员会及其执行机构提供科学资料、决策依据等。

2. 建立良好的补偿机制

对于太湖流域上下游水环境的问题，应该制定一个良好的补偿方案和机制。

即下游积极支持上游高耗水高污染企业的升级和淘汰，支持上游生态环境保护和水生态修复等工作，最后在各方良好协商情况下，达到社会发展问题用经济手段进行解决的目的。对于流域水环境的治理，一方面积极实施流域减污增容的工作，一方面积极推动节水工作，节水就是减污。对于减污来说，太湖10余年来在“达标排放，总量控制”思路指导下的太湖水环境治理收效不大，是值得反思的。污染的根本问题源头解决是值得尝试的，以源头控制为主，进行点源、面源、内源污染综合统筹治理。

3. 多方参与式水管理

公众是区域环境和水资源的使用者，而一旦水资源受污染、水环境被破坏，公众又是最大的受害主体，因此，理应鼓励公众参与水资源和水环境的保护和治理当中，理应鼓励并推动非政府层面的水资源环境保护与管理的开展。从上到下的政府管理结合自下而上的非政府参与，如此才能达到很好的水资源、水环境的保护和治理。

太湖流域企业参与式水管理，是通过一套市场化评价指标体系设计及系统的市场设计，对企业用水及污染责任进行量化标示，然后通过市场机制来指导企业进行补偿性支付来对该量化标示进行优化，进而来支撑水环境的改善。通过把这种量化的标示市场化来推动整体市场经济体系的用水绩效的提高以及污染物排放的降低。

在该系统设计当中，主要包括水保护、水绩效、水圆桌会议、水管理。第一部分，水保护，是该系统设计当中基础性的工作部分，其主要包括湿地重建、生态农业、清洁社区的建设，希望通过之后的体系设计由企业来出资支持。第二部分，水绩效，是该系统设计当中起步发展的第一步，其主要包括商业运作节水技术、水补偿、减少产业链中水足迹，除了节水是该部分崭新起步的，水补偿是完全要承接第一部分的，水足迹也是在一定程度上承接生态农业。第三部分，水圆桌会议，主要包括水风险评估、标准制定、生态服务付费市场机制的建立，是企业与企业之间、行业内部、企业联盟内部的利益谈判和来往。第四部分，水管理，主要包括政企对话、标准执行、机制推广，该部分突出的是企业把先前试验成功建立的评价指标体系一方面通过权威认证机构以荣誉及等级的形式推广，另一方面通过政府行为以强制的生产标准的形式推广，属于是示范成果的推广和制度化。

总之，上海作为国际性大都市，又定位为国际经济、金融、贸易、航运中心，经济强势、科技领先、信息会聚、人文发达，理应在太湖流域水环境治理中独树一帜，率先冲出本位，放眼流域全局，起着流域综合管理排头兵的作用。应充分利用太湖流域综合管理起步早、积累多的优势，重新审议故步自封的水安全策略，并在2008年由上海市青浦区人民政府、上海市绿化和市容管理局与世界自然基金会共同发起的《上海西郊淀山湖湿地生态修复工程示范》成功经验的基础上，构筑上海水环境屏障，积极探索流域综合治理与区域自治相结合的成功案例。

四　保障河口生态安全，推动流域综合管理

在前文长江流域和太湖流域综合管理的论述中，已经针对各流域自身特殊情况，提出过流域综合管理的部分建议。在本节中将提炼出同时适用于长江流域和太湖流域的流域综合管理推进措施，以切实保障上海城市生态安全。

（一）建立统一的强有力的领导、协调机构

由于流域是个跨区域的概念，而中国是个条块管理体制鲜明的国家。流域综合管理无一例外地面临地区分割、管理权分割的不利局面。但流域综合管理却又恰恰是个需要协调各地区、各利益主体的管理工程。因此流域综合管理若要顺利、有效地开展，必须建立统一的强有力的领导机构。长江流域由于涉及7个省界，涵盖半个中国，长江流域综合管理机构需要更高的权限，建议成立直属中央的长江流域综合管理机构。太湖流域仅涉及两省一市，流经地区是中国经济最发达的长江三角洲地区，因此不存在区域经济发展不平衡的问题。太湖流域可成立由两省一市共同组织的太湖流域管理委员会。

（二）建立河口城市及全流域污染防治和应急体系

近年来，中国的沿海开发不断蔓延，自然岸线和水域锐减，大面积海洋环境遭受严重污染。北部沿海近年来频发的大型环境污染事件，更是给周边海域的生态健康及相关产业带来毁灭性打击，其破坏力可能持续数年，甚至更久。长江河口及杭州湾海域是中国沿海污染最严重的海域之一，环顾四周的沿海开发格局，

发生类似中国北部沿海的大型污染事件和环境事故的隐患并非不存在。虽然青草沙水库的设计库容理论上可以在不对外取水的情况下持续68天提供城市用水，这是理论分析盐水入侵河口、包围水源地可能出现的极限情况地区。但气候变化使得历史记录一而再地被打破，而河口供水安全的威胁也绝不仅仅来自盐水入侵。河口城市自身必须要加强污染防治及应急体系。不仅关注内河水系，还应着眼外围的海洋水环境。一旦出现类似重大污染事件，68天完全不足以稀释和净化所有的潜在危害。因此，无论长江流域还是太湖流域，水污染防治必须提上流域层面，尽快部署全流域整治计划。特别是要打破传统的分区管理体制，建立全流域的污染责任追溯体系，减少污染的跨界转移。

（三）积极探索流域生态补偿新机制

上海作为长江河口城市，同时也是全流域，乃至全国经济发展的中心地区，在其发展过程中一直注重对所在区域发挥积极的辐射影响，并对部分相对落后的地区提供对口支持。

上海市人民政府下设上海市人民政府合作交流办公室，其主要宗旨就是贯彻执行国家和上海市有关“服务长三角、服务长江流域、服务全国”，扩大对内开放的战略、方针和部署。上海对口支援的地区涉及5个省市的7个地区1个县级区。位于三峡重庆库区的万州区、三峡湖北库区的宜昌市夷陵区等8个地区都是上海市对口支援的地区。截止到2008年底，上海市累计投入无偿援助资金30.36亿元，实施项目5467个。上海的对口支援工作重点帮助基层农牧移民改善生产、生活、教育、卫生四个基本条件，扶持当地发展产业，援建社会公益事业，能力建设等。

汶川地震之后，上海对口支援都江堰市。截至2009年6月30日，共安排三批八大类共89个援建项目，截至2009年6月30日，实际到位援建资金23.07亿元。在累计完成投资10.8亿元中有10%用于建设西区自来水厂、污水处理厂等13个水环境建设项目，帮助都江堰市重新建立城乡用水治污框架体系。

其中，城市西区自来水厂及主干管建设项目是上海援建城乡用水治污框架体系的重要组成部分。水厂采用国内最先进的全自动化常规水处理工艺流程，该项目的建成投产大大提升了都江堰市的城市供水系统能力和水平。在受灾较严重的青城山地区支援了青城山污水处理工程、供水管网建设项目、消防蓄水池项目、

排污管网建设项目、污水处理站建设项目等基础设施的恢复重建工作，全面提升了该地区供水、排水、防洪、应灾等全方位的能力。

此外，上海还帮助启动了10万亩现代生态农业集聚区、现代农业科技示范园区，为8个乡镇配置冷库，建设蔬菜分级包装厂房，秸秆再利用基地厂房、设备等，全面提升了产业水平；帮助崇义镇农作物生态化高效种植产业带项目建设了蔬菜预冷与分级包装加工基地，并引入了蔬菜基地滴灌系统，蔬菜花卉组培基地等先进的农业技术，并通过粮经产业土地整理，建设区内的路网建设、沟渠建设、林盘改造等，为产业带的发展谋划了全新的发展之路。上海还建立了特色农产品上海市场绿色通道，猕猴桃等特色农产品“零费率”进入世纪联华、城市超市，从市场的角度为都江堰农业产业的发展描绘美好前景。

根据《都江堰灾后重建城镇体系规划（2008～2020）》中提出的原则：灾后重建复兴，不是匆促的恢复，而是再做良性发育的宝贵契机。可以说，上海对都江堰的灾后援助，不仅帮助恢复灾后受损的教育、医疗、卫生等公共服务设施到灾前服务水平，更输入了大量新的技术，特别是环境保护、生态农业等领域的相关技术，可以说通过重建，整个城市的产业结构得到了优化，城市规划的水平明显提高，抗灾防灾能力也得到了提高，城镇各项功能得到全面提升。

从以上实例可以看出，上海对流域上游经济相对不发达地区的支持，已经跳出了传统的资金支援，以及自身产业结构调整后落后产能的跨地区转移等模式，更多地上升为技术集成输出和能力建设为主的新型生态补偿机制。这种良性的转型表现了上海作为流域经济体中的龙头城市对整个流域生态安全应有的责任感，同时也表现了河口地区希望通过技术的输出，改善上游地区水环境，保障自身水安全的一种探索。这些项目的成功积累是对流域综合管理理论和实践的重要补充，也是对跨界合作的有益探索，值得向整个流域和其他需要推广综合管理的领域宣传介绍。

（四）鼓励各方积极参与流域综合管理

正视河口在流域中自然资源方面的弱势和经济发展领域的强势，主动试点生态补偿的项目，借助市场手段更好地协调流域上中下游地区之间的责权和利益关系：河口地区通过技术输出在帮助流域前段经济相对不发达地区发展社会经济的同时，也帮助优化产业结构，提升技术水平，改善环境管理，减少地方发展中对流域环境安全的影响。

利用市场工具的另一个重要方面是发挥上海的经济发展优势，特别是作为全国总部经济最聚集的城市的优势，积极引导企业参与到流域环境修复和生态安全重建的系统工程中来。通过企业参与吸引更多的资源致力于环境保护，并同时改进企业社会形象，推动企业践行社会责任。随着合作的不断深入，还应引导社会企业，特别是用水大户改进其生产工艺和用水行为，并借助龙头企业的示范应用作用，推动行业标准的改进和提升，进而从产业角度提升水资源的使用效率。企业对水资源保护的观念的转化，也可以通过对其员工的影响，推动全社会用水观念和用水行为的改进。

（五）加强公众宣传、环境教育，鼓励公众参与

上海虽然是中国最典型的河口城市，但上海2300万居民中绝大多数并未意识到自己生活在河口地区，对我们正面对的严峻的供水安全、气候变化影响、土地资源紧缺、生物多样性退化、农业和水产业衰退等问题认识不足。在已向公众开放的自然旅游项目设计中还缺乏专业并因地制宜的生态旅游设计，对公众能产生的教育和引导作用非常有限。这种认知上的缺乏，也使得从政府到研究机构到社会组织在推动环境保护事业的过程中得不到足够的支持。在未来应该充分利用长江河口地区的人才优势，借助研究机构、高校、中小学、社会团体的力量，全面推广以河口生态安全为主题的公众宣传和教育活动，将河口城市生态安全纳入中小学环境教育项目的必修内容，通过保护区与教育局合作等形式，定期、有序地组织中小学生走入自然，认识自然，热爱河口。

河口城市安全观念的树立还应通过信息公开，鼓励公众参与来进一步加强。让公众有更多途径认识和了解目前上海的城市安全体系，并提供机会使公众也能对城市安全献计献策，进而提升整个城市的应急防灾能力。

（六）加强国际交流

河口综合管理强调合作和交流。特别需要推动政府各部门、各领域科学家和社会各界力量之间的合作交流：用易于理解的环境经济分析方法将河口保护和管理与社会经济发展的目标结合起来，引导和谏言决策者采取行动；结合企业社会责任的实现目标将河口综合管理的抽象目标细化为可操作项目方案，赢取多种社

会力量在经济和人力上的支持和参与；用通俗生动深入浅出的表达方式演绎河口综合管理中的科学问题和管理思路，吸引普通公众的关注和支持。

河口综合管理更要求充分借鉴世界其他河口的历史教训、管理经验和未来规划。长江河口的保护和管理从全球看来起步较晚，相关的经验不足，很多工作缺乏基础，对未来可能发生的问题的认识也有待深化。集思广益，广泛的沟通学习可以帮助提升自身的认识、优化现有的方案，缩短基础工作开展和累积的实践。同时，长江河口在空间上大尺度性、生物和生境多样性上独一无二性、所孕育的河口城市群的典型性，都使之吸引了全球的关注。这些机遇中可能酝酿更多可能的未来国际合作，大大推进相关科学研究、实践示范和宣传教育的有效性和影响力。2010 年 6 月 5 日，在世界自然基金会世博会荣誉日的庆典活动中，由世界自然基金会发起的“世界河口伙伴”正式成立，来自荷兰莱茵河口、德国易北河口、英国泰晤士河口、欧洲多瑙河口等 13 个世界重要河口的代表见证了世界河口三角洲保护的这一重要时刻。这一机制将为全球五大洲的重要河口提供相互交流、信息共享的平台。并通过策划组织年度性的研讨、交流、考察，借鉴教训、交流相似的问题和特有的困难，共商未来的行动方案，加强资源整合，促进国际交流，加快保护步伐，扩展公共影响。

案 例 篇

Successful Stories

B.13 珠江河口治理机制和香港的参与

汤 伟*

摘　要： 珠江是中国七大江之一，经济的迅速发展、人类活动使珠江河口出现诸多问题。虽然围绕河口治理出台了很多文件，成立了珠江水利委员会，但目前的挑战依然严峻。怎么建好基础设施，充分估计气候变化的危害，建设好堤坝、防波堤、堤岸，保护好香港—澳门—珠海大桥仍应值得进一步思考。香港是我国的特别行政区，也是珠江河口治理机制不可分割的一部分，有了香港的参与可以有效促进珠江河口治理。

关键词： 珠江河口　水治理　香港　气候变化

河口区是河流和海洋的聚合，不仅具有资源潜力和生态环境效益而且已成为人类活动最频繁和经济最活跃的地带，因此河口区治理无论对国家科学发展还是

* 汤伟，上海社会科学院生态经济与可持续发展研究中心助理研究员，博士。

地区生态治理都具有重大的启示意义。珠江是中国七大江之一，源于中国西南部，由西江、北江、东江及三角洲4个水系组成。河口区域缘起九龙半岛九龙城，西部赤溪半岛鹅头颈，大陆岸线450多公里。该区域水道纵横交错，主要水道100条，区内径流与潮流交汇，水沙运作特别复杂，而“三江汇流，八口入海”共同造就“网河—河口湾”的结构，网河区面积为9750平方公里。珠江河口承泄珠江流域453690平方公里的来水来沙，珠江的年径流量为3360亿立方米，多年平均入海径流量为3260亿立方米，输沙量为8872万吨，其中有机质和胶体微粒达3060000公斤（见表1）。珠江河口属弱潮强径河口，潮汐为不规则半日潮，年平均潮差为0.86~1.69米，最大潮差为2.29~3.64米（崔伟中，2004），因此总的特点是生态系统脆弱、初级生产力较高、生物多样性及生物量季节变化大。

表1　珠江三角洲的径流量与输入量

	径流量多年平均(10^8立方米)	分流比	输沙量多年平均(10^4吨)	分沙比
珠江(总量)	3360		8872	
入网河区	3260	100	8336	100
西江	2380	73.0	7250	86.97
北江	395	12.1	761.8	9.14
东江	229	7.0	314.0	3.77
其他	256	7.9	10.2	0.12

资料来源：黄镇国、张伟强：《珠江河口近期演变与滩涂资源》，《热带地理》2004年第2期。

广州、香港、澳门三城沿河口而建，两岸更有深圳特区和众多如中山、顺德、东莞等经济发达、工农业产值名列全国县市前茅的城镇（见图1）。经济的迅速发展、人类活动的增强使珠江三角洲及门口水文特征等发生较大变化，暴露出珠江三角洲腹部水位异常壅高、水环境恶化、洪水泛滥、防洪排涝情势严重，威胁珠江河口的日常生产生活（王秋生，2006；段黎星，2007）。海洋灾害损失也由20世纪60年代的一亿元/年迅猛上升至几十亿元/年以上甚至上百亿元。近年来气候变化令全球气温和海平面上升、天气模式也改变，对珠江河口的自然地理环境、生态和人体健康、地区的基础设施和建筑资产、公共设施等均产生广泛影响。这种背景下，珠江河口区域会遇到哪些问题？香港作为我国的一个特别行政区在珠江河口的管理中起到一种什么样的作用，又会采取何种对策？这是本文探讨的重点。

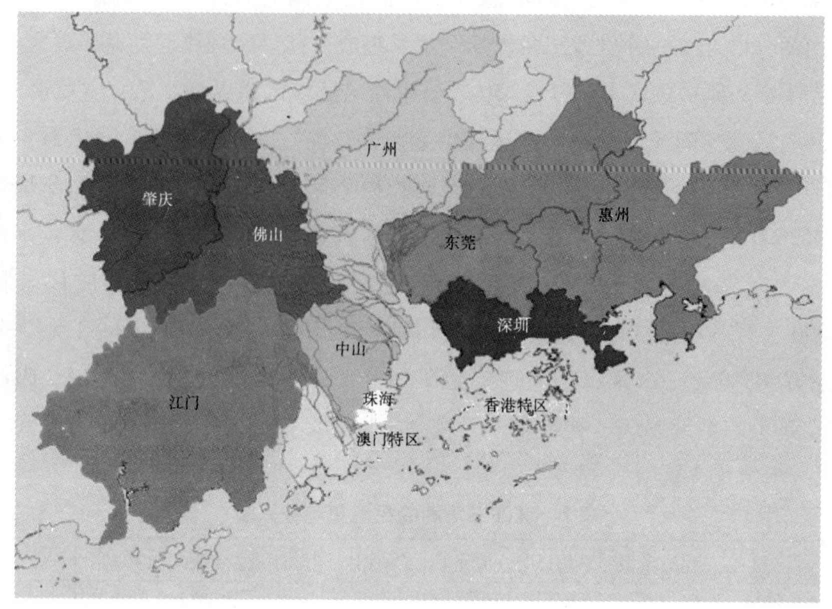

图1　珠江河口

一　珠江河口区域生态安全存在的主要问题

要对珠江河口进行治理必须对珠江问题有着清晰的认识，笔者以为珠江河口生态安全目前存在的问题主要有以下几点。

（一）水环境发生较大变化

全球平均气温的上升、蒸发量的增加使珠江三角洲干潮河段枯季咸水线上移，干旱季节部分城市供水受不到保障的情况越来越普遍。2005 年 1 月。珠江流域于第一次实施大规模长距离应急调水，此后每年冬春季都要调水，目前珠江流域调水已成为常态，调水难度和幅度呈现强化态势。根据珠江管理委员会水文局的研究，2009 年珠江流域枯水期（即 2009 年 10 月至 2010 年 3 月）降雨量比正常偏少 20%，上中游大部分山塘、水库干涸，水库蓄水普遍严重不足，西北江出现 90% 的枯水年，梧州站流量连续 3 个月小于 1800 立方米/秒，引发严峻的澳门、珠海、香港等地的供水形势。与此同时，城市的经济社会需求，引

水、调水或抽水、提水也呈现较快发展。水量的减少必然导致咸潮上溯、海水倒灌日趋严重。2004 年秋后因干旱导致的水位下降、咸潮上溯已发展成为近 20 年来最严重的灾害，个别地区甚至超过历史上最早的 1963 年。朱三华对咸潮活动规律研究说明，上游径流流量是影响咸潮活动的主要因素，枯季径流较少时，河床下切，涨落潮水泥还可能导致咸潮上溯，使咸水入侵距离变长（朱三华等，2007）。

除了水量的变化，珠江河口水质也明显下降。上游城市大量未经处理的废污水、油类、营养盐和有机污染物汇流入河口，再加上河口城市 20 多年的无序发展畜禽养殖业和农业的面源污染，使除主要行洪河道外江段和小流量都出现严重的有机污染（段黎星，2007）。2007 年珠江流域污水排放总量为 145 亿立方米。其中广东省的污水排水量为 125 亿立方米，占珠江流域排放总量的 82.6%；整个流域Ⅰ类和Ⅱ类水质河长仅占 30.9%，Ⅲ类水质的河长占 36.3%，Ⅳ类、Ⅴ类和劣Ⅴ类水质的河长占 32.8%（汪义杰，2010）；因氨氮浓度上升，江河口区 9 个监测断面的水质评价均为Ⅴ类和劣Ⅴ类（袁建国、朱士康，2010），由轻度污染上升为重度污染，再加上河道水量不稳，城市供水系统经常需水库调节，而水库多数面临着愈来愈严峻的藻类和底泥污染问题，这些因素重重叠加引致赤潮灾害发生频率远远超过全国其余海区之和。其中 1998 年的特大赤潮波及河口主要海域，来势凶猛。赤潮已不折不扣地成为珠江河口主要的生态灾害。无序采砂也影响了网河区部分河道的洪、枯水分流，加大咸潮入侵强度，台风暴雨、矿产资源开采也常常造成严重的水土流失和水质污染。根据香港理工大学与中国科学院广州地球化学研究所的科研人员的研究分析，珠江河口等原地的虾、蟹及贝壳类生物含镉的浓度偏高，而鱼类的含铅量亦高于正常水平，这说明水体已受到一定程度的重金属污染（陈军、袁建国，2010）。目前广州、佛山、中山、江门等上游城市都在实施或计划实施引水污染工程或水资源调度工程。这些工程在改善上游城市水环境的同时，也使得珠海、澳门取水河道或水道的径流减少以及水质下降。

（二）滩涂开发混乱，出现诸多问题

珠江河口岸线总长为 983 公里，滩涂面积为 429 平方公里，主要用途在于港口、工业和城镇建设、交通、旅游、农业、渔业。截至 2008 年底，港口、工业

和城镇岸线利用长度为371公里，滩涂开发利用面积约为2772平方公里（陈军，2011）。1999年《珠江河口管理办法》出台之前，岸线、滩涂开发利用基本处于无序状态。出台之后仍然存在一系列问题，主要表现在：（1）20世纪80年代以来城市化的影响，河口滩涂围垦速度过快，据相关统计资料，珠江口滩地自然增长速率约为1000公顷/年，而人工围垦速率约为1100公顷/年，已远远超过滩涂天然的淤涨速度（李碧、黄光庆，2008），不但使出流受阻，水位抬升，影响水道行洪、纳潮，而且破坏了河口及近海海域生态环境，使生物多样性遭到破坏（譬如红树林的大幅减少）。给行洪安全带来隐患引起湿地减少和消失，影响水生物多样性。（2）河口滩涂方面，因农业垦殖、工业区开发和港口码头建设的需要，滩涂、湿地大量减少，房地产又积极介入也占据了大量河口滩涂资源，而有些政府部门又往往从本部门的业务范围或本地区的发展需要出发进行围垦，最终导致缺乏统一规划、科学论证，单位在开发岸线、滩涂时还只重视项目建设，影响堤防稳定等的补救措施，不重视、不到位，给河口防洪安全造成隐患。（3）河口缺乏系统的地形、水文资料，所有权以及管辖权限也存在诸多争议，管理手段尤为落后（梁海涛，2011）。

（三）气候变化使河口区域出现一些问题

计算机模拟显示，若东亚和中国二氧化碳倍增，降雨量增加，水灾（已经是整个大珠三角的严重问题）和山泥倾泻的风险将大为增加。据香港天文台的预测，21世纪的年平均降雨量，每10年增加约1%，然而增加量并非特殊，而更多是高于或低于平均数的降雨量。大雨产生过量径流（即既不蒸发掉又不渗入地表成为地下水的雨水），对建筑物和基础设施造成影响，使运输和商业活动受阻。泛滥还增加河口和沿岸生态系统的沉积物和养分，对很多鱼类赖以生存的栖息地带来严峻的负面影响。气候变化还引致风暴的力量，风暴不但使建筑物负荷增加，危害电缆及其他基建设施，更影响到起重机和棚架的安全性从而导致建造工程和港口及机场等大型设施运营受阻，使沿岸堤坝被淹没和出现决口的风险及次数大大增加。2006年8月，台风造成重大人员财产伤亡，失去生命50多条，损失估计高达6.75亿美元。同一月份，中国近50年的最强台风摧毁5万户家园，超过1000艘船只沉没。气候变化除了极端天气还表现在海平面的上升。经模拟测算如果大珠三角海平面上升4米后，那么包括珠海、江门及广州

三地之间几乎所有地区都会被淹没，洪水涌往东莞。珠江河口呈明显的漏斗形状，海平面上升海水必然回灌，侵蚀海岸、土壤，使地下水盐渍化、浅滩和沼泽环境转坏等，珍稀濒危物种的栖息地被侵吞。譬如香港的米埔（中国第六大沿岸湿地）是重要的鸟类栖息地，很多鱼类和无脊椎动物都在此产卵，极易受到海平面上升和咸水入侵的危险。海平面上升、风暴潮、水灾不但提高了码头和防波堤被淹没的可能性，巨浪加速还可能导致水利设施产生，使他们的寿命得以缩短。河口上游和西部地区的淤泥沉积情况，改变海岸、海滩的侵蚀和沉积之间的平衡关系的同时还限制了港口作用的发挥。此外，将港口与内陆地区联结的运输系统还包括道路和铁路系统，它们若因气候影响而服务受阻，将会使供应或货品无法付运而损害港口运营。

二　珠江河口区域生态环境治理

珠江河口的地理位置、经济产业、城市格局的重要性和复杂性决定了珠江之所以到今天面临许多问题，其中最突出的问题就是缺乏统一协调宏观规划，而过去的规划是低层次、零散和不全面的，缺乏整体考虑，而缺乏整体考虑的背后是不同机构和组织的利益立场和需求。

不同机构和组织在治理过程中存在不同的利益、立场和需求（见表2）。

表2　不同机构和组织的利益需求和立场

部　门	利　益	机　会
政　府	政策形成和执行 法律形成和执行 土地使用规划 基础设施的计划和发展，比如洪水和污染控制 河域管理 自然和生物多样性管理 保护区管理 提高公共意识	改善环境保护和政策 法律执行的改善 以可持续和整合的形式对河流不同地点的发展和土地利用规划进行协调 激励情节发展 在保护区增强栖息地和自然资源的保护 能力建设
规划师、工程师和专业工程人员	城市规划 技术方案	将环境融进城市规划和工程设计

续表

部门	利益	机会
商业、工业和农业部门	投资发展 土地利用的变化 废料和废水再利用 自然资源提取 能源和水的大规模消费	投资清洁发展和生产技术 废料和废水再利用 资源利用和管理效率的增强
学术界	生产知识 解决方案的孵化 咨询	对生物多样性进行评估 确定淡水生态系统的条件 对其他利益攸关方提供科学意见
非政府机构	观测环境状况 查实研究和调查 将解决方案转变为行动 与不同的利益有关方沟通保护议题	将保护行动提升议事日程； 为保护行动提供帮助 对利益攸关方提供简单易行的方法 社区教育和提升意识度
一般公众	观测环境状况 消费自然资源 废料和废水再利用	提供保护行动 不可再生消费的减少 废料和废水再利用

珠江河口治理并不是现在就开始的，治理历程总体上可分为3个阶段：从1949年到20世纪70年代，治理措施主要为联围筑闸，简化河系，滩涂围垦；70年代到90年代末，主要采取兴建治导堤来理顺门外水域流态、改善排水条件；21世纪初至今，以清淤疏浚为主要措施，提高泄洪能力并改善出流交汇条件①。从治理机构和主要规划来说，1959年水利部珠江流域规划办公室组织编制《珠江三角洲综合利用规划报告》，1977年广东省水利电力局珠江三角洲规划办公室编制《珠江三角洲整治规划报告》，1979年珠江水利委员会成立，1988年水利部珠江水利委员会在珠江流域综合利用总体规划的基础上，编制《珠江三角洲综合利用规划报告》，珠江水利委员会组织开展《珠江河口综合治理规划》。针对1994、1998年珠江大水发生后出现局部洪水位异常壅高现象，广东又组织实施《1999年珠江河口疏浚治理工程实施方案》（董德化，1999）②。1999年水利部又制定《珠江河口管理办法》。后来根据珠江河口在防洪（潮）、供水形势、水生态环境、水事管理等方面出现的新形势，珠江水利委员会又组织编制《珠

① 陈军、袁建国：《珠江河口综合治理中的关键问题分析》，《人民珠江》2010年第6期。

② 董德化等：《珠江三角洲局部水位壅高及河口治理的几个问题》，《人民珠江》1999年第5期。

江河口综合治理规划》，该规划已于2010年得到国务院批准。《规划》明确2020年珠江河口综合治理的目标和任务：一是按照规划治导线加强河口地区涉水事务管理，以引导河口的有序延伸，满足行洪纳潮要求，改善水流条件，维护滩槽与航道的稳定。二是按照规划方案实施河口整治，采取清、退、拦、导、疏等综合措施，增强泄洪能力，确保50年一遇洪水安全下泄。三是加强水资源保护和水功能区的管理，采取严格的水资源保护对策措施，改善河口地区的水生态环境。四是在综合治理、加强保护的基础上，科学合理地开发利用和保护岸线、滩涂资源，维护河口湿地生物多样性。五是加强珠江三角洲主要河道和口门区采砂管理，在维护河道稳定、堤防安全和洪水畅泄的基础上，兼顾经济发展对河砂的需求。除了上述整个河口区域的规划，珠江水利委员会还编制了小流量的治理，如《磨刀门治理开发规划报告》、《伶仃洋治导线规划报告》、《黄茅海及鸡啼门治理规划报告》、《广州—虎门出海水道整治规划报告》，并构建出了珠江河口整体物理模型和数学模型（刘宁，2007）。

气候变化给珠江河口的管理带来诸多挑战，在应对战略框架设计过程中，政府管理显然异常关键，然而珠江河口由于历史、区位属性等原因，也有出自河口究竟属于海洋还是河流的不同认识，管理上政出多门、结构分散、权限交叉，不同地区和不同级别的政府机关对河口管理都应有所涉及（见表3）。

表3　中国的水资源管理方面涉及的机构

机　构	职　能
水利部	水资源的行政问题
国家环境保护总局	水污染控制
建设部	城市内部的水供应、排放和下水道
农业部	非点源污染控制、渔业保护以及水生资源保护
国家林业局	上游源头森林保护和湿地管理
国家发改委	水资源提取和生态资源规划、农业森林水资源的规划和政策
交通部	内陆交通和船的污染控制
卫生部	饮用水健康卫生标准监管
主要流域水管理机构	盆地领域的水问题
省级政府	具体说来，珠江就涉及6个省（自治区），包括广东、广西、贵州、湖南、广西和云南

相比较纯粹的水资源管理，河口监管更为复杂。比如，监管海洋沿岸的部门是国家海洋局辖下的海域管理司，国家海洋局并没有相应权力协调所有受海平面上升影响的领域，另外，国家海洋局又受国土资源部管辖，而珠江航务又受交通部珠江航务管理局管辖。在省级和地方层面，其他机关也有相对自主和不同的关注焦点，加之中央各政府部门与地方部门的沟通也不是直接简单明确。以监管水源为例涉及水利、海洋、渔业、国土、环境、航运等部门，虽然水利部在1988年获授权监管水源，但水务工作却支离破碎，河口地区的滩涂开发利用、河道整治、航道整治、桥梁、港口、码头等建设更是涉及多个部门。虽然2003年9月15日广东省成立了珠江河口管理局，但这个管理局只受省水利行政主管部门委托承担《广东省河口滩涂管理条例》赋予的相关职责；协调珠江三角洲网河区和出海口门地区涉水有关事项；负责珠江河口整治建设的有关工作，并不具有与海洋管理部门较高的权限和职能。基于各自的法律法规和行政权限，水利部门和海洋部门出现管理上的冲突成为必然。事实上的确发生过广东省航道局与国家海洋局南海分局对簿公堂的尴尬（曾庆春，2003）。假若珠三角仿效世界上多个地区和城市，成立专门机构，制定应付管理策略，协调工作应可以改善。

除了统一和改善行政领导，要取得治理绩效还必须掌握气候环境变化数据的监测，以及改良预测各种经济和社会冲击的方法。譬如对珠江河口造成的影响、速度和范围，必须设立监测网络，搜集足够数据，为政策制定提供科学的决策依据。以海平面上升为例，潮汐涨退、地壳垂直活动、表土下陷、海水入侵、河床和河湾淤泥沉积、地面弱化和下陷等都需仔细观测。这里的观察除了要适应于河口海岸自身的监测系统，还必须建立河口海岸立体化监测系统。除了建立用以观测的验潮站和研究站外，适当时还应使用人造卫星或空中遥感系统。数据主要用于公共政策制定，但面对气候变化问题时，必须具有前瞻性，对那些耐用年期通常是50~100年的基建，如桥梁、隧道、堤坝等，制订发展计划时必须对它们可能发生的长远风险详细深入地评估。短期内可开展的工作还包括早期警报系统、兴建防洪堤坝、搬迁建筑物等。

珠江主要城市大部分在低洼地，海平面上升、洪水泛滥必然造成水管和燃料气体管道，或电力和电信电缆、农业用地以至工业和制造业等基础设施损坏，因而必须改善和强化防洪基础设施。应对海平面上升来说，堤岸和蓄水池是主要的，珠江河口的堤坝、防波堤、堤岸等组成一个庞大网络，但遗憾的是并不是

所有的堤坝都有良好的性能。目前堤坝都是根据广东省政府1955年标准订立的，防洪标准仅为20～50年一遇，设施老化，排涝标准低，每遇潮流顶托和暴雨都不可避免出现内涝灾害。针对这种情况，2001年，珠江河口区域共建设34个总蓄水量超过3120立方米的蓄水池，超过11000公里的堤坝和堤岸，而主流和三角洲区域的堤岸设计成能承受10～20年的洪水，其中最重要堤坝具有抗击50～100年的洪水和潮汐标准，然而该标准对应对气候变化仍估计不足。根据最新监测数据，更新这些建筑物的设计标准必须做出成本效益的分析，以决定改建工程的优先次序。这里特别需提及的是正在兴建的香港—澳门—珠海大桥，全长为49.968公里，其中主体工程的海中桥隧长达35.578公里，由13个区段工程组成，包括6648米海底隧道，主跨460米钢箱梁斜拉桥，主跨250米、220米、150米混凝土连续钢构桥，另外5个区段均采用70米等跨混凝土连续梁桥，3个区段采用50米等跨混凝土连续梁桥，这座桥在设计建造中必须考虑到海平面上升、暴风雨等气候灾害。任何大规模的政策实施都需要强大的财政资源，决策者在筹集资金应付气候变化时应决定权责的分配。中央政府在水务上的投资（包括防洪工作），只占资金投资总额2%～3%，若省级和地方政府认为个别领域投资对地方国内生产总值影响时，便可能降低投资的意愿。预期政府会透过加税或收取防洪费，让珠江三角洲的私营部门承担部分财政开支。

纵观国内外河口治理案例，说明成功的治理需求都必须包括全社会的监管。2000年以来，东江源区的江西省提出的建立生态补偿机制的诉求引起了国家有关部门的高度重视。在保障供水安全能够共赢和协商一致的情况下，下游地区需要对上游进行生态补偿。目前，国家已开展了三江源头和南水北调工程的生态补偿，正在抓紧制定《生态补偿条例》。珠江流域片区的西江、东江和韩江流域，均被列入将要实施的生态补偿试点范围。生态补偿是一项以流域为单元的，上下游之间的共同利益体的博弈，涉及内容包括现有陆地生态系统的保护与修复或恢复，河流、水库水生态系统的保护与修复或恢复，水土流失的治理与生态型小流域建设，上游地区人口就业与绿色产业发展，污水、垃圾治理与下游地区对生态补偿的承受能力等。只有对全流域有根本性的治理，河口治理才有保障。

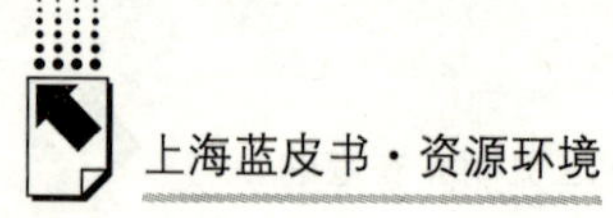

三　香港对珠江河口生态环境治理的参与

珠江河口有7个城市，其治理规划无论撰写、编制还是实施，我国的特别行政区香港都是不可分割的组成部分，而香港参与珠江河口治理绩效在于负面影响的最小化，表现在水资源的供应和管理、水排放和温室气体减排三方面。

香港是我国的特别行政区，由香港岛、九龙半岛、新界内陆地区，以及262个大小岛屿（离岛）组成，北接广东省深圳市，南面是广东省珠海市万山群岛，与西边的澳门隔江相对61公里，面积约1104平方公里，人口超过700万。人多地少，填海造地成为香港扩展用地的唯一方式。特殊的政治地位和地理位置决定了其珠江河口的突出意义。香港对珠江河口治理的参与是从水资源的供应开始的。香港年平均降雨量达2224.7毫米，但因地域狭小，地形以丘陵山地为主，地表和地层储水能力低，海岛土地储水能力更低，造成淡水不足，水资源长期缺乏。每年大量台风、暴雨，引起山洪、塌方、水土流失，冲垮楼房、毁坏公路交通，因此香港的用水从1960年开始就主要由深圳水库供应，1963年起，除深圳水库供水1177万立方米之外，还派船将珠江口运水818万立方米。随着经济社会的发展，香港对水资源的需求日益增大，1994年东深供水完成第三期扩建工程，对香港供水指标达到11亿立方米/年（崔树彬，2010）。2000年以后，东深供水工程改建，采用封闭式供水线路，供水能力达到24.23亿立方米/年，其中对香港的供水配额为11亿立方米。为了接收从大陆输送来的东江水，香港建设相对完善的设施，精心布局输水管道和隧道，形成网络。除此之外，香港大力兴建蓄水工程比如水塘，在新界、港岛和大屿山划定天然集水区严格加以保护，并直接使用海水进行冲厕。除此之外，香港还不断强化对水资源需求的管理，把水看成是“稀缺商品”，通过行政、经济、法律、教育宣传等手段推行节约用水。香港还成立专门的机构——水务署，其主要任务是“收集、储存、洁净和分配食水与用户，以及提供各种适当的新水源和设备，以维持足够的食水供应”。该署还负责提供冲厕的海水并制定了较完善的水费管理办法。

不但水资源需求影响着河口管理，水排放对珠江河口的水环境影响也突出，与其他城市不同，香港拥有一套完整的水排放管理系统。首先，管理结构协同。

一般说来香港主管部门的职责都异常明确，就水排放而言，决策者是环境保护署，而实施者是渠务署。决策者不直接实施，实施者不参与决策，两者形成权力制约，同时均按照各自的职责，依据法定工作程序提出，用合同、协议书等形式规定下来协同办理的事，并有效杜绝部门间扯皮。其次，香港城市水排放系统法律规定极为完善，操作性很强，职能部门根据具体情形制定一些条例，与法律法规同等效力。再次，香港渠务署是负责城市排水的综合性机构，其工作内容即为全香港的污水和雨水的处理以及防洪排涝，规划、设计、建设和运营都是市场化、专业化的业务管理。第四，香港有一套完整长久的规划。从 20 世纪 70 年代起，香港就针对城市发展、建设和管理的水环境问题，开始长远规划、宏观决策，制定污水收集及处理的长期规划。80 年代环境保护署针对香港附近水域污染日趋严重的状况，制定策略性污水收集及处理的整体计划。最后，香港在机构、法律、专业人士和完整规划上构建一套相当完善严密的排水体系，他们将全港水域划分为 10 个水质管制区及 4 个附水质管制区，对污水排放实施排水许可制度，只允许达标污水排入；还建设中央污水处理厂将处理后的污水通过深层污水隧道进行深海排放；在工厂开工、商铺开业或工程竣工前均经过处理，确保雨、污水管道接驳正确，做到雨污分流；政府完成新污水管道的铺设后须按要求进行接驳并换领永久排水许可证；制订全港污水收集系统复修及完善计划，不断提高污水收集率。经过相关职能部门 20 年持之以恒的努力，基本解决了香港水体污染问题。当然上述工程，大量的公共财政支持是少不了的。

除了水资源需求和水排放的管理，香港还提出了完整的应对气候变化方案。香港温室气体排放主要源自用电和交通运输，分别占排放的 67% 和 18%，而 90% 用电能源消耗又来自建筑，因此建筑将导致 60% 的温室气体排放。《香港应对气候变化策略及行动纲领》公众咨询文件提出提高能源效益的措施咨询意见，除了包括 2020 年使香港新建楼宇的主要电力设备的能源效益提高 50% 外，还建议通过降低总热传送值标准和推广绿化屋顶。政策工具上，主要使用市场手段，比如资金激励。2009 年政府推出建筑物能源效益资助计划，透过基金资助形式，鼓励现有楼宇进行能源审计及提升能源效益的改善工程，资助楼宇占香港楼宇总数约 1/10，超过 4000 幢（环境及 C40 城市气候变化领导小组，2010）。咨询文件还提出必须改变燃料结构，由以燃煤为主的燃料、高污染组合，增加本地天然气发电、输入核电，继续寻求提高使用本地再生能源等。咨询文件还提出 2020

年香港要更加广泛优化燃料结构，到 2020 年 30% 的私家车、15% 的巴士及货车属混合动力抑或电动车辆或环保绩效相若的车辆。此外，为减低由废物产生的温室气体排放，将建造先进焚化设施。综合以上措施，2020 年后，香港碳强度由 2005 年水平减少 50% ~60% 。温室气体排放总量也开始减少，相比 2005 年的水平将达到 19% ~33% 。人均排放量由 6. 2 吨下降到3. 6 ~4. 5吨，届时将低于美国、欧盟甚至日本的水平。除此之外，香港还积极培育与碳减排相关的生产性服务业，譬如香港注册的符合资格的碳审计及能源效益审计师已超过 800 名，而单以计划批出的项目计算产生的工作量就达 3. 8 万个工月。

节水、水资源的管理、排水管理和减排温室气体的框架给珠江河口必然产生积极的导向，而减缓温室气体排放的计划也有利于局部气候系统的改善，但还达不到河口区域治理的要求。河口区域其实由两部分组成：一部分为河流网络，另一部分为近海水。珠江河口由上游聚集的清水通过异常复杂的河流系统，由 8 个泄洪口泄出和近海水构成互动，由此河流网络、河口和近海形成不可分离、互动异常紧密的关系，要寻求整体性就必须从这三方面去理解，这样构建一维河流模型和三维的河口模型就凸显其必要性了。目前香港和广东省根据经济合作区域迅猛发展的要求，积极协调大珠江三角洲城镇群发展规划，使用河口模型去评估不同水质量目标下河口区域的承载能力，并根据这个目标为珠江三角洲区域性的水质量管理计划奠定基础。相信《国民经济和社会发展“十二五”规划》约束性指标的施行、对气候变化更为充分考量的规划，珠江河口治理将朝着积极的方向发展。

参考文献：

曾庆春：《航道局疏浚珠江河口被海洋局罚款?》，2003 年 1 月 15 日《南方日报》。

陈军：《珠江河口岸线、滩涂保护与开发利用研究》，《人民珠江》2011 年第 1 期。

崔树彬：《珠江河口城市水源地问题及对策探讨》，《中国水利》2010 年第 1 期。

崔伟中：《珠江河口水环境时空变异对河口生态系统的影响》，《水科学进展》2004 年第 4 期。

段黎星：《珠江河口治理战略框架研究》，《人民珠江》2007 年第 1 期。

黄镇国、张伟强：《珠江河口近期演变与滩涂资源》，《热带地理》2004 年第 2 期。

李碧、黄光庆：《城市化对珠江河口的生态影响及对策》，《海洋环境科学》2008 年第

5 期。

梁海涛等：《珠江河口滩涂保护与利用方案浅析》，《广东水利水电》2011 年第 1 期。

陆恭蕙等：《气候变化对香港及珠江三角洲的影响》，思汇政策研究所，2006 年 11 月。

王秋生：《珠江河口治理》，《人民珠江》2006 年第 6 期。

易小兵、王世俊、李春初：《珠江河口界面特征与河口管理理念》，《海洋学研究》2008 年第 4 期。

袁建国、朱士康：《加强珠江河口综合治理规划实施管理支撑地区经济社会可持续发展》，《人民珠江》2010 年第 6 期。

岳中明：《在珠江委 2010 年工作会议上的报告》，珠江水利网，2010 年 1 月 26 日。

朱三华：《珠江三角洲咸潮活动规律研究》，《珠江现代建设》2007 年第 6 期。

B.14
河口城市适应气候变化的国际经验

周冯琦　刘召峰　刘新宇　陈　宁*

摘　要： 气候变化引起的气候灾害已经对河口城市的发展造成很大的威胁。在减缓措施实施效果不明显的情况下，河口城市如何适应气候变化成了城市气候变化战略中的新主题。目前，许多河口城市和国际机构提出了适应气候变化的战略。本文分析了东京、新奥尔良、温哥华、纽约等一些河口城市适应气候变化的战略和经验。这些河口城市的气候适应战略对上海具有很重要的借鉴意义。

关键词： 河口城市　气候适应　水资源管理　战略举措

城市产生了至少全球40%的温室气体排放；同时，由于会聚了大部分人口和经济活动，已经面临了城市热岛和空气质量的严峻挑战，其地理位置又通常是海滨或主要河流沿线，城市适应气候变化的能力事实上非常脆弱。而这一点，大多数的气候变化研究中都未曾给予足够重视。① 随着人们对气候变化认识的加深和对实践经验的总结，发现仅仅通过减排来缓解未来气候持续变化的趋势是不够的，必须采取行动去积极应对已经发生的气候变化所带来的影响。气候变化适应成为河口城市应对气候行动的新主题。

一　气候灾害对河口城市的影响

随着气候变化对城市的影响持续且日益加深，人们越来越明显感受到气候灾

* 周冯琦，上海社会科学院研究员，博士；刘召峰，上海社会科学院生态经济与可持续发展研究中心研究助理；刘新宇，上海社会科学院生态经济与可持续发展研究中心助理研究员，博士；陈宁，上海社会科学院生态经济与可持续发展中心助理研究员，博士。

① Diana Recklin, "ARC3 – First UCCRN Assessment Report on Climate Change and Cities Important Findings", 2nd World Congress on Cities and Adaptation to Climate Change: Resilient Cities 2011.

害的威力。对于水资源丰富的河口城市，其受到的气候灾害的破坏的可能性也越来越高。

（一）气候变化带来的气候灾害

从过去几十年的观察结果中我们得知，人类活动导致了大气和海洋变暖，引发了降水频率和强度的改变、飓风频袭、冰川融化和海平面上升（见图 1）。这些实际变化以及引发的生态系统和经济系统的应对行动，都对全球各地的城市产生明显的影响①。随着气候变化的影响愈益显著，气象学记录的数字一而再地被打破，气候因子的规划性被打破，不确定性不断增加，普通人的生活也感受到了气候变化的影响。无论是城市经济发展模式，还是居民的出行与健康、基础设施的功能以及社会结构，都直接或间接受到气候变化的影响。

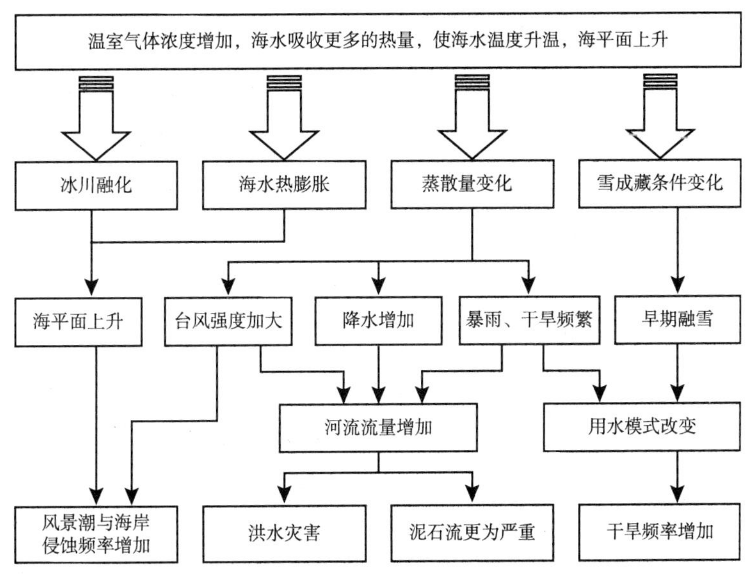

图 1　气候变化引起的气候灾害

（二）河口城市在气候灾害面前的脆弱性

水资源受气候变化的影响最为突出。由于河口城市所处的地理位置，海拔较

① 联合国人居署全球人类住区报告：《城市与气候变化：政策方向》，2011，第 19 页。

低、水资源相对丰富，虽然这些特征有助于经济发展，但是在气候灾害面前其脆弱性显露无遗，易受灾性高。例如，新奥尔良为美国著名港市，密西西比河穿城而过，由于墨西哥湾的飓风发生频率很高，且该市的大部分区域处于海平面以上0.6~5米的地方，且北、东、南三面环水，因此很容易受到洪水袭击。2010年新奥尔良市为25.5万人，约为2005年卡特里娜飓风之前的一半，这也印证了气候灾害对城市的影响极大。此外，河口城市同时受到多种气候灾害的复合影响。例如，位于东京湾的东京，多条河流经过，受到气候灾害主要为河流上游的泥石流灾害（西部）、中小河川的洪水灾害（西部及中央部分）、低洼河流的风暴潮与地震（东部）、河流环境变化（全部）四大项。

值得注意的是，河口城市如纽约、东京、伦敦、上海等，大多数是国家或地区的政治中心或经济中心，人口密度极高，气候变化对城市的影响势必会波及其他地区和城市甚至全球，产生连带影响。因此，有必要评估或明确城市包括其子系统，在气候变化面前，可能受到的气候灾害及其影响程度。

让城市关注或者积极采取措施应对气候变化，就需要对气候变化带来的潜在风险的规模和性质进行评估，分析城市的脆弱性，以及导致城市脆弱性的原因。例如，2009年，东京政府与相关国家部门与科研机构研究气候变化对东京地区的影响，这是日本第一个详细研究气候变化对城市影响的课题。该课题从自然灾害、粮食生产、水资源、健康等领域详细分析气候变化对东京的具体影响，并有可能作为日本气候变化评估的一部分应用到IPCC第五次评估报告中。另外，瑞欧里克斯（Vrolijks）在2010年弹性城市（Resilient Cities）全球论坛上对亚洲、欧洲和北美的10个代表性城市的气候变化行动方案进行了整理，列出各城市的气候变化风险评估（见表1）。

风险评估流程的标准化，不仅有助于城市了解自身受气候变化的影响，更有助于国际城市间的对比和经验的传播。目前主要是利用PDCA循环来评估风险。PDCA即Plan（计划）、Do（执行）、Check（检查）和Act（行动）的第一个字母，这个循环是全面质量管理所应遵循的科学程序，其实施需要搜集大量数据资料，并综合运用各种管理技术和方法。在这里C不仅要检查气候变化带来的影响，更要评估应对措施实施后产生的作用。总体而言，评价气候变化风险的流程为：（1）收集并分类历史数据，如历史降水数据等；（2）预测未来气候变化，即在设定未来年份下气候变化的程度，如预测海平面上升高度等；（3）基于城

表 1　城市气候变化脆弱性和风险度的评估

城市＼项目	环境	基础设施	区域	经济	社会
纽约	0	+	0	-	-
芝加哥	+	0	-	-	0
西雅图	-	+	-	0	-
圣弗兰西斯科	0	0	+	-	-
迈阿密	-	-	-	0	0
伦敦	0	+	+	-	-
阿姆斯特丹	-	-	+	-	-
马德里	-	+	-	-	0
东京	-	+	-	-	-
首尔	0	0	-	0	-

注：+表示明确涉及，0 表示有所涉及，-表示未涉及。

市现状或措施实施后的情景，对气候变化造成的风险予以评估，其中风险程度是城市脆弱性与气候变化危害性的综合。例如，日本国土交通省在 2010 年出台的《气候变化适应战略规划实践指南——洪水灾害》中，利用 PDCA 流程来评估气候变化引起的洪水灾害对城市带来的风险。

二　气候适应战略现状分析

目前，许多城市制定了自己的气候变化行动方案或者气候变化战略，但都以减缓为主。此外，许多城市、机构也纷纷提出了以适应为主题的行动方案。

（一）河口城市的“气候变化行动方案”

进入 21 世纪，各国各地区都开始积极思考在全球气候变化背景下如何积极应对新形势，制定更有效对策实现稳定气候的全球目标，“气候变化行动方案”应运而生。

表 2 列出了较有代表性的几个官方发布的城市气候变化行动方案。从中可见，各个城市主导此工作的机构主要包含两类：环境保护主管部门或综合性政策办公室。从行动目标看，这些气候变化行动方案主要关注温室气体的减排，致力

于全球一体化的减排行动，重点是盘查和制定具体的量化减排目标。遗憾的是，这些行动方案中还没有充分认识到气候变化适应的重要性，迄今为止能在城市气候变化行动方案中明确气候变化适应战略的城市并不多。

表2　公布城市应对气候变化减缓目标及行动方案的部分城市

城　市	国　家	发布时间(年份)	发布机构	减排目标
横　　滨	日　本	2008	环境创造局	到2025年城市温室气体排放量较2004年基线减少30%
伦　　敦	英　国	2007	市长办公室	到2025年城市二氧化碳排放量(不含航空)较2000年基线减少60%
阿姆斯特丹	荷　兰	2007	环境署	到2025年城市二氧化碳排放量(不含航空)较1990年基线减少40%
温 哥 华	加拿大	2005	市长办公室	到2012年城市二氧化碳排放量较1990年基线减少6%

目前的城市气候变化行动方案或气候变化战略主要是侧重于气候减缓上，对气候适应提的较少，也不系统。如表1中，列举的10个城市从不同角度对城市的自然、社会和经济系统应对气候变化影响的脆弱性和风险度有所涉及，但大多数还是停留在预测气候变化可能对城市基础设施，特别是供水和供电系统的影响，对社会经济领域的影响分析较浅，很多城市仅仅评估了采取应对行动需要投入的资金，或产生影响可能带来的经济损失。又如，2007年6月，东京实施了《东京气候变化战略》（Tokyo Climate Change Strategy），提出到2020年，东京的温室气体排放量在2000年的基础上减少25%的目标。纵观该战略，主要目的是为减缓气候变化，并采取了五大措施：促进私营企业实现碳减排；在家庭部门认真实施碳减排；制定城市发展中的碳减排法规；交通部门碳减排；形成有效的机制促进各部门实现碳减排。

（二）典型城市气候适应策略和实现路径

瑞欧里克斯对这个10个城市的气候变化行动方案中关于气候变化适应的内容进行了梳理总结，并整理出各城市的气候变化风险评级和适应性路径的三大类型（见表3）。这些具体的适应性对策并不复杂，很多已经在城市

发展中被运用，如能更好地整合，将有助于提升城市应对气候变化影响的适应能力，这些经验对上海市更好地制定自身的气候变化行动方案都很有借鉴价值。

表 3 典型城市气候适应策略和实现路径

气候适应策略	代表城市	适应性策略的实现路径
类型 A:保障生活质量不受影响	芝加哥 马德里 纽约 东京	绿色屋顶 排水系统的优化 加强绿化 公园绿地的可达性、连通性 出行的低碳选择
类型 B:应对新出现或加强的威胁	马德里 旧金山 西雅图 阿姆斯特丹 伦敦	海堤系统优化 流域/集水区综合管理 优选并发展新的水源地 保护性对策 优选并应用新能源
类型 C:准备应对最坏情况	迈阿密 纽约 东京	未来气候情景分析 改进住宅计划 水系统冗余化改造 飓风风险研究项目 应急撤离预案与机制

（三）伦敦气候变化适应战略草案

伦敦作为英国重要的低碳城市建设试点，不仅提出了具体的减排目标，还综合各种因素及时对减排目标进行更改，以更好地建设低碳城市。2004 年，大伦敦政府（Greater London Authority）为应对日益增长的能耗问题，首次明确提出了减排目标。2006 年，伦敦市市长敦促进一步调整政策，要求将 2004 年的 10% 目标提高到 20% 。这些调整于 2008 年 2 月被正式采纳为具体的政策。2010 年，这些政策演变为大伦敦市应对气候变化新的战略：气候变化减缓和能源战略。此外，鉴于气候变化已经不可阻挡地发生了，伦敦政府还出台了《伦敦气候变化适应战略草案（公共咨询稿）》（The Draft Climate Change Adaptation Strategy for London（Public Consultation Draft）），以评估气候变化对伦敦的影响，并提出34条行动方案以适应气候变化。该草案描述，未来伦敦可能遭受洪水、干旱和热浪的影响，且洪水和热浪的风险较高，这些气候事件对伦敦的健康、环境、经济和基础设施等跨领域的问题造成一定的影响，同时提出了34条应对这些气候事件和相关问题的行动。这是伦敦的第一份气候变化适应战略，许多建议的行动旨在提高市民对所面临的气候变化挑战的认识，确保未来气候变化的风险不会增加，并且能够有应急计划来应对极端天气事件的发生。

（四）气候弹性

随着全球对气候变化适应的认识的增加和重视度的提升，“气候弹性（Climate Resilence）”的概念也应运而生。顾名思义，气候弹性就是指目标系统在气候变化的背景之下通过自我调节或采取应对行动，较好地适应气候变化，避免或减少不必要损失的能力。对于河口城市而言，气候弹性是城市生态安全的一个重要组成因子。

在气候弹性的概念框架之下，世界各地就此领域展开了一系列应对行动。

1. 生态与经济发展兼顾城市的行动项目

世界银行于2009年启动了“Eco^2 Cities”的行动项目，其目标是追求城市发展中生态和经济的双赢，旨在证明着力生态友好型建设的城市也能同时成为经济发达的城市。

Eco^2 Cities首批分析的全球城市最佳生态与经济发展兼顾城市案例。包括：巴西库里提巴市、瑞典斯德哥尔摩市、日本横滨市、新加坡、加拿大温哥华市、新西兰奥克兰市以及澳大利亚布里斯班市。这些城市各有特点，其共同点是规划建设以及管理的（整合），如空间利用与交通发展的整合（库里提巴），设施与资源管理的整合（斯德哥尔摩），从产业源头到废弃物处理的整合（横滨），水资源管理的整合（新加坡），城市交通体系优化与价格机制的整合（伦敦、斯德哥尔摩、新加坡）。项目通过世界银行的技术与资金合作平台和统一体系的路径推动全球更多的城市向生态城市转型。

与此同时，世界银行还出版了《气候弹性的城市——减少脆弱性和灾难的入门读本》，作为Eco^2 Cities项目的技术支撑材料。图2是报告中列出的全球气候变化的影响机制。

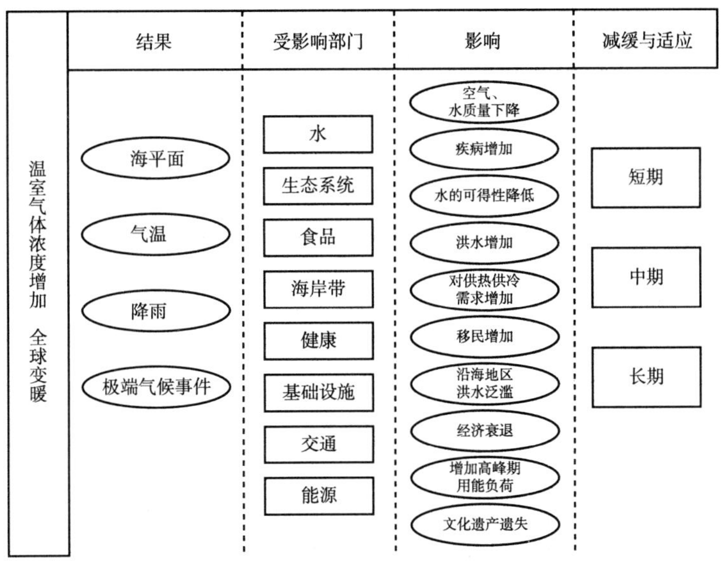

图 2　全球气候变化的影响机制

美国洛克菲勒基金会还支持成立了“气候弹性亚洲城市网络”，首批目标成员来自印度、越南、泰国以及印度尼西亚。

2. 适应与减缓的综合气候政策工具

在构筑城市气候弹性，推动适应与减缓相结合的气候对策领域，很多国际项目和研究机构致力于为决策制定提供工具包，其中 AMICA 的工作有一定的代表性。AMICA 是欧盟支持的一个针对城市和区域环境决策中整合适应和减缓气候变化影响努力的项目，它为地区和区域的决策者提供政策设计方法和工具包，帮助当地政府整合长期的气候保护和短期的适应措施，以保障环境决策的一致性和财税资源的分配方式。

AMICA 为决策者提供了工具包及使用说明，包括适应措施矩阵、减缓措施矩阵以及适应和减缓整合措施矩阵。适应措施矩阵（见表 4）。对欧盟相关城市来讲，减缓意味着支持本地及南方国家的减排成果，类目包括气候政策、城市发展、能源、交通、农林、政府采购、南北合作；适应和减缓整合措施矩阵（见表 5），分能源、建设和空间规划 3 个领域分别阐述。

表4　AMICA适应措施矩阵

对策方法＼影响类型	城区洪水风险	滨海洪水风险	乡郊旱涝风险	城区过热
脆弱性评估	网络信息工具;气候诊断与建模预测;降水调蓄;内涝潜力分析	气候诊断与建模预测	网络信息工具;气候诊断与建模预测	气候诊断与建模预测
信息与支持服务	洪灾预警系统;防洪预案;保险服务	高潮位监控和报警系统;保险服务	洪灾预警系统;防洪预案;保险服务	热浪警报系统;热浪行动方案;劳动保障系统;信息公开和公众教育
空间规划	移动式供水设施;降水调蓄;法律限制;区域灾害管理;整合的气候政策	移动式供水设施;法律限制;区域灾害管理;整合的气候政策	法律限制;区域灾害管理;整合的气候政策	法律限制;区域灾害管理;整合的气候政策;有气候意识的规划
建设	法律限制;蓝色屋顶①;漂浮式房屋	法律限制;漂浮式房屋	法律限制;蓝色屋顶;双层窗户	法律限制;屋顶绿化;蓝色屋顶;空调系统
能源系统	能源供应系统的安全性;湖泊能源②	能源供应系统的安全性	湖泊能源;能源供应系统的安全性	湖泊能源;能源供应系统的安全性
水管理	集水区/流域管理;水平衡的稳定;河流水网恢复;泛洪区保护;排水调度;泻湖渠道;液压防洪墙;芦苇系统重建;储水;降水调蓄	泻湖渠道;液压防洪墙;自然防护系统重建③	集水区/流域管理;水平衡的稳定;排水调度;自然排水系统恢复	
生态系统管理	森林管理;水保护技术;公园优化计划④;自然保护区的适应项目	自然保护区的适应项目	森林管理;公园优化计划;自然保护区的适应项目;湖泊增氧⑤	自然保护区的适应项目;湖泊增氧
交通	适应性交通体系	适应性交通体系	适应性交通体系	适应性交通体系;绿色铁路;交通限制⑥
公众健康	移动式供水设施防洪预案	移动式供水设施	防洪预案	热浪警报系统;热浪行动计划

注：①蓝色屋顶（Blue Roof），在绿色建设中指雨水收集与再利用。

②湖泊能源（Lake Energy），一种增大河床面积防洪的采砂技术，也能通过热泵技术利用湖水能量。

③自然防护系统重建（Reconstruction of Shelves），指通过培育芦苇丛的生长构筑自然防御系统，避免或缓解滨海洪灾风险。

④公园适应性计划（Adapting Parks）指重新评估现有公园绿地系统的布局和结构，对易受干旱、暴雨等气候变化影响的功能区进行重新布局或转移。

⑤湖泊增氧（Oxygenerating of Lakes），通过增加湖泊水的含氧量减少对鱼类和饮用水安全的风险。

⑥交通限制（Traffic Limitation），在气候变化适应领域的交通限制策略主要指当城市出现过热、臭氧浓度过高、气溶胶浓度过高等情况时采取交通限行策略的做法。

表5　AMICA减缓与适应整合措施工具包之空间规划

领域＼对策	减缓效益 适应效益	能效/节能	可再生能源应用	碳捕获（存于生物质中）
能源	热舒适度	中密度混合功能房产开发；一体化交通模式减少交通；冷热电三联产（CHCP）；屋顶绿化	可再生能源制冷	城市森林（绿化）
	风险预防（极端气候）	能用于可持续建材和防洪的林地建设	泛洪区石化供热系统替代	森林与湿地管理
	城市生物多样性	适应性行道树研究与栽种	城市生物质能源用能源林地建设	适应性行道树研究与栽种
城市建设	热舒适度	高效的隔热保暖系统；削减屋内热源；被动式空调系统；屋顶绿化；外立面绿化	太阳能绿色屋顶；太阳能光电板隔热系统；可再生能源制冷	遮阴林带；城市生物质能源用能源林地建设
	风险预防（极端气候）	能用于可持续建材和防洪的林地建设	木材循环再利用；蓝色屋顶；加倍蓄水功能*；蓄水	能用于可持续建材和防洪的林地建设
空间规划	供给安全	优化水资源利用规划；提高能效；快速节电行动	分布式可再生能源系统；蓄电式水电站；生物质能源	森林和集水区管理
	热舒适度	冷热电三联产	可再生能源制冷；湖泊能源	—
	减少环境影响和破坏		泛洪区石化供热系统替代	—

*加倍蓄水功能（Double Cellars）指在建筑下设计加倍的蓄水空间，以便利用收集的雨水，或在洪水泛滥时蓄水以减少城市排水系统的负荷。

三　河口城市水资源气候适应战略的国际经验

水资源在气候变化中有非常明显的脆弱性，且气候灾害对河口城市造成的破坏巨大。因此，世界上一些著名的河口城市纷纷在水资源方面制定自己的气候适应战略，本文选取了东京、温哥华、新奥尔良及纽约在这方面所做的努力。由于城市特点不同，其面临的气候风险各异，因此其采取的适应措施也不相同。

（一）东京：建立完善的洪灾防治机制

东京都内的水系主要有利根川水系、荒川水系、多摩川水系、相模川水系及其他水系等，大多数河川是由西向东流。其中，利根川水系、荒川水系、多摩川水系、相模川水系被列入一级水系，由日本国土交通省的关东地方整备局管理，而东京只对中小河川进行整治。

1. 东京面临的洪水灾害

2007 年东京的降水量达到 1741 毫米，是世界平均水平的 2 倍。由于强降水、风暴潮与台风等因素，东京经常会发生洪水。如 1947 年的 Kathleen 台风，每小时降水 35 毫米，总降水 127 毫米，造成 1 万多户家庭受灾；2005 年的强降雨，每小时降水达 112 毫米，总降水达 263 毫米，受灾家庭达 5700 多户。虽然东京的防洪设施不断完善，但是仍不足以抵挡由气候变化导致的洪水等灾害。此外，东京是容易在短短两天之内发生洪水脉冲的城市之一。值得一提的是，据预测，东京附近的海平面在未来 100 年内将上升 0.59 米，将对东京带来严重威胁。

由于东京地下空间被大面积开发，如地铁、地下商场，因此如果东京发生洪灾将会产生严重影响。东京的洪水问题主要集中于山手地区的中小河流与多摩地区。此外，由于人口增加，偏远地方被大量开发，导致这些地区水土保持能力下降，同时这些地方也是洪灾脆弱区，由此受到洪水的危害也会更大。值得一提的是，由于局部暴雨引发的骤发洪水也经常侵袭东京，最近几年地下空间受到骤发洪水的危害特别多。相模川东部的低洼地区由于地震与涨潮也受到洪水的影响。为此，东京针对洪水灾害采取了灾害管理战略。

2. 日本国土交通省河流管理政策建议

日本国土交通省针对河流管理出台了规定，涵盖了包括洪水在内的灾害管理，并用于指导东京的洪水防治。2008 年 6 月，日本国土交通省基础设施发展事务委员会发布了《由气候变化引起的水灾害的适应战略》，为日本制定适应气候变化的政策指明了方向。该适应政策包括工程措施、与社区发展同步的适应措施、强调危机管理的适应措施、河川环境变化方面的适应措施、加强对影响的监测等方面提供的具体措施（见图 3）。

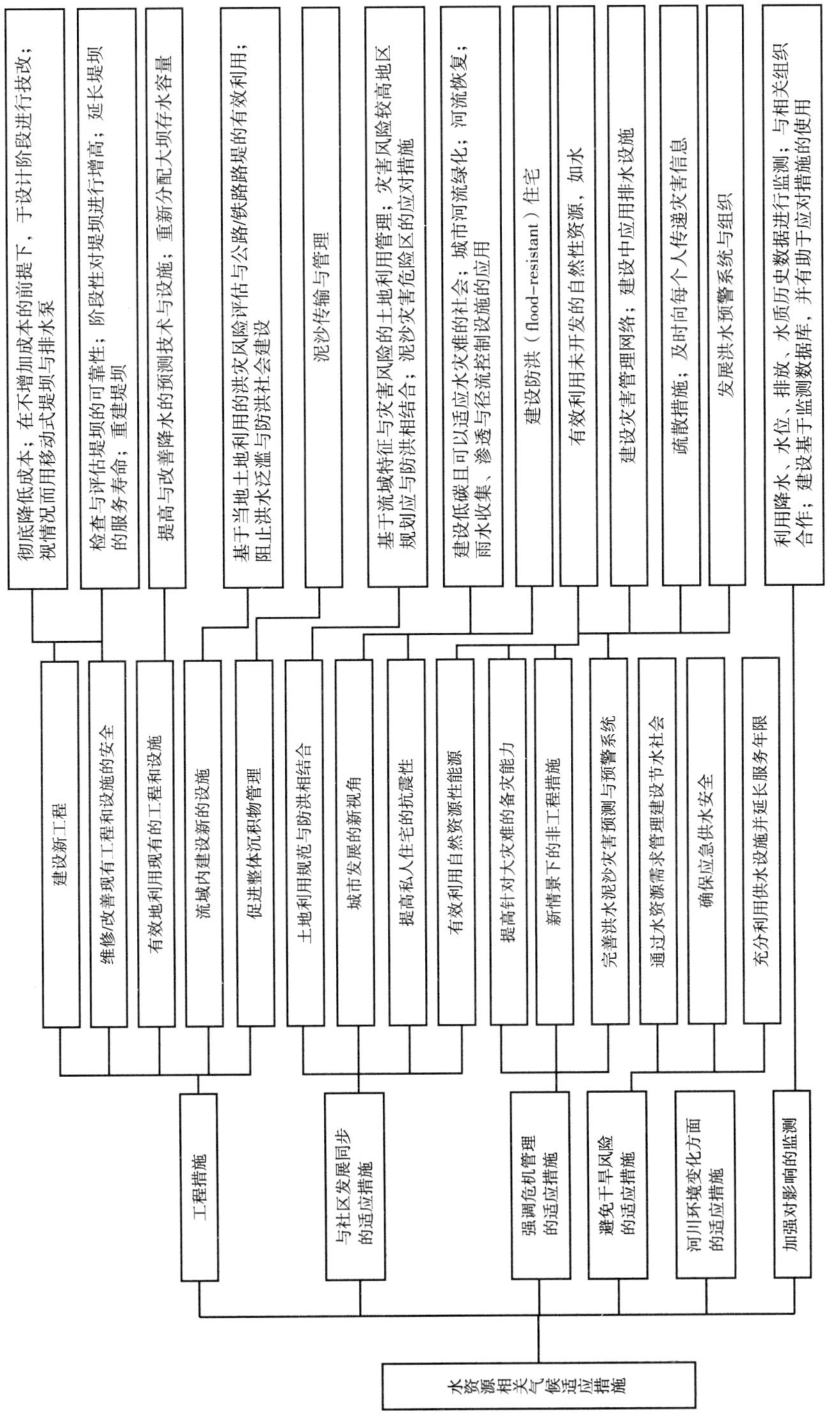

水资源相关气候适应措施

- 工程措施
  - 建设新工程
  - 维修/改善现有工程和设施的安全
  - 有效地利用现有的工程和设施
  - 流域内建设新的设施
  - 促进整体沉积物管理
- 与社区发展同步的适应措施
  - 土地利用规范与防洪相结合
  - 城市发展的新视角
  - 提高私人住宅的抗震性
  - 有效利用自然资源性能源
- 强调危机管理的适应措施
  - 提高针对大灾难的备灾能力
  - 新情景下的非工程措施
  - 完善洪水泥沙灾害预测与预警系统
- 避免干旱风险的适应措施
  - 通过水资源需求管理建设节水社会
  - 确保应急供水安全
  - 充分利用供水设施并延长服务年限
- 河川环境变化方面的适应措施
- 加强对影响的监测

彻底降低成本；在不增加成本的前提下，于设计阶段进行技改；视情况而用移动式堤坝与排水泵

检查与评估堤坝的可靠性；阶段性对堤坝进行增高；延长堤坝的服务寿命；重建堤坝

提高与改善降水的预测技术与设施；重新分配大坝存水容量

基于当地土地利用的洪灾风险评估与公路/铁路路堤的有效利用；阻止洪水泛滥与防洪社会建设

泥沙传输与管理

基于流域特征与灾害风险的土地利用管理；灾害风险较高地区规划应与防洪相结合；泥沙灾害危险区的应对措施

建设低碳且可以适应水灾难的社会；城市河流绿化；河流恢复；雨水收集、渗透与径流控制设施的应用

建设防洪（flood-resistant）住宅

有效利用未开发的自然性资源，如水

建设灾害管理网络；建设中应用排水设施

疏散措施；及时向每个人传递灾害信息

发展洪水预警系统与组织

利用降水、水位、排放、水质历史数据进行监测；与相关组织合作；建设基于监测数据库，并有助于应对措施的使用

图 3　日本国土交通省水资源相关的气候变化适应战略

3. 东京应对洪水措施

东京在洪灾应对方面主要采取了八大措施。

（1）抗洪增安。东京都政府修复江河堤防，使其能够具有抵抗高达50毫米/小时降水的能力。此外，政府还计划改善和扩大调节水库、引水渠道与地下水道系统，迅速消除洪灾。东京都政府充分利用综合防洪信息系统，及时和准确地响应降水和涨潮危险的变化。

（2）采取更有利的措施改善流域。在改善河流和地下排水系统的同时，东京都政府在公共空间如道路、公园及大型的私人设施建设蓄水设施，并建设地面渗水设施。这些设施将有助于减轻洪水期间流域的负担。此外，东京还对家庭改善排水系统提供一定的补贴。

（3）根据区域特点来改善流域设施。依据区域特征设计或者在不改变建筑特点的情况下新建或者改善防洪设施将会被东京都政府鼓励。

（4）保护东部洼地。由涨潮与地震引起的洪水会对东部地区的洼地与滨水地区产生危害，因此建设潮堤、沿海堤防、水闸或污水处理设施将有助于保护这些地区。

（5）地下河流在防洪中的作用。在东京综合防洪措施规划中，要求在东京西部地区每一个流域修建地下河，如第七地铁，同时，沿河修建可调节的水库能够提高城市防洪能力。

（6）河堤建设。在多摩地区，堤防被建在经常遭受洪灾的地方，以实现易受灾区的重点防护。此外，东京将粮食安全、污水与流域管理相结合一起采取措施应对。

（7）超级堤防建设。由于气候变化导致的洪峰流量与峰频率的增加，特大洪水未来势必会在这些易受灾区频繁发生。因此，东京在多摩川、相模川与荒川等一级水系建设能抵御地震和具有强大防洪能力的超级堤坝，该堤坝同时也是城市改造的一部分。超级堤坝指在人口稠密的城市地区能够抵抗极端灾害的宽阔的堤坝，它甚至可以承担洪水泛滥、渗漏与地震。在荒川，超级堤坝由一个公园与少量的高层建筑构成。

（8）制订计划，改善滨水环境。在提高河流防洪能力的同时，一项旨在创造更加吸引人、更具品质的滨水环境的计划正在制订。该计划拟通过对堤坝进行绿化、建设步行道等手段实现水资源利用与休闲娱乐协调发展。

4. 灾害信息化管理

信息技术越来越广泛地应用到河流管理中，东京通过光纤将河流上的传感器、监视器和水处理设施等与管理系统连接，并通过通信技术将河流管理系统与各种媒体（电视、广播）、各公共设施、家庭、政府及社会机构互联。如多摩川的光纤应用范围为101.6公里，相模川为6.6公里。除此之外，关东地方整备局还通过地理信息系统向公众展示防洪设施。

（二）新奥尔良的非工程性气候变化适应措施

新奥尔良市在气候适应的实践中，发现仅仅依靠工程性的气候变化适应措施是不行的，必须结合非工程性的措施。

1. 新奥尔良面临的洪水灾害

根据美国联邦应急管理局（FEMA）的报告，新奥尔良是美国最容易遭到飓风袭击的城市。该市的大部分区域处于海平面以上0.6~5米的地方，且北、东、南三面环水。因此很容易受到来自密西西比河、暴雨以及飓风带来的风暴潮三方面的洪水袭击。2005年的卡特里娜飓风给城市造成重创，80%的区域为洪水浸泡，全州范围内有1500人丧生，90万人流离失所，16000家工商企业被淹，40所学校被毁。

（1）综合运用工程性和非工程性措施，层层设防。在卡特里娜飓风之后，大量政策建议都强调要最大限度地将自然生态过程融合到基于社区的规划设计中，同时将硬件基础设施的有害环境影响降到最低。

当然，堤坝、防洪墙等工程性措施和非工程性措施之间并不是互相替代的关系，而是和非工程性措施互补，层层设防，保卫当地人民的生命财产安全。最外层，在近海，以岛屿作为抵御风暴潮的第一道防线；往里一层，在海岸，以湿地或沼泽作为第二道防线；再往里，在沿海沿河的地方构筑自然的土岭阻滞洪水；最后才是防洪门、堤坝、泵站等设施。

这也是当地水资源综合管理理念的深化与拓展。水资源综合管理理念扬弃了以往基本依靠工程性措施单纯进行洪水控制的防洪思路，而是转向综合运用法律、行政、经济手段以及工程建设以外的技术手段，致力于达到效率、公平、可持续三重目标。

（2）利用湿地修复提高抗洪能力的主要措施和时间表。在卡特里娜飓风之后，湿地修复被作为一项紧迫的防洪措施提上议事日程（见表6），包括使用疏

表6　新奥尔良市总体规划中湿地和海岸带保护措施的时间表

单位：年

策略	行动			
	方法	责任人	时　间	所需资源
保证关于湿地和海岸带的土地利用规划和区划有利于湿地保护	将其纳入新的综合性区划法规中	城市规划委员会	2010～2014	综合性区划法规的修订合约
制定湿地保护法规及其实施体系	颁布一部城市湿地保护法规，划定湿地范围，禁止在湿地抽水，并对距离湿地一定范围内的开发活动加以管制	市长环境事务办公室、市检察官、市议会	2010～2014	相关人员足够的工作时间
促进湿地保护组织收购土地上的部分权益，对湿地进行永久性保护	与环保组织讨论可选方案	市长环境事务办公室、公共土地基金	2015～2019	相关人员足够的工作时间、联邦政府或非营利组织的资金支持
强化海岸带保护的合作与实施机制	精简与州政府、陆军工程兵团、基层政府之间的政策协调与湿地开发审批流程	市长环境事务办公室	2010～2014	相关人员足够的工作时间
	修订城市海岸管理规划	市长环境事务办公室	2010～2014	联邦政府、州政府或非营利组织的资金支持
	寻求支持基层湿地保护与修复项目的潜在资金来源	市长环境事务办公室	2010～2014	相关人员足够的工作时间
	保证州海岸保护和恢复管理局规划、河口野生生物保护总体规划、城市总体规划和城市土地利用法规之间的兼容与协调	城市规划委员会、路易斯安那州海岸保护和恢复管理局、市长环境事务办公室	2010～2014	相关人员足够的工作时间
	制定地方湿地保护法规	市长环境事务办公室、市议会	2010～2014	相关人员足够的工作时间
	创建一份更完善的新奥尔良湿地目录，为土地利用政策制定和海岸带修复措施开展提供信息支持	市长环境事务办公室	2010～2014	相关人员足够的工作时间、州海岸带修复项目的资金支持
	收购并整合堤坝系统以外未开发区域的小片土地，用于自然保护和海岸带修复	市长环境事务办公室、市长技术办公室、城市规划委员会、新奥尔良再开发管理局	2015～2019	州海岸带修复项目的资金支持

浚产生的污泥造地，安装水流控制设施，以及修筑堤坝。湿地核心地带的保护与修复工程是重中之重，因为除了风暴潮防护之外，它还向人口密集区提供其他重要的生态服务功能。为了防止再次受到风暴潮等灾害的袭击，密西西比河入海口的一部分现代化城区不得不废弃，而其中相当大一部分将被恢复为湿地。

（3）新奥尔良及其周边区域的生态系统整体修复。湿地修复和海岸带保护只是新奥尔良及其周边生态系统整体修复的一部分。在当地政府的整体生态系统修复规划设计中，除了建成区（居民区、商业区和公共设施）以外，还有城市森林等历史上形成的自然或人工地貌。这些生态系统的核心生态服务功能包括：提供必需品的功能、调节性功能、废弃物降解或化学物质解毒等支持性功能（如自然削减、植被修复）、休闲服务和生态旅游等文化功能、基因和物种多样性保护等保护性功能。

（4）鼓励迁徙的土地政策创新：地役权、土地信托基金以及地上权/采矿权分立。在未来50年中，新奥尔良附近的海平面将以每年3～10毫米的速度上升，土地利用格局不得不做出相应的调整。居民应尽量向高处集聚（如将居民迁徙到500年一遇洪水线的上方），而其他生产建设功能（如渔业、风暴潮防护）则相应地布置在地势较低的地方。这种迁徙必须建立在自愿基础上，以最大限度地避免不必要的纷争。因此当地政府在尝试一些土地政策创新，以鼓励私人土地主迁徙，如“地役权转移”、州保护和减缓土地信托基金、地上权和采矿权的分离等。

（5）社区整体迁徙过程中的环境再造与文化传承：侯马部落联合体的案例。在人口迁移的过程中，一些社区整体性离开原有的居住环境，导致与此类环境融为一体的传统文化面临断裂的危险。对此，当地的政府或民间团体比较重视在新居住地复制原有的环境，保证文化的延续。侯马部落联合体（United Houma Nation，一个印第安族群）是路易斯安那州一个富有希望的典型案例。

（6）相关规划制定中广泛动员社区参与。新奥尔良市政府在编制灾后重建的城市总体规划和控制性区划过程中，建立了一个可持续系统工作组（SSWG），以此为载体开展深入研究，吸引广泛的社区参与，从而使上述规划在多方面更好顺应防灾抗灾、生态环保、舒适宜居、产业发展等需求，尤其要重视绿色设计、节能降耗、洪灾防护、暴雨管理、灾害减缓、应急预案、海岸恢复等工作。

（三）温哥华：以水环境保护为主的气候适应战略

作为一个典型的河口城市，气候变化的不利影响给温哥华的水环境保护带来了严峻的考验和巨大的挑战。因此，温哥华在适应气候变化的战略选择上，对水环境保护方面做出了诸多积极的尝试和探索，在饮用水质量管理和保护、水资源节约、废水处理与雨水管理等方面制定了水环境保护的若干政策。

1. 温哥华面临的水环境问题

温哥华所处的佛斯河流域，在过去的几十年里，由于对工业废物的排放缺乏限制，水域受到严重污染。温哥华水源最主要的污染威胁来自商业和工业产生的有害物质。潜在污染物包括石油产品、金属和化学污染物，如合成和挥发性有机化合物的化学物质。污染产生于工业生产过程，如加油站、干洗店、汽车修理店，甚至城市雨水径流。其他潜在水质污染物包括杀虫剂、除草剂和微生物污染物（如病毒和细菌），它们可以来自化粪池和野生动物。在这些污染物中，商业和工业排放的有害物质所占比例最大，已经威胁到温哥华的饮用水安全。

2. 饮用水质量管理和保护

为了净化受到工业污染的水域，温哥华市政府采取了各种手段促进水质的提高，在饮用水质量管理和保护方面的许多做法值得我们借鉴。

（1）温哥华制定了专门的法律和法规来保护饮用水安全。温哥华饮用水质量是由《不列颠哥伦比亚饮用水保护条例》进行规定。它要求饮用水供应者必须提供由温哥华沿岸卫生局颁发的经营许可证，且要求这些水量供应必须是经批准，并且具有有效的监测报告及应急计划等①。

（2）温哥华制定了远距离供水规划，对水源进行先期检测。远距离供水规划是大温哥华地区保证水质量的关键。1924 年，大温哥华水区成立，目的是向其各个成员城市提供供水服务。并且这一大区域范围内的计划将长期有效。根据《不列颠哥伦比亚饮用水保护条例》的规定，大温哥华作为源水供应商，必须在向所包含的各个城市配送饮用水前，就要对水源进行测试和治理。这些由大温哥华配送的水在进入温哥华市后，再由温哥华市进行进一步的监测和测试。

（3）温哥华制定了流域管理政策，保障流域生态安全。2002 年，大温哥华

---

① The Council of the City of Vancouver, WATER WORKS BY - LAW No. 4848, November 30, 2010.

发布了《流域管理计划2002》，建立了流域管理政策和流域生态安全方案，以限制对金兰水库、西摩水库和高贵林水库的人为破坏，确保了对3个流域的长期保护，以及保证了对居民的洁净水的供应。这一管理计划主要解决如何进行水库和水坝运作，如何将水资源在饮用水、渔业、发电等方面进行分配等问题①。

（4）温哥华制订和完善了饮用水管理计划。大温哥华在2005年制订了《饮用水管理计划》，为各个城市评估地区的水资源需要，提出整个区域水循环的要求。饮用水管理计划提出要考虑雨水、饮用水和废液之间的连接。2007年温哥华对《饮用水水管理计划》进行了修订，该计划的目标是：提供清洁、安全的饮用水；为大温哥华水区提供清洁、安全用水和对自然资产进行保护和管理；确保水资源的可持续利用；确保水的有效供给。大温哥华2010年发布了《饮用水管理计划的进展报告2010》，编写了总结大温哥华和其成员的水资源管理实施进展情况的进度报告。

（5）温哥华设立了非常严格的饮用水质量检验指标。大温哥华对饮用水质量的检验是非常严格的。温哥华平均每天向居民提供360万公升的高品质的水。为了确保这些水是干净和可以安全饮用的，温哥华市每年进行超过13394项的水质量测试。这些测试是根据加拿大卫生部用来衡量加拿大饮用水质量和不列颠安全饮用水的规定和指南进行操作的。

（6）温哥华投入巨额资金来净化受到污染的水域。自2004年以来，大温哥华水区的年度预算不断增加。据预计，到2014年，大温哥华人均财政预算还将持续增长。

（7）温哥华定期向公众发布饮用水质量报告及结果。温哥华定期向公众发布饮用水质量报告及结果，保证了消费者对总体水质的知情权。消费者可以轻松访问温哥华的网上饮用水水质检验结果，可以通过交互式地图进行水质检测。这是公众维护城市责任的重要方面。

3. 水资源节约计划

随着人口的增长，城市化进程的加快，水资源的节约利用对温哥华的意义越来越大。

（1）大温哥华制订了《水资源需求管理计划》，全方位进行水资源管理。

---

① “Watershed Management Plan”, Greater Vancouver Regional District, May, 2002.

《水资源需求管理计划》的重点是提高水利用效率和限制水资源泄漏。硬的方面包括在设备、家电和住宅管道装置的技术改进；升级老化的供水基础设施，以减少泄漏，使销售网络更高效；使用水收获技术，鼓励捕获和储存水、循环水。软的方面包括教育、法规和经济激励/惩罚措施等。

（2）大温哥华水区制订了《水资源节约计划》。由大温哥华水区发起的《水资源节约计划》重视水资源的基础设施建设和系统维护。2009 年，新西摩 - 卡皮拉诺滤水厂开始运作。这将进一步提高温哥华地区的饮用水质量，确保更安全、更清洁的饮用水。另外，大温哥华水区还制订了四阶段计划，对户外用水进行了限制，还提倡对水管和相关配件的保育。

（3）大温哥华采取一系列保护方案，保证平均用水量的下降。这些措施包括保护水库水位、草坪喷灌条例、住宅节约用水措施、商业水保护措施。

（4）大温哥华开展了夏季《水应急计划》，确保高峰用水量。耗水量是一个日益严重的问题。尽管温哥华具有较高的平均降雨量，但也不能幸免于夏季缺水的困境。1993 年，大温哥华（原大温哥华地区）制订了《水应急计划》，对夏季用水高峰实施用水限制，其结果显著减少了水的使用，使得夏季高峰用水紧张的局面得到缓解①。

4. 废水处理与雨水管理

温哥华的废水来源主要是家庭以及商业或工业的行动，包括住宅、商业、雨水等。这些水源结合起来，平均每日生产的废水达近 10 亿公升。温哥华在废水的处理方面尤其是雨水和污水的分离方面，采取了一些值得借鉴的做法和经验。

（1）通过管网将污水输送到远离城市的污水处理厂进行处理。虽然大部分的雨水直接排放到温哥华的周围水域，但是污水会送到污水处理厂。温哥华 95% 的污水是由爱奥纳污水处理厂处理的。该工厂由大温哥华拥有和经营。温哥华用政府税收收入对工厂的污水处理进行支付，费用根据污水处理的体积来计算。进入处理厂进行污水处理的污水体积越小，支付的费用越低。温哥华其余的 5% 的污水是由安纳克斯岛污水处理厂进行处理的。温哥华的污水采取基层处理和二级处理两个层面的处理方法。基层处理主要是一个机械过程，可以消除

① GVRD, "2004 Water Shortage Response Plan", Greater Vancouver Regional District, May 20, 2004.

30% ~40% 的 BOD（Biological Oxygen Demand，生物需氧量）和 50% 的 TSS（Total Suspended Solids，总悬浮固体）。

（2）对地下排水系统进行雨污分离的设计，防止合流溢出造成水污染。随着水环境问题的日益突出，温哥华市政府开始认识到这个雨污合流溢出对水环境造成的恶劣影响，并对其进行纠正和对未来可能继续发生的情况加以预防。温哥华市开始考虑将连接的下水道系统更换为分离的下水道系统，以解决雨水和未经处理的污水通过下水道排污口合流溢出并进入河流和海洋的问题。

1978 年，为了降低合流的溢出，减少排放至本地水道的污染，以及提高整体的水质量水平，温哥华理事会制订了污水分离计划。之后，它便成为省级的要求，即到 2050 年，消除所有的合流溢出。主要措施有：第一，在雨污分离系统的具体实施中，污水分离计划为居民和私人楼宇的业主退还 1000 美元的水管装置的改装费用，为分离的下水道连接提供服务。第二，下水道系统收集的所有污水以及从建筑物和其他表面（如道路，停车场等）流出的雨水被收集起来，并通过约 2800 公里的管道进行传输。第三，温哥华政府通过对业主和住户的广泛筹资，对现有和未来发展所必要的有关基础设施进行资金支持。第四，还有一些私人的下水道系统和水管装置，来为温哥华地区的下水道系统提供服务。

5. 温哥华河口管理的战略举措

温哥华作为一个典型的河口城市，在河口管理方面实行了一些积极的行动计划，采取了一些有利于温哥华河口管理方面的战略举措。其中，伯拉德海峡的环境行动计划和菲沙河河口管理计划是温哥华在河口管理方面采取的两个最主要的行动计划。它们是政府间建立的合作伙伴关系计划，以协调在不列颠哥伦比亚省低陆的两个重要的水生生态系统——伯拉德湾和菲沙河河口的环境管理。

（1）伯拉德海峡环境行动计划（BIEAP）。伯拉德海峡环境行动计划有四个共同的目标：一是改善伯拉德海峡水质；二是减少污染的土壤和沉积物对人类生态健康的影响；三是保持和提高伯拉德海峡的丰富鱼类和野生动物栖息地，保护自然生物多样性；四是鼓励旨在提高伯拉德海峡环境质量的人类和经济发展活动。为实现上述 4 个目标，该计划建议采取一致的行动来改善和加强伯拉德海峡长期以来对生态系统产生的影响。伯拉德海峡的综合环境管理计划确定了 21 个具体的行动方案来保护、管理和改善伯拉德海峡的生态系统。

（2）菲沙河河口管理计划（FREMP）。菲沙河河口管理计划的主要目标包括以下几点：一是保护和提高河口和河流的环境质量，以维持鱼类、野生动物、植物和人类的健康发展；二是尊重并进一步发挥河口在区域内的经济、社会、文化、娱乐的角色作用；三是在保护和改善河口的环境质量的同时，鼓励河口地区的人类活动和经济发展。

为保护河口的环境质量，确保经济和社会的可持续发展。菲沙河河口管理计划共制定了7个行动方案：整合/可持续发展、水和沉积物质量、鱼类和野生动物栖息地、疏浚与导航、砍伐管理、工业和城市发展与娱乐。

（四）纽约市减少雨污合流溢出的绿色基础设施战略

绿色基础设施计划建立在纽约市规划和可持续雨水管理规划基础之上，并有新的拓展，提出了实现纽约港更好的水质、宜居的可持续的纽约市的双目标的详细的规划实施框架。

1. 绿色基础设施战略出台背景

虽然纽约市的水比过去100年清洁了很多，数百万纽约人享受着纽约滨海和河流的优质环境，这主要归因于纽约市环保局在污水系统和污水处理厂改造方面数十亿美元的投资。但这些水体的水质还尚未符合病原体的水质标准，纽约市水环境所面临的最大挑战是进一步减少雨污混合污水的溢出，雨天未经处理的污水与雨水溢出直接排放。减少雨污混合污水的传统方法包括增加基础设施规模、建新的基础设施，但是由于这种做法建设成本非常昂贵，而且这种大规模投资并不能带来纽约人对公共投资期望的可持续性收益，因此新建基础设施的机会并不多。

纽约市面临巨大的经济挑战以及资源的紧约束，灰色投资的需求显著增加（如5000万加仑的地下储存罐的投资），而这样的投资对于保障总体水质目标的边际贡献正在减少。与此同时，纽约市规划以及很多研究都清楚表明纽约人期望获得可持续性收益，如更多的开放空间、改善空气质量、更多的阴凉、不断增加的不动产价值。在这样新的现实条件下，纽约市的每一美元投资都必须努力获得最佳的水质和可持续性收益。

2. 绿色基础设施战略

纽约市绿色基础设施计划提供了改善水质、一体化“绿色基础设施”的替代方法，如沼泽地、绿色屋顶，投资于优化现有系统、建设小规模的特定的

“灰色”或传统的基础设施。这是应对复杂问题多分枝、模块化的适应性解决方法，将以最低的成本提供广泛的、直接的收益。这一规划与其他所有的目前正在考虑的灰色战略将获得更好的水质和可持续性收益。绿色基础设施计划的一个关键目标是通过截流和渗透源控制，防10%不可渗透地表而导致的雨水流入雨污合流系统。绿色基础设施规划有5个构成要素，主要有：

（1）建设成本有效的灰色基础设施。纽约市环保局已经建立或正计划投资29亿美元以上建设专项的减少雨污量的灰色基础设施（成本有效的灰色基础设施投资）。这些项目由流域水体设施计划提出，提交给纽约州环境保护部门，申请许可。这些项目，在很多其他可替代方案中是最成本有效的。通过这些项目，如果按2007年的设施计划，与预期的基准年2045年相比，每年将减少约83亿加仑雨污量。减少每加仑雨污的成本是0.36美元，这些投资效率比其他替代方案效率高5倍。

（2）优化现有污水系统。环保局将通过特定目标的以及全系统的能力提升优化现有污水系统，尽可能提高系统的雨污储量。环保局已经启动了对现有系统和水压能力的综合性评估，从而进一步寻找成本有效的改进措施。同时，还通过检查潮汐闸门、检查和改造下水接收系统、预防堵塞、清洁侧面收集管道、识别流量和渗透性改善现有计划。这些行动包括购买两个新的维克特牌清污车，以及承诺两年内修复136英里的截流污水渠。通过这些措施，环保局每年可减少雨污量在5.86亿加仑，并且将从系统其他的改进中获得更大的削减量。这是环保局首次尝试将各种特殊要素融入到综合性的雨污削减计划。

（3）通过绿色基础设施控制不可渗透地表的雨水流失。绿色基础设施是这一规划的核心。纽约市的目标是在未来20年通过截流或渗透技术收集雨污合流流域10%不可渗透地表面的雨水。实现10%战略目标依赖于土地利用的类型。为了实现这一目标，城市将组建一个绿色基础设施专门团队，来设计、建造暴雨水控制，将其融入已经规划的道路重建以及其他公共基础设施项目。纽约市准备设立一个绿色基础设施基金，承诺投入巨额的资本投资和运行资源。

（4）适应性管理、模式影响、雨污溢出量计量、水质监测制度化。这个绿化基础设施战略是一个适应性管理战略，一个不断修正的、弹性的决策过程，新增措施不断得到评估、放弃或者改进。这一过程确保获得水质目标的投资和资源配置决策更合理。环境保护部门已经调整了整合保护战略的方法。考虑到管理与水投资的重要性以及未来的各种不确定性，包括气候、降雨、人口、水需求、土地利用、技术、监管要求，适应性的管理方法是必需的。适应性管理的有效性取决于环境保护部门的绩效评估能力。因此，环境保护部门将重新调整下水道系统模型，运用更新更好的不受影响的数据以及最新的污水流量预测以及重新评估截留和渗透战略对水质的影响。环境保护部门也将对主要排水区域的水压进行评估。

（5）利益相关者参与。社区、市民团体和其他利益相关者的合作对建设和维护绿色基础设施是必需的。作为这一规划的一部分，环境保护部门与环境团体、城市机构以及其他潜在的合作伙伴召开多次会议以及一个公众的会议向大家说明我们的绿化基础设施愿景。环境保护部门将为社区提议、建设、维护绿色基础设施提供资源和技术支持。这对绿色基础设施需要对公众健康以及其他可持续性收益的环境公正是非常重要的。

附　录

Appendix

B.15

附录 1　上海资源环境发展报告 2012 年度指标

——上海能源、环境发展状况

本报告利用图表对上海 2010 年能源、环境指标进行简要直观的表示，反映 2000 年以来的 10 年间，上海能源效率、环境质量所发生的变化，并结合上海“十二五”规划纲要，来评价和判断上海在资源环境方面取得的成绩、不足和未来发展趋势。本报告选取的资源环境指标主要包括大气、水环境、固体废弃物、噪声、绿化、环保投入和能源等。

一　环保概况

2010 年，上海市环境保护投入 507.54 亿元，占同期上海市生产总值的 3.01%。其中，城市环境基础设施建设投资 294.73 亿元，污染源治理投资为 105.96 亿元，生态建设投资为 12.52 亿元，环境能力建设投资为 4.88 亿元，环保设施运转费为 62.72 亿元，循环经济及其他方面投资为 26.73 亿元（见图 1）。

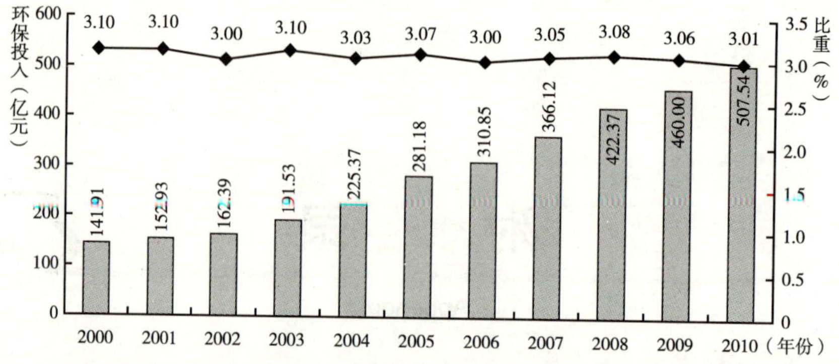

图1　上海市历年环保投入情况及占同期GDP的比重

资料来源：《上海市统计年鉴》。

从2006年到2010年上海市环保投入变化来看，城市环境基础建设投资一直是环保投入的主要部分，所占比例均超过50%，其从2006年到2008年大幅增加后，一直比较稳定（见图2）。预计“十二五”期间，该领域的投资将保持平稳；污染源治理投资持续增加，有效地改善了环境污染，在“十二五”环境污染控制趋紧的情况下，未来该领域投资仍将继续增大；同样，环保设施运转费用也在不断增大，可以预见未来增加的趋势。而生态建设投资在上海环保投入中所占的比例依旧较小，因此上海需要在“十二五”加大这方面的投入。循环经济及其他方面投资则保持稳定。

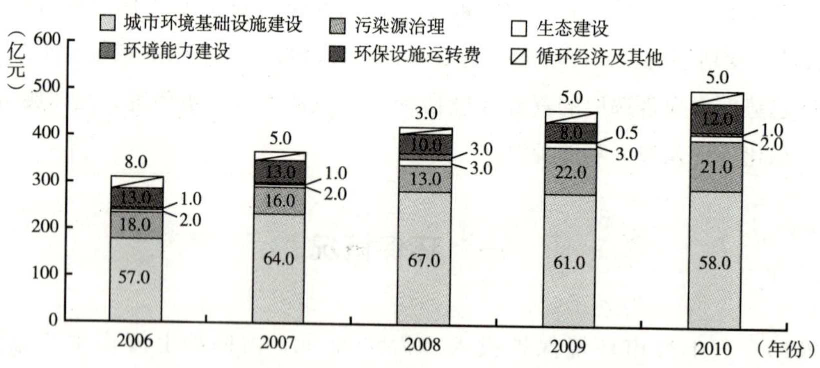

图2　2006～2010年上海市环境保护投入结构变化

资料来源：《2006～2010年上海市环境状况公报》。

2010年，上海市的“三废”综合利用产品产值为17.04亿元，比上一年略有增长（见图3）。

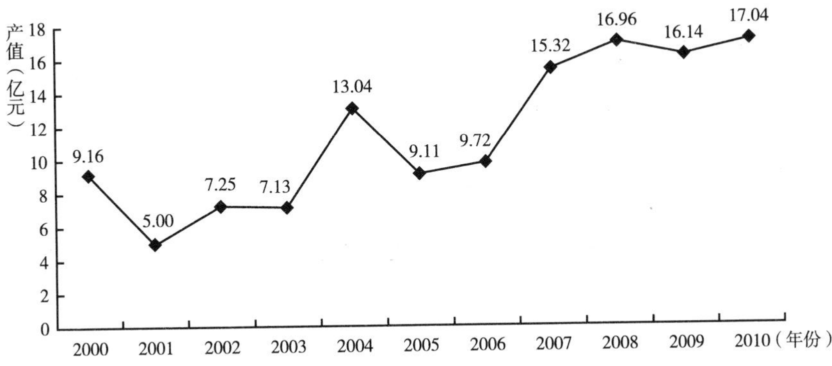

图3 上海市历年“三废”综合利用产品产值

资料来源：《上海市统计年鉴》。

二 污染物减排

2010年上海市化学需氧量（COD）排放量为21.98万吨，比2009年（24.34万吨）下降9.71%，比2005年（30.40万吨）下降27.71%，完成“十一五”减排目标（根据国家环保部要求，上海“十一五”污染减排目标是，到2010年底，全市化学需氧量排放量从2005年的30.4万吨削减到25.9万吨以内，削减率为15%；全市二氧化硫排放量从2005年的51.3万吨削减到38万吨以内，削减率为26%，其中火电行业二氧化硫排放量不超过13.4万吨）；二氧化硫（SO_2）排放量为35.81万吨，比2009年（37.90万吨）下降5.51%，比2005年（51.30万吨）下降30.20%，完成“十一五”减排目标。其中，2010年，上海市单位GDP的二氧化硫与化学需氧量排放量分别为2.09千克/万元与1.28千克/万元（见图4）。

三 大气环境

2010年，上海市空气优良率达92.1%，较2009年增加2天（见图5）。

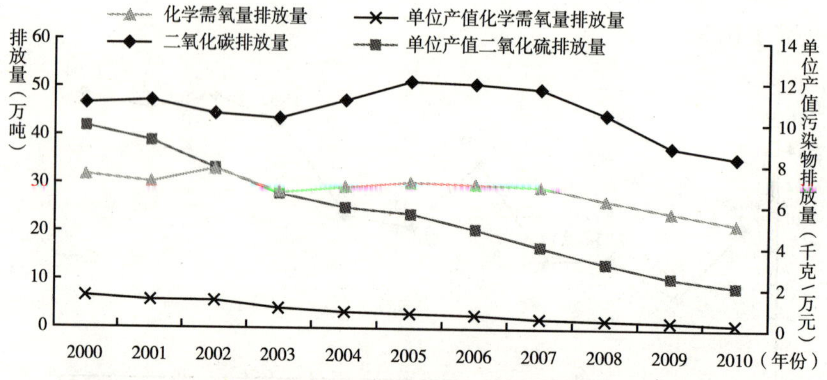

图 4　上海市化学需氧量与二氧化硫排放总量与单位产值的排放量

资料来源：根据《上海市统计年鉴》计算而得；GDP 数值采用名义 GDP。

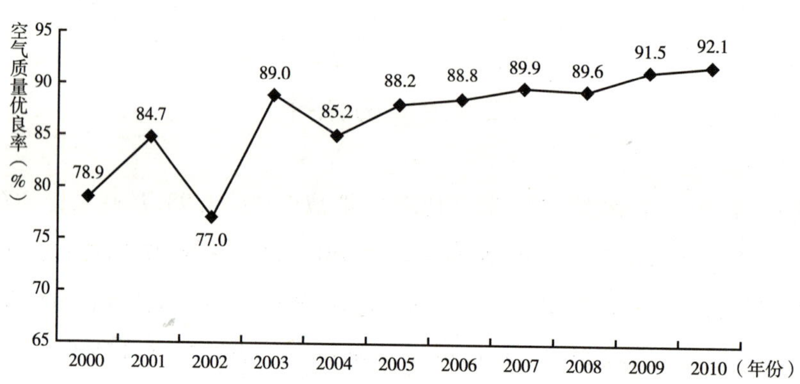

图 5　上海市历年空气质量优良率变化趋势

资料来源：《上海市统计年鉴》。

2010 年，上海市可吸入颗粒物、二氧化硫、二氧化氮的年日均值分别为 0.079 毫克/立方米、0.029 毫克/立方米与 0.050 毫克/立方米，均达到国家环境空气质量二级标准（见图 6）。

2010 年，上海市降水 pH 平均值为 4.66，酸雨频率为 73.9%（见图 7）。

2010 年，上海市废气排放总量为 13667 亿立方米，比上一年增长了 27.6%。其中，工业废气排放量为 12969 亿立方米，比上一年增长了 28.9%（见图8）。

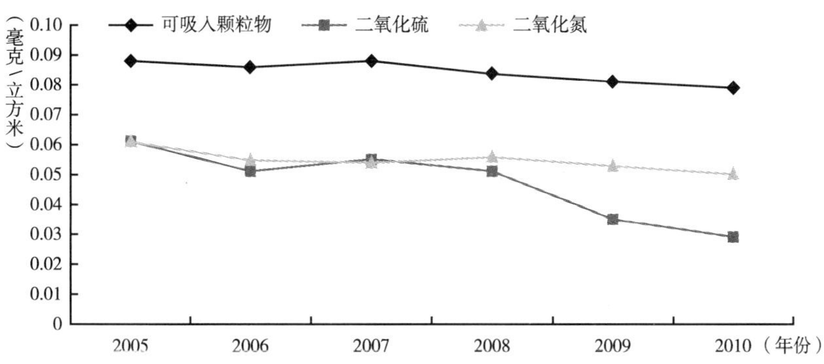

图6　上海市大气环境中主要污染物年日均值情况

资料来源：《2005～2010年上海市环境状况公报》。

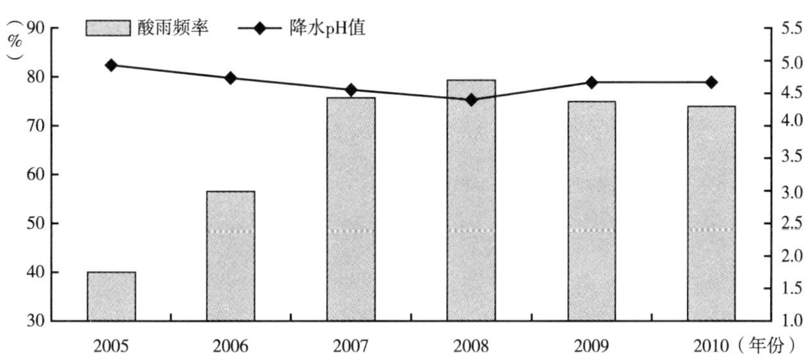

图7　上海市历年酸雨频率及降水pH值情况

资料来源：《2005～2010年上海市环境状况公报》。

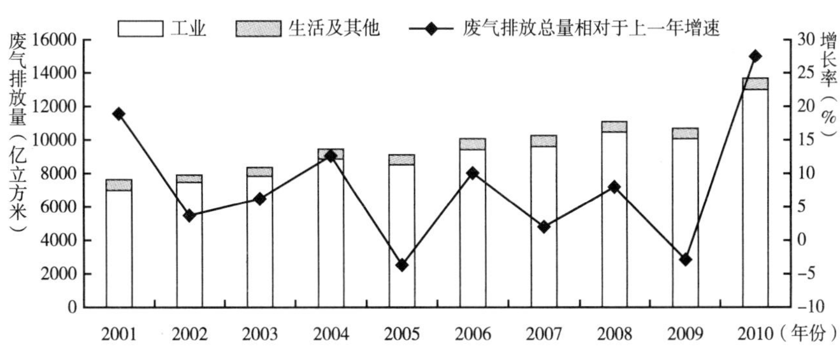

图8　上海市历年废气排放情况

资料来源：《上海市统计年鉴》。

2010年，上海市烟尘排放总量为10.21万吨，其中工业排放4.18万吨，生活及其他产生6.03万吨。可见，生活及其他领域的烟尘治理仍为难点（见图9）。

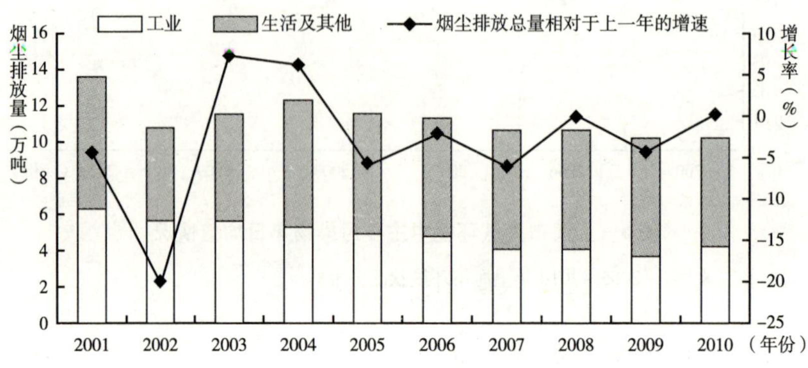

图9　上海市历年烟尘排放情况

资料来源：《上海市统计年鉴》。

四　水环境

2010年，上海市建成污水处理厂53座，污水总处理能力为684.05万立方米/日。2010年全市城镇污水处理厂污水处理量为518.94万立方米/日，全市城镇污水处理率为81.9%（见图10）。

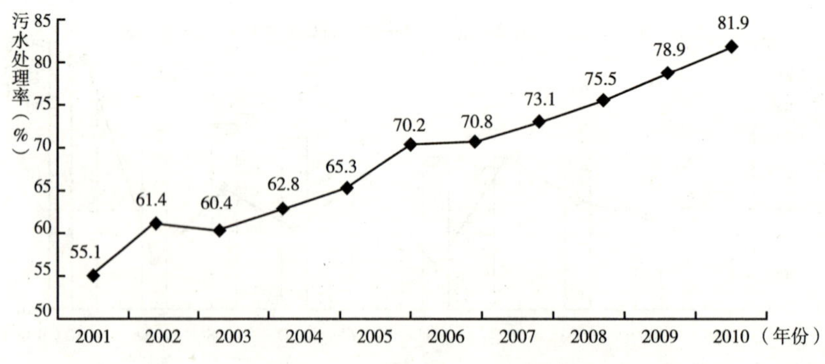

图10　上海市历年污水处理率趋势

资料来源：《上海市水资源公报》。

2010 年，上海市平均水质综合污染指数为 2. 03，比 2007 年有了明显好转。其中，中心城区考核断面平均水质综合污染指数为 2. 32；郊区考核断面平均水质综合污染指数为 1. 62。郊区河道总体水质优于中心城区（见图 11）。

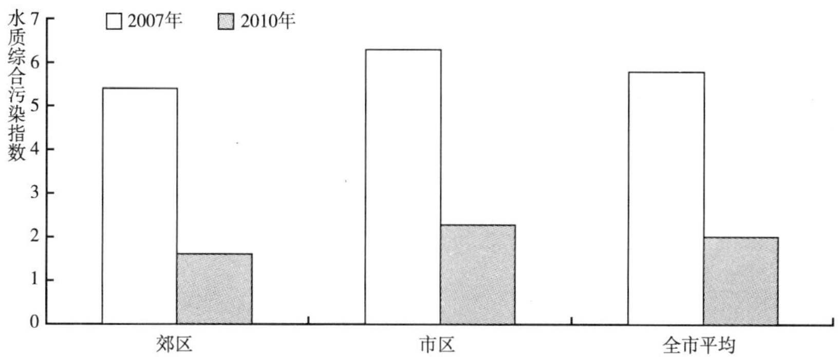

图 11　上海市水质综合污染指数状况

资料来源：《上海市环境状况公报》。

2010 年，上海市废水排放总量为 24. 82 万吨，比上一年增长了 7. 68%，其中生活及其他领域污水排放量为 21. 15 万吨，为主要废水来源（见图 12）。

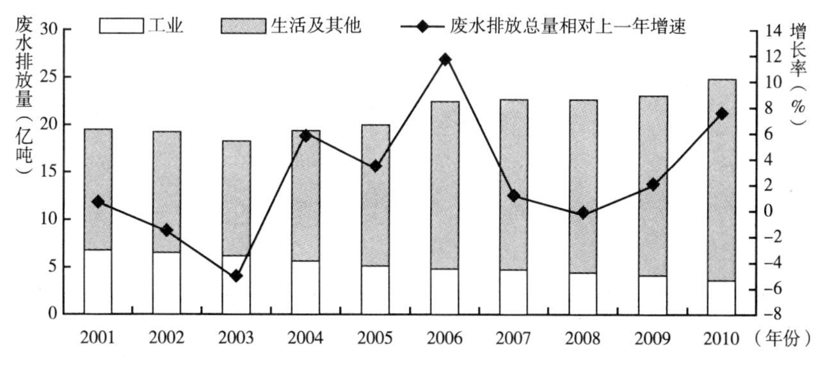

图 12　上海市历年废水排放情况

资料来源：《上海市统计年鉴》。

2010 年上海市工业废水排放总量为 3. 67 万吨，比上一年减少了 10. 9%，工业废水排放达标率为 98%（见图 13）。

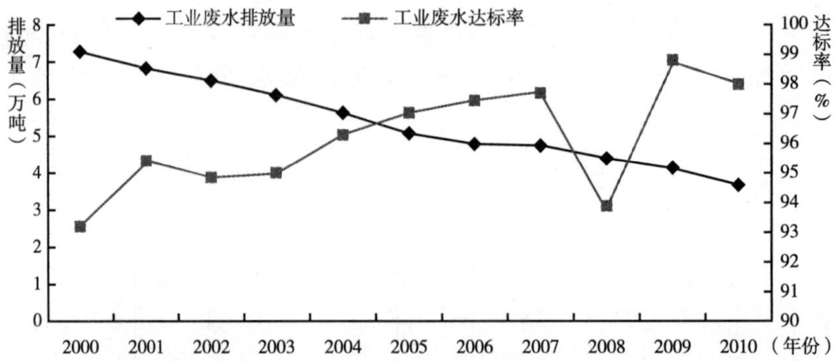

图13　上海市历年工业废水排放量与工业污水排放达标率

资料来源：《上海市统计年鉴》。

五　固体废弃物

2010年，上海市生活垃圾产生量为732万吨，比上一年增长了3.5%，人均生活垃圾日产生量为（常住人口）0.87千克（见图14）。

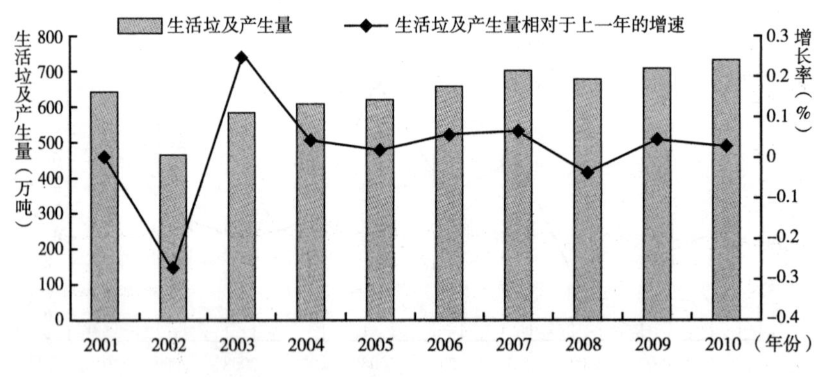

图14　上海市历年生活垃圾产生量

资料来源：《上海市统计年鉴》。

2010年，上海市工业固废产生量为2448.36万吨，比上一年增长了8.6%，综合利用率达96.16%（见图15）。

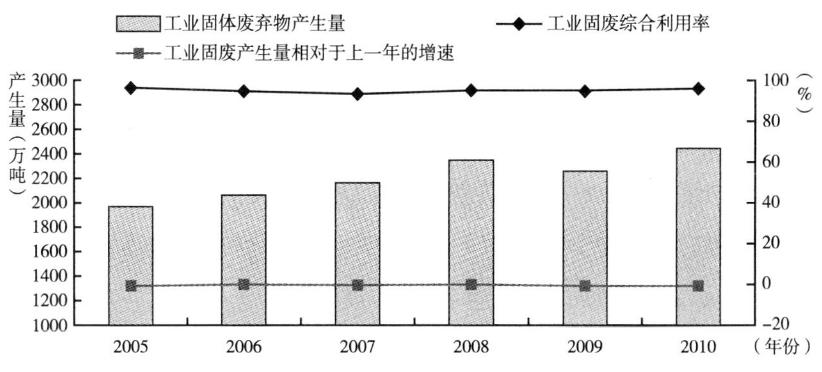

图15　上海市历年工业固废产生量与综合利用率

资料来源：《上海市统计年鉴》。

六　声环境

2010年，上海市区域环境噪声昼间时段的平均等效声级为55.8dB（A），夜间时段的平均等效声级为48.3 dB（A）。近5年（2006~2010年）的监测数据表明，上海市区域环境噪声在55dB（A）左右，均达到相应功能的标准要求，总体保持稳定。

2010年，上海市道路交通噪声昼间时段的平均等效声级为69.8 dB（A），夜间时段的平均等效声级为64.3 dB（A）。近5年（2006~2010年）的监测数据表明，上海市道路交通噪声夜间时段均未能达到相应功能的标准要求；2006~2008年上海市道路交通噪声昼间时段未能达到相应功能的标准要求，2009年起达到相应功能的标准要求，总体呈逐年下降趋势（见图16、图17）。

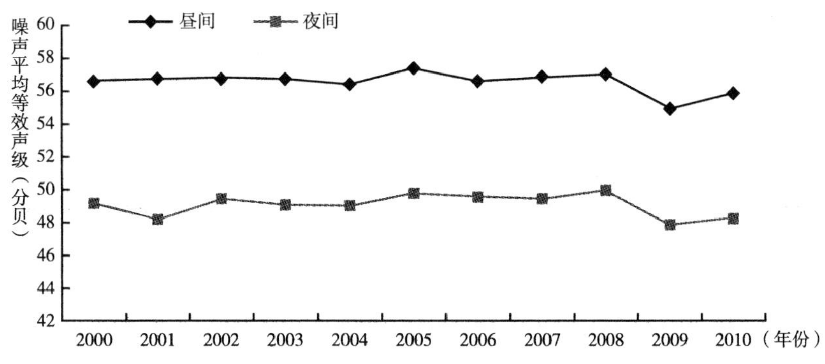

图16　上海市历年区域环境噪声平均等效声级

资料来源：《上海市统计年鉴》。

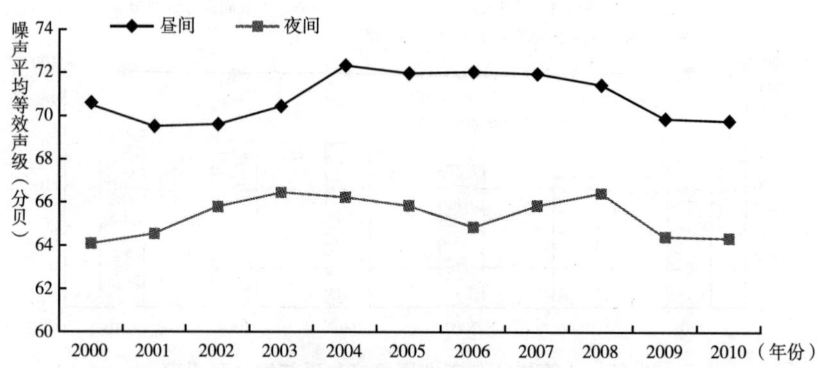

图 17　上海市历年交通环境噪声平均等效声级

资料来源：《上海市统计年鉴》。

七　绿化

2010 年，上海市绿化覆盖率为 38.15%，森林覆盖率为 12.58%（见图 18）。

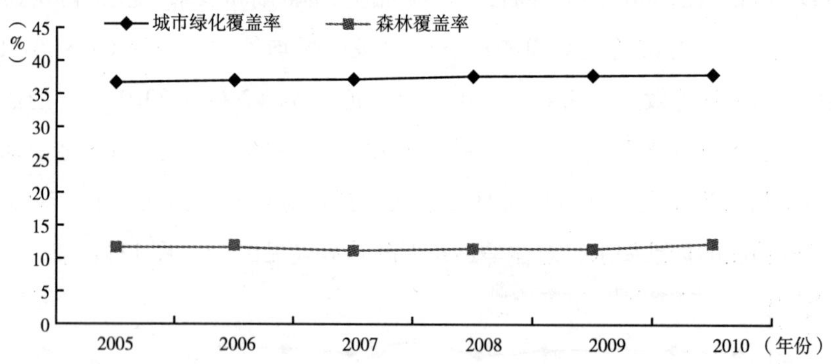

图 18　上海市历年城市绿化覆盖率与森林覆盖率

资料来源：《上海市国民经济和社会发展统计公报》。

八　能源

2010 年，上海市单位 GDP 能耗为 0.712 吨标准煤/万元，比 2005 年下降了

20%，完成国家下达的“十一五”节能减排目标。规模以上单位工业增加值能耗比2005年下降了27.98%（见表1）。

表1　2005～2010年上海市有关能源消耗指标统计

单位：吨标准煤/万元

指标	2005年	2006年	2007年	2008年	2009年	2010年	“十一五”累计上升或下降(±%)
单位GDP能耗	0.88	0.847	0.807	0.777	0.727	0.712	-20.00
单位GDP电耗	1006.1	964.3	914.2	884.1	808.49	826.20	-17.13
规模以上单位工业增加值能耗	1.28	1.20	1.006	0.958	0.957	0.937	-27.98
第一产业单位增加值能耗	1.067	0.984	0.824	0.816	0.679	0.713	4.74
第二产业单位增加值能耗	1.184	1.112	1.054	1.000	0.981	0.914	-24.03
其中:工业单位增加值能耗	1.236	1.160	1.090	1.305	1.028	0.953	-24.62
建筑业单位增加值能耗	0.515	0.489	0.486	0.407	0.437	0.417	-13.05
第三产业单位增加值能耗	0.494	0.495	0.494	0.486	0.418	0.423	-10.24
其中:交通运输、仓储和邮政业	2.43	2.479	2.602	2.715	3.233	3.095	25.75
批发和零售业、住宿和餐饮业	0.415	0.410	0.416	0.346	0.216	0.192	-26.05
生活用能	657.28	753.51	821.7	927.9	949.60	1007.3	56.32

注：①规模以上单位工业增加值能耗的统计范围是年主营收入为500万元及以上的工业法人企业。
②GDP和工业增加值按照2005年价格计算。
资料来源：根据历年上海市单位GDP能耗等指标公报整理而来。

B.16

附录2　上海资源环境大事记（2010年10月至2011年9月）

2010年10月　《国务院关于加快培育和发展战略性新兴产业的决定》出台。中国计划用20年时间，使节能环保、新一代信息技术等七大战略性新兴产业整体创新能力和产业发展水平达到世界先进水平，为经济社会可持续发展提供强有力的支撑。

2010年10月　由上海人大人科学发展研究院和上海环境能源交易所共同发起并研发的《中国自愿碳减排标准》在上海世博会联合国馆正式发布，是中国在碳减排领域内首个自主研发的标准，表明中国完全有能力自主研发“科学的、国际高水平的碳减排标准”。《中国自愿碳减排标准》体系的建立，有利于中国转变经济发展方式，建设生态文明；有利于中国在气候变化国际谈判中争取主动，提升中国在全球应对气候变化领域的地位。

2010年10月　浦东新区通过《浦东新区生态区建设规划》，明确力争2011年创建成国家生态区。围绕总目标，新区锁定了“1个复核、1个计划、3个领域”的任务。其中，1个复核是指确保通过国家环保模范城区复核，1个计划是指全面完成第四轮环保三年行动计划，3个领域是指全力突破水环境综合治理和保护、大气污染治理。

2010年11月　国内首部城市生态网络规划《上海市基本生态网络规划》经上海市规划委员会审议并原则同意。该规划提出将各类生态空间整合成绿地、园林地、耕地和湿地四大类并进行合理布局，促进其融合和连接，实现全市绿色空间集团化、规模化、网络化发展。

2010年12月　上海市召开第一次全国水利普查暨第二次上海市水资源普查动员大会。会议对上海市水利（水资源）普查工作进行了全面部署。

2010年12月　上海市绿化和市容管理局与世界自然基金会签署关于上海湿地保护合作备忘录。双方将在重要湿地的修复与管理、国家示范自然保护区的建

设、河口滩涂湿地的保护以及上海土著物种的恢复、碳汇林建设、上海市45块栖息地的保护、长江中下游湿地保护的区域合作等方面开展合作。

2010年12月　国务院出台了《全国主体功能区规划》。《全国主体功能区规划》是我国国土空间开发的战略性、基础性和约束性规划。编制实施《规划》，是深入贯彻落实科学发展观的重大战略举措，对于推进形成人口、经济和资源环境相协调的国土空间开发格局，加快转变经济发展方式，促进经济长期平稳较快发展和社会和谐稳定，实现全面建设小康社会目标和社会主义现代化建设长远目标，具有重要战略意义。

2011年1月　1月1日起上海市所有大于3.5吨的柴油车实施国Ⅳ排放标准。7月1日起所有小于3.5吨的柴油车实施国Ⅳ排放标准，确保所有新机动车上牌全面实施国Ⅳ排放标准，并结合年检环节发放全国统一的绿色及黄色环保标志，逐步扩大对黄色环保标志车辆的限行工作。

2011年2月　上海市举行2011年世界湿地日市民体验活动。本次活动主题是"徒步青西，赏湿地风光，护森林野鸟"。

2011年3月　上海市政府召开的纪念第19届"世界水日"和第24届"中国水周"暨郊区集约化供水推进大会。大会上，上海将"五措并举"（规划指导、政策扶持、多元化筹措资金、简化审批程序、改善供水服务），推进集约化供水这一民生实事工程。

2011年4月　上海市召开市浅层地热能开发利用研讨会。上海在完成《上海市浅层地热能调查评价报告（初稿）》基础上，将进一步推进全市浅层地热能的开发利用，促进上海经济社会的可持续发展。

2011年4月　上海崇明越江通道工程顺利通过竣工环境保护验收。其中，环保投资逾1.3亿元。从工程设计到施工方案，从主体工程到服务区和出入立交，均全程贯彻了"最大保护、最小破坏"的生态与环境保护理念。不仅在噪声、排污等方面逐点监测敏感点，采取各项节能、环保与生态恢复措施，尤其对毗邻的东滩鸟类保护区和长江口中华鲟保护区给予了重点关注，着重加强了对鸟类和鱼类等生物物种的影响监测，从而使整个工程成为了一个由中国人自主建设的集科技和环保为一体的里程碑式工程项目。

2011年5月　《国家级森林公园管理办法》颁布。该办法规范国家级森林公园管理、保护和合理利用森林风景资源，发展森林生态旅游，促进生态文明建

设。

2011年5月 上海“全国城市节约用水宣传周”在闵行地铁北广场隆重开幕。上海宣传周主题是“严格水资源管理，建设节水型社会”。

2011年5月 《上海市海洋发展“十二五”规划》通过了专家评审会。

2011年5月 《中国2010年上海世博会绿色出行报告》发布。该《报告》称，上海实施的绿色交通战略，在2010年世博会举办期间，共减排二氧化碳83万吨，相当于少燃烧3.5亿升汽油。

2011年5月 《上海市公用移动通信基站站址布局专项规划（2010~2020）》正式编制完成，提出新建基站必须采用“共建、共享”的原则，几家运营商须共用一个站址，以最大程度减少对环境的影响。

2011年5月 科技部正式同意上海建设电动汽车国际示范城市，上海市嘉定区被指定为电动汽车国际示范区。这是我国首个电动汽车国际示范城市，上海新能源汽车发展迎来了一个重要的战略性发展机遇期。

2011年5月 建设、水务、道监、交警等部门同有关区联合召开现场推进会，联手推进道路积水改善工程，确保工程项目早日建成发挥效益。被列入“2011年度市中心城区道路积水改善工程”的共有中山北路（四号桥—光新路）、长沙路（新闸路—北京西路）等15条路段，涉及普陀、闸北、虹口、杨浦、卢湾、黄浦、宝山7个区。

2011年6月 上海青草沙水源地原水工程建成通水。青草沙水库面积66平方公里，设计有效库容4.35亿立方米。水库蓄满水时，可在不取水的情况下，连续供水68天，可确保咸潮期的原水供应。

2011年6月 上海环保局公布了2011年第一批共338家环境违法企业名单。上海环保局公布环境违法企业名单工作自2003年开始，目前已实施超过8年，每年在“6·5”世界环境日和年底分两批公布上海市环保系统查处的环境违法企业名单。实施8年来，此项工作在加强违法企业的社会监督力度、督促企业自觉守法方面取得了良好的效果。

2011年6月 上海市将启动市、区两级机动车环保监测执法，重点对出租、公交等机动车辆，以及超市、卖场班车的尾气污染进行整治。

2011年7月 国家环保部副部长张力军赴上海就主要污染物总量减排及上海市浦东等区创建国家环境保护模范城等工作进行调研。调研期间，张力军副部

长强调，污染物总量减排工作要同经济发展挂钩，通过产业结构调整转化经济增长与节能减排的矛盾。

2011 年 7 月　上海市重点化工企业（区）开展挥发性有机物（VOCS）控制试点工作，为上海市“十二五”期间挥发性有机物总量控制提供经验支持。上海化工区、上海石化股份公司、高桥石化股份公司和上海华谊（集团）公司为本市重点化工企业（区）挥发性有机物总量控制试点工作单位。

2011 年 7 月　《徐汇区合同能源管理融资工作试点方案》中规定凡注册在徐汇的节能服务公司，为纳入区节能考核的用能单位提供合同能源管理的，融资条件将放宽，凭合同能源管理项目就可向银行提出无抵押融资申请。针对这一“合同能源管理项目无抵押融资”举措，徐汇区政府将为融资银行承担 40% 的坏账风险。

2011 年 8 月　上海市委、市政府领导到市防汛指挥部听取防御台风“梅花”的有关准备工作，要求全面动员、落实责任，确保人民生命财产安全和城市正常运行。

2011 年 8 月　据统计，7 日零时之前，上海全市共安全撤离转移各类人员 31.2 万人，进港避风船只近 5000 艘，这是上海防汛史上单次台风转移人数之最。

2011 年 8 月　《上海市环境监测“十二五”规划》出炉，该规划在客观分析本市环境监测事业发展现状和存在的主要问题的基础上，针对本市环境监测薄弱环节，提出了优化完善环境质量监测网络（涵盖地表水、环境空气、噪声、生态、土壤、地下水、辐射等环境要素），建设工业区块环境空气特征因子自动监控系统，加强污染源无组织排放监测能力，建设二噁英实验室，建设特色区县环境监测站等重点任务，以及人力资源、监测技术规范、管理体制、科技支撑、资金投入等 5 个方面的保障措施。

2011 年 8 月　上海朱家角野生动植物湿地公园开园。市民可以亲身体验湿地给人带来的愉悦。

2011 年 8 月　《上海市集中空调通风系统卫生管理办法》由上海市政府常务会议审议通过，并于 2011 年 12 月 1 日起实施。该《办法》明确管理单位应当按照集中空调通风系统卫生管理标准定期清洗。

2011 年 8 月　国家海洋局东海分局出台《关于进一步加强东海区海洋倾废

管理工作的通知》。《通知》进一步加强东海区海洋倾废监督管理，减少倾废活动对海洋环境的影响，切实保护海洋环境与资源。

2011 年 8 月 金山区海洋办召开了金山区海洋经济试点调查工作总结会，标志着金山区海洋经济试点调查工作得到圆满完成。此次海洋经济试点调查工作，基本摸清了金山涉海单位的家底，为今后金山海洋经济统计打下了扎实的基础，也为做好金山涉海企业单位的管理和服务工作创造了更加有利的条件。

2011 年 9 月 国务院颁布的我国第一个流域性综合法规《太湖流域管理条例》。该《条例》于 2011 年 11 月 1 日正式实施。《条例》的出台和实施将有力推进依法行政和依法治水，提升流域防汛抗旱能力和水平，推动建立水资源开发利用控制、用水效率控制、水功能区限制纳污三条红线，强化供水安全保障，加大水资源保护和水污染防治力度，促进经济发展方式转变，实现水资源的可持续利用、水生态有效保护和水环境有效改善，为确保太湖流域防洪安全、供水安全、生态安全，推动流域经济社会可持续发展提供有力的法制保障。

2011 年 9 月 《上海市环境保护局关于对环保违法行为实行有奖举报的规定》实施，规定上海市民署名举报未经环保部门批准、正在违法开工建设的工业项目等 6 类环境违法行为，一经核实将获得 1000 ~ 10000 元的奖励。

2011 年 9 月 上海崇明东滩湿地生态示范工程建设项目是中央财政预算内专项资金投资项目，主要用于保护区的界碑、界桩、警示牌、管护站、科研监测步道以及关键物种建站等基础设施建设，项目建设完工后提高了崇明东滩鸟类国家级自然保护区基础设施配置水平，改善了管护、科研、宣教等工作环境，为保护区开展科学管理奠定了基础。

B.17
后 记

《上海资源环境发展报告（2012）——河口城市生态环境安全》的选题、研究框架、编辑、统定稿以及研究团队的组建由上海社会科学院周冯琦研究员负责，陈宁、刘新宇博士协助编辑和统稿。

此项研究得到了世界自然基金会的大力支持；本书的选题和研究工作得到了上海社会科学院有关领导的关心支持和帮助，在此一并致以衷心的感谢！

除了上海社会科学院生态经济与可持续发展研究中心外，上海市生态经济学会、上海市环保局、上海市绿化市容局、上海市水务局、世界自然基金会、上海市政协人口资源环境建设委员会、上海市统计局、浦东新区环保局、复旦大学环境研究中心、上海绿洲生态保护交流中心等单位也参与了此项研究，并给予了积极的帮助和支持。社会各界专家学者的积极参与、包容、理解与合作，为项目研究顺利进展并取得预期成效奠定了扎实的基础，也为今后进一步开展合作研究拓展了广阔的空间。

虽然研究成果付梓出版，但编者深知这只是关于上海生态环境安全研究问题的一个阶段性成果，仍有很多问题需要进一步深入研究。

此书的编辑姚冬梅女士、高振华先生为编辑出版工作付出了夜以继日的艰辛劳动，社会科学文献出版社副总编辑、皮书出版总监范广伟先生更是为本书的出版倾注了大量心血，再次对他们的付出和敬业精神表示衷心的感谢和崇高的敬意！

真诚感谢每一位团队成员的积极参与、分享、交流与无私奉献。

编　者

2011 年岁末

SSDB 皮书数据库

中国社会科学院 社会科学文献出版社

首页 数据库检索 学术资源群 我的文献库 皮书全动态 有奖调查 皮书报道 皮书研究 联系我们 读者荐购

权威报告 热点资讯 海量资料

当代中国与世界发展的高端智库平台

皮书数据库 www.pishu.com.cn

皮书数据库是专业的社会科学综合学术资源总库，以大型连续性图书皮书系列为基础，整合国内外其他相关资讯构建而成。包含七大子库，涵盖两百多个主题，囊括了十几年间中国与世界经济社会发展报告，覆盖经济、社会、政治、文化、教育、国际问题等多个领域。

皮书数据库以篇章为基本单位，方便用户对皮书内容的阅读需求。用户可进行全文检索，也可对文献题目、内容提要、作者名称、作者单位、关键字等基本信息进行检索，还可对检索到的篇章再作二次筛选，进行在线阅读或下载阅读。智能多维度导航，可使用户根据自己熟知的分类标准进行分类导航筛选，使查找和检索更高效、便捷。

权威的研究报告，独特的调研数据，前沿的热点资讯，皮书数据库已发展成为国内最具影响力的关于中国与世界现实问题研究的成果库和资讯库。

皮书俱乐部会员服务指南

1. 谁能成为皮书俱乐部会员？

- 皮书作者自动成为皮书俱乐部会员；
- 购买皮书产品（纸质图书、电子书、皮书数据库充值卡）的个人用户。

2. 会员可享受的增值服务：

- 免费获赠该纸质图书的电子书；
- 免费获赠皮书数据库100元充值卡；
- 免费定期获赠皮书电子期刊；
- 优先参与各类皮书学术活动；
- 优先享受皮书产品的最新优惠。

（本卡为图书内容的一部分，不购书刮卡，视为盗书）

3. 如何享受皮书俱乐部会员服务？

（1）如何免费获得整本电子书？

购买纸质图书后，将购书信息特别是书后附赠的卡号和密码通过邮件形式发送到pishu@188.com，我们将验证您的信息，通过验证并成功注册后即可获得该本皮书的电子书。

（2）如何获赠皮书数据库100元充值卡？

第1步：刮开附赠卡的密码涂层（左下）；

第2步：登录皮书数据库网站（www.pishu.com.cn），注册成为皮书数据库用户，注册时请提供您的真实信息，以便您获得皮书俱乐部会员服务；

第3步：注册成功后登录，点击进入“会员中心”；

第4步：点击“在线充值”，输入正确的卡号和密码即可使用。

皮书俱乐部会员可享受社会科学文献出版社其他相关免费增值服务

您有任何疑问，均可拨打服务电话：010-59367227 QQ:1924151860

欢迎登录社会科学文献出版社官网(www.ssap.com.cn)和中国皮书网（www.pishu.cn）了解更多信息

社会科学文献出版社

皮书系列

“皮书”起源于十七八世纪的英国，主要指官方或社会组织正式发表的重要文件或报告，并多以白皮书命名。在中国，“皮书”这一概念被社会广泛接受，并被成功运作、发展成为一种全新的出版形态，则源于中国社会科学院社会科学文献出版社。

皮书是对中国与世界发展状况和热点问题进行年度监测，以专家和学术的视角，针对某一领域或区域现状与发展态势展开分析和预测，具备权威性、前沿性、原创性、实证性、时效性等特点的连续性公开出版物，由一系列权威研究报告组成。皮书系列是社会科学文献出版社编辑出版的蓝皮书、绿皮书、黄皮书等的统称。

皮书系列的作者以中国社会科学院、著名高校、地方社会科学院的研究人员为主，多为国内一流研究机构的权威专家学者，他们的看法和观点代表了学界对中国与世界的现实和未来最高水平的解读与分析。

自20世纪90年代末推出以经济蓝皮书为开端的皮书系列以来，至今已出版皮书近800部，内容涵盖经济、社会、政法、文化传媒、行业、地方发展、国际形势等领域。皮书系列已成为社会科学文献出版社的著名图书品牌和中国社会科学院的知名学术品牌。

皮书系列在数字出版和国际出版方面也是成就斐然。皮书数据库被评为“2008～2009年度数字出版知名品牌”；经济蓝皮书、社会蓝皮书等十几种皮书每年还由国外知名学术出版机构出版英文版、俄文版、韩文版和日文版，面向全球发行。

法律声明

“皮书系列”（含蓝皮书、绿皮书、黄皮书）由社会科学文献出版社最早使用并对外推广，现已成为中国图书市场上流行的品牌，是社会科学文献出版社的品牌图书。社会科学文献出版社拥有该系列图书的专有出版权和网络传播权，其 LOGO（ ）与“经济蓝皮书”、“社会蓝皮书”等皮书名称已在中华人民共和国工商行政管理总局商标局登记注册，社会科学文献出版社合法拥有其商标专用权。

未经社会科学文献出版社的授权和许可，任何复制、模仿或以其他方式侵害“皮书系列”和（ ）、“经济蓝皮书”、“社会蓝皮书”等皮书名称商标专用权的行为均属于侵权行为，社会科学文献出版社将采取法律手段追究其法律责任，维护合法权益。

欢迎社会各界人士对侵犯社会科学文献出版社上述权利的违法行为进行举报。电话：010－59367121，电子邮箱：fawubu@ssap. cn。

社会科学文献出版社